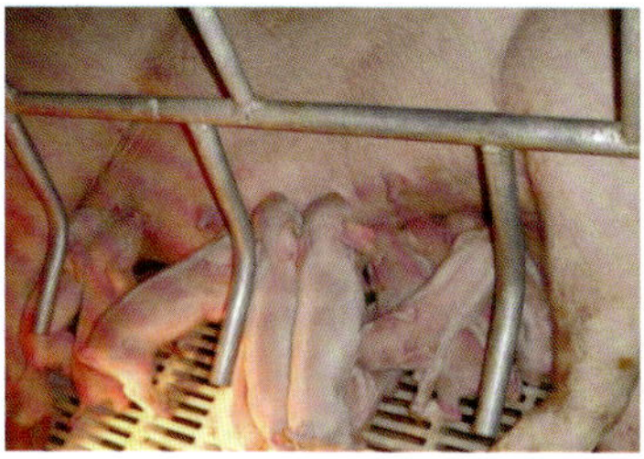

产房

放牧育肥

红外线灯给仔猪供温

母猪哺乳仔猪

智能化群养系统下母猪采食

智能化群养系统下母猪躺卧休息

场区门口消毒池

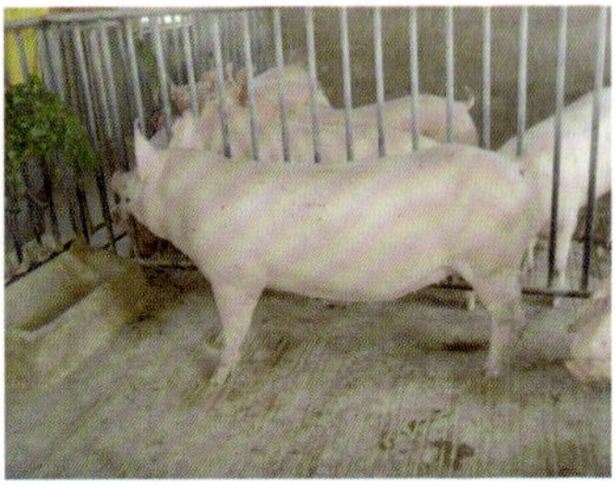

适当补饲青绿饲料

适当运动猪更健康

同窝仔猪不拆群育肥

仔猪已打耳号

猪场外栽培的中药黄芩

大型猪场料线系统

空气净化系统的外部通风口

湿帘降温系统

现代化的定位栏育肥猪舍

现代化分娩猪舍

育肥猪舍内景

现代化猪舍空气过滤系统控制台

猪场的绿化美化

猪场污水处理系统

猪场贮料塔

猪粪尿发酵制沼气设施

猪粪制作有机肥设备

畜禽生态养殖系列

生猪生态养殖关键技术

主编　闫益波

河南科学技术出版社

·郑州·

图书在版编目（CIP）数据

生猪生态养猪关键技术/闫益波主编．—郑州：河南科学技术出版社，2015.11

ISBN 978-7-5349-7977-4

Ⅰ．①生…　Ⅱ．①闫…　Ⅲ．①养猪学　Ⅳ．①S828

中国版本图书馆 CIP 数据核字（2015）第 244503 号

出版发行：河南科学技术出版社
　　地址：郑州市经五路 66 号　　邮编：450002
　　电话：（0371）65737028　65788613
　　网址：www.hnstp.cn
策划编辑：陈淑芹　陈　艳
责任编辑：陈　艳
责任校对：董静云
封面设计：张　伟
版式设计：栾亚平
责任印制：朱　飞
印　　刷：郑州金秋彩色印务有限公司
经　　销：全国新华书店
幅面尺寸：140 mm×202 mm　　印张：9.25　　彩页：4 面　　字数：240 千字
版　　次：2015 年 11 月第 1 版　　2015 年 11 月第 1 次印刷
定　　价：20.00 元

如发现印、装质量问题，影响阅读，请与出版社联系。

本书编委会名单

主　　编　闫益波

副 主 编　胡广英　李明梅

编写人员　（按姓氏笔画排序）

马祥群　王宗海　刘　滨

刘一飞　刘春艳　闫益波

苏保胜　李　童　李大勇

李长强　李连任　李世常

李明梅　宋富华　张　凯

张凤娟　武玉艳　林　琳

胡广英　娄渊志　穆秀梅

前　言

随着产业结构调整和经济升级步伐的加快，我国生猪产业集中度逐年上升，万头猪场比比皆是，几十万头甚至百万头的规模化猪场也不断增多。然而，规模化养殖的快速发展带来了一系列的问题，比如环境保护、疾病防控、动物福利及食品安全等问题，如何在确保生猪养殖高产高效的同时实现优质安全的生产目标，需要从业者重新审视生猪产业的发展模式，而生态养殖理念和模式的提出正是解决问题的有效方法。

生态养殖是指将生态学的原理、技术和方法融合到畜牧养殖整个产业链的各个环节中，充分利用各种资源和条件，实现产业内外和产业链条间的无缝对接，达到资源的高效转化、持续利用和循环再生，最终实现畜牧业高产、高效、优质和安全的养殖模式。生态养殖的发展模式不仅是解决传统工厂化养殖面临的诸多问题的有效途径，也是实现畜牧业可持续发展的根本手段和措施。

生态养猪技术是生态养殖理念在养猪生产中具体实践的经验总结，是解决目前生猪产业诸多问题的主要措施，它通过对生猪养殖全过程的科学化、规范化和精细化的管理，达到降低养猪成本、提高养猪效率的目标，生产出优质安全的健康猪肉，最终实现经济效益、社会效益和生态效益的有机统一。随着畜牧科技的持续进步，传统落后的生态养猪方式逐渐被现代工业化的生态养猪模式替代，在强调品种繁育、配合饲料和兽药保健的同时，更多地融合了生态养殖的循环再生、集约发展的理念，突出产品的安全与品质，促进了养猪业的可持续发展。本书针对生态养猪的相关重要技术环节组稿，从生态猪场的建设、品种选择与繁育、营养与饲料、饲养管理、猪病控制和猪场废弃物处置等方面的知识与技术进行系统介绍，内容丰富、翔实，文字简明扼要，适用于广大养猪生产者、猪场技术人员，尤其是关注生态养猪技术的朋友参考。

参加本书编著的人员，大多是直接从事生猪科研、开发、生产和管理一线的科技工作者，不仅有深厚的专业理论基础，还有丰富的实践经验。在撰写过程中，力求做到通俗易懂、操作性强，同时在编写过程中，参考了部分养猪专著，并借鉴和引用了一些专家的部分研究资料，在此表示衷心的感谢。

由于编者知识水平有限、时间仓促，书中难免有纰漏和错误，望广大读者提出宝贵意见。

编者

2015 年 2 月

目　录

第一章　生态养殖与生态养猪

第一节　生态养殖概述

一、生态养殖的概念及特点

生态养殖指根据不同养殖生物间的共生互补原理，利用自然界物质循环系统，在一定的养殖空间和区域内，通过相应的技术和管理措施，使不同生物在同一环境中共同生长，实现保持生态平衡、提高养殖效益的一种养殖方式。

生态养殖是近年来在我国农村大力提倡的一种生产模式，其最大的特点就是在有限的空间范围内，人为地将不同种的动物群体以饲料为纽带串联起来，形成一个循环链，目的是最大限度地利用资源，减少浪费，降低成本。利用无污染的水域如湖泊、水库、江河及天然饵料，或者运用生态技术措施，改善养殖水质和生态环境，按照特定的养殖模式进行增殖、养殖，投放无公害饲料，也不施肥、撒药，目标是生产出无公害绿色食品和有机食品。

生态养殖实现了将畜牧业自身的发展和生态农业、生态经济有机结合起来，运用生态系统的原理、生态学的技术和方法，实现畜牧资源的高效转化、持续利用，保证畜禽的健康，保护好养殖场及周围环境，从而解决好畜牧生产过程中的资源利用、环境保护、畜禽产品质量等问题。生态养殖的发展模式不仅是改造和提升传统工厂化养殖面临的诸多问题的有效途径，也是实现畜牧业可持续发展的根本手段和措施。

二、生态养殖的背景和趋势

目前，我国畜牧业发展取得了长足的进步，规模化标准化养殖渐成趋势和主流，但是面对的资源环境约束越来越大，尤其是饲料粮食资源短缺和畜牧环境污染问题严重。如何在为社会提供畜禽产品的同时，又能做到最大限度地保护人类的生态环境，发展畜禽生态养殖，是养殖业健康持续发展需要探索解决的问题。

另外，随着时代的发展和社会的不断进步，人们的生活水平不断提高，消费观念也在不断进步，用集约化、工厂化养殖方式生产出来的品质、口感均较差的畜禽产品已不能满足广大消费者日益增长的消费需求，国内畜产品消费结构呈现出由注重数量的“温饱型”消费向注重营养和质量的“小康型”消费转变，从单纯追求产量和数量转向追求质量和综合效益的提高转变，优质畜产品的销售迎来了全面发展的黄金时期，以市场上“土”字头畜产品（如土鸡蛋、土鸡肉和土猪肉等）、无公害畜产品、绿色畜产品和有机畜产品为卖点的消费需求量愈来愈大，价格不断上涨，受到人们的普遍欢迎，而通过生态养殖方式生产出来的畜产品正好满足了这一市场发展趋势，未来发展潜力巨大。

目前，农户散养模式下的传统生态型畜牧业因其产量低、数量少，所以满足不了消费者对生态畜禽产品的消费需求，因而，现代生态养殖应运而生。它以生态科学和循环经济原理为指导，利用动物、植物、微生物之间的相互依存关系，通过发展集约经营，充分利用自然资源和养殖废弃物，以畜牧业为轴心逐步形成“植物生产—动物转化—微生物还原”的良性循环体系，是未来畜牧业发展的潮流和方向。

第二节　生态养殖的原则与模式

一、生态养殖遵循的原则

（一）循环再生原则

生态养殖需要有效地组织养殖生产过程，实现畜牧业与农林渔等其他产业的循环对接，形成相近产业间的网络链接，从而使得系统的整体生产力提高，获得全新的综合效益的提高。例如，通过制作有机肥、再生饲料等综合利用途径，减少污染物排放；又例如，养殖场可建设沼气池和有机复合肥料厂或再生饲料厂，变废为宝；或者将养殖业与种植业、水产业、林业等有机结合，推广多种生态养殖模式，大力推行饲料、肥料的转化技术，提高农、畜废弃物的转化利用率，降低能耗，促进养殖业和农业生产的生态循环发展。

（二）环境保护原则

保护生态环境是生态养殖的核心内容，一方面要通过连接其他产业实现粪污的减量化、无害化和资源化利用，另一方面还要保障自身不受周边环境的污染影响。比如，目前养殖场处理废污，通常的做法是首先将粪便干湿分离，干粪经堆积自然发酵后用作肥料，污水经蓄粪池沉淀后，进行达标排放，这是最为常见的环保措施。

（三）因地制宜、模式多样化原则

生态养殖的具体模式一定要根据当地的自然、社会、经济和文化条件，结合企业自身的生产情况，选择或创造适合自己的生态养殖模式，最终实现清洁生产、安全生产、低碳生产和绿色生产，确保经济效益、社会效益和生态效益的统一。

（四）畜产品安全原则

生态养殖的最终目标是向市场提供安全、优质和绿色的健康畜产品，一切有利于确保产品品质和安全的技术环节，包括饲料营养、品种选择、疾病防控、环境调控、粪污处理和产品加工都需要全面监控，以实现畜牧业生产过程中资源的节约和高效利用。

二、生态养殖的常见模式

（一）以畜禽废污循环利用为纽带的生态养殖模式

这种模式能够促进农业的生态化发展，实现挖潜降耗、降低污染的目的，有利于保护生态环境，在节省了饲料粮和日常药物投入的同时，又对废污做了无害化处理，经济效益和环境效益均十分明显。具体常见的有以下五种运行模式。

1.“种—养”结合型或“种—养—加”结合型模式 就是将畜禽养殖所产生的粪便用于施肥，提高土壤肥力，达到粮食高产、稳产的目的，其特点是养畜积肥、肥多粮多、粮多肥多，是我国农村最简单、最原始、最环保的粪便利用方式。“种—养—加”结合型模式，是利用农副业加工副产品（如豆腐渣、淀粉渣等）饲喂畜禽，粪便施肥，以达到粮食增产目的。

2.“种—养—沼”模式 畜禽粪污能够被微生物发酵分解转化而产生沼气，在发酵的过程中，病原菌、寄生虫卵减少95%以上。沼气可用作能源，沼液则是一种速效性有机肥料，剩余的废渣还可以返田增加肥力，改良土壤，防止土地板结。这种模式是以畜禽养殖为中心，沼气工程为纽带，集种、养、渔、副、加工业于一体的生态系统，具有生产成本低、资源利用率高、环境保护效果好等优点。

3.“种—禽—林”模式 利用林树、果树间空地进行鸡、鸭等的放养，让其在林中自由活动，采食林间的杂草和虫蚁，充分利用自然生态饲料，粪便还田。该模式既保证了林果的正常生长，避免了杂草丛生和虫害侵袭；又减少了饲养成本，缓解了养殖业造成的环境污染，减少了林果地的化肥使用量，改良了土壤品质，形成了种养结合的良性循环，创造出综合效益。其缺点是要求土地面积大，家禽的生长速度比在圈养和规模化饲养条件下慢，不适合大规模养殖场，适合在林地资源丰富的地区推广。

4.“种—养—果（林、茶）”模式　利用林园、果园、茶园空地进行家畜圈养，粪尿分离后，粪便发酵生产有机肥，粪尿等经沉淀处理后用作附近果（林、茶）园的肥料。优点是养殖业和种植业均实现增产、增效，缺点是土地配套量大，部分场污水处理不充分。

5.“种—养—菇”模式　这种模式是将畜禽粪便在阳光下晒干后粉碎或堆积发酵，以一定比例与粉碎后的稻草等混合，通过发酵制作成蘑菇的培养料，用以种植蘑菇的粪便利用模式。该模式使畜禽粪便中的营养物质得到了充分利用，种植蘑菇的废料还可以继续用来种植其他的菇类，或者还田种菜、种粮。此种模式基本不存在粪便污染，而且经济效益显著，在我国的许多省份得到了广泛推广应用。

（二）充分利用自然资源的放养饲养模式

牛羊的放牧饲养属于天然的生态养殖方式，可以充分利用各种野生或人工种植的饲草资源。生猪放养也是一种生态养殖方式，在一些山区常常可以看到。家禽过了人工给温期，就可以逐步将仔禽放养到果园、山林、草地或高秆作物地里，让其自由采食野菜、草籽、昆虫。这种放归自然的饲养方式，好处甚多。首先是减少了饲喂量，可以节省大量粮食；其次是能有效清除大田害虫和杂草，达到生物除害的功效，减少人们的劳动强度和大田的药物性投入；第三是能增强畜禽机体的抵抗力、激活免疫调节机制，家禽得病少，节约预防性用药的资金投入；第四是能大幅度提高畜产品的品质，生产出特别受人欢迎的绿色产品。有条件的地方，还可以利用滩涂、荒山等自然资源，建设生态养殖场所，以便生产出无污染、纯天然或接近天然的绿色产品，同时还能从本质上提高动物的抗病能力，减少预防性药物的投入。

（三）积极使用活菌制剂

活菌制剂也叫微生态制剂，其中的有益菌在动物肠道内大量繁殖，使病原菌受到抑制而难以生存，产生一些多肽类抗菌物质和多种营养物质，如 B 族维生素、维生素 K、类胡萝卜素、氨基酸、促生长因子等，抑制或杀死病原菌，促进动物的生长发育。更有积极意义的是，有益菌在肠道内还可产生多种消化酶，从而降低粪便中吲哚、硫化氢等有害气体的浓度，使氨浓度降低 70% 以上，起到生物除臭的作用，对于改善养殖环境十分有利。使用活菌制剂有“三好”优点，即安全性好、稳定性好、经济性好，可以彻底消除使用抗菌药物带来的副作用，是发展生态养殖的重要途径。

第三节　生态养猪

一、生态养猪的概念

生态养猪技术是生态养殖理念在养猪生产中具体实践的经验总结，是解决目前生猪产业诸多问题的主要措施，它通过对生猪养殖全过程的科学化、规范化和精细化的管理，降低了养猪成本，提高了养猪效率，生产出了优质安全的健康猪肉，最终实现经济效益、社会效益和生态效益有机统一。

二、生态养猪的常见模式

（一）物质循环利用型生态工程

该模式是种养结合的生态型养猪模式，该工程技术是一种按照生态系统内能量流和物质流的循环规律而设计的一种生态工程系统。其原理是某一生产环节的产出（如粪尿及废水）可作为另一生产环节的投入（如圈舍的冲洗），使系统中的物质在生产过程中得到充分的循环利用，从而提高资源的利用率，预防废弃污物等对环境的污染。

该模式的主要生产工艺是：猪场粪污排泄物经干捡粪和固液分离后，粪渣固体经过堆积发酵制成有机肥，集中运输至果园、草地或竹林、树林等用于基肥、追肥；污水则进入沼气池厌氧发酵，沼液通过专门管道或车辆运输至果园、草地或竹林、树林等用于基肥、追肥。这种模式将猪场粪污作为有机肥料被种植物完全吸收利用，不会对环境及水源造成污染，而且建造成本和运行费用低，适用于山区和年出栏1万头以下的中、小型养猪场。此模式在梅雨区也最适用。

常用的物质循环利用型生态系统主要有“种植业—养殖业—沼气工程”三结合、“养殖业—渔业—种植业”三结合及“养殖业—渔业—林业”三结合的生态工程等类型。在这些物质循环利用型生态系统中，“种植业—养殖业（猪）—沼气工程”三结合的物质循环利用型生态工程应用最为普遍，效果最好。下面以此为例作简要阐述。

“种植业—养殖业（猪）—沼气工程”三结合的物质循环利用型生态工程的基本内容：规模化猪场排出的粪便污水进入沼气池，经厌氧发酵产生沼气，供民用炊事、照明、采暖（如温室大棚等）乃至发电。沼液不仅作为优质饵料，用以养鱼、养虾等，还可以用来浸种、浸根、浇花，并对作物、果蔬叶面、根部施肥；沼气渣可用作培养食用菌、蚯蚓，解决饲养畜禽蛋白质饲料不足的问题，剩余的废渣还可以返田增加肥力，改良土壤，防止土地板结。此系统实际上是一个以生猪养殖为中心，沼气工程为纽带，集种、养、渔、副、加工业为一体的生态系统，它具有与传统养殖业不同的经营模式。在这个系统中，生猪得到科学的饲养，物质和能量获得充分的利用，环境得到良好的保护，因此生产成本低，产品质量优，资源利用率高。

（二）漏缝地面、免冲洗、减排放环保型养猪模式

该模式是近几年来发展很快的环保型养殖模式，主要生产工艺是：在建筑猪栏时铺设一层铸铁或水泥漏粪地面，配套专门的沟渠管道，猪只排出粪尿后，采用尽量多的人工干清粪，剩余的粪便由猪脚踩踏经漏粪地面掉入漏粪板地下沟渠，不用水冲洗猪栏，待漏粪板地下沟渠积蓄一定量的粪尿时，打开活塞，猪粪尿经管道流入有顶棚的大容量储粪池，集中的粪尿或自然发酵，或固液分离进入沼气发酵系统，发酵后的粪尿还是要通过种养结合，加以转化利用。使用这种模式的猪场不用水冲洗猪舍，可以减少猪场70%以上的污水排量，大大地缓解环保压力，适用于新建或改建的大、中型养猪场。

（三）达标排放环保型养猪模式

该模式属于传统的环保养殖模式，主要生产工艺是：养猪场粪污排泄物经干捡粪和固液分离后，集中的粪渣固体经过堆积发酵制成有机肥，污水则进入沼气池厌氧发酵，沼液经过专门的沉淀池沉淀、给氧曝气池处理和水生植物生物氧化塘吸纳降解。这种模式适用于周边没有足够吸纳沼液的农林地的中、小型养猪场。

（四）生物发酵垫料零排放环保型养猪模式

该模式是新兴的环保养殖模式，目前还处于探索和完善阶段。主要生产工艺是：养猪场采用木屑、谷壳、米糠等按比例混合并添加有益微生物菌群发酵作为猪舍垫料，垫料内所含的微生物可将生猪排出的粪尿作为自身活动的养料加以吸收、利用、转化，日常只需要对猪舍垫料进行常规管理，免冲水，免清扫，零排放；经过1~2年的微生物转化利用，生物垫料可作为有机肥，用于还田、施入果园、种菜等。使用这种模式的猪场对猪舍建筑

结构有一定要求，还存在着夏天热应激、垫料供应紧张、小环境氨氮浓度升高等问题。

（五）健康和能源型综合系统

其运作方式是：将猪粪尿先进行厌氧发酵，形成气体、液体和固体三种成分，然后利用气体分离装置把沼气中甲烷和二氧化碳分离出来，分离出来的甲烷可以作为燃料照明，也可进行沼气发电，获得再生能源；二氧化碳可用于培养螺旋藻等经济藻类。沼气池中的上层液体经过一系列的沼气能源加热管消毒处理后，可作为培养藻类的矿物质营养成分。沼气池下层的泥浆与其他肥料混合后，作为有机肥料可改良土壤；用沼气发电产生的电能，可用来照明，还可带动藻类养殖池的搅拌设备，也可以给蓄电池充电。过滤后的螺旋藻等藻体含有丰富、齐全的营养元素，既可以直接加入鱼池中喂鱼、拌入猪饲料中喂猪，也可以经烘干、灭菌后作为廉价的蛋白质和维生素源供人们食用，补充人体所需的氨基酸、维生素等营养要素。该系统的其他重要环节还包括一整套的净水系统和植树措施。这一系统的实施、运用，可以有效地改善猪场周围的卫生和生态环境，提高人们的健康和营养水平。同时，猪场还可以从混合肥料、沼气燃料、沼气发电、鱼虾和螺旋藻体中获得经济收入。该系统的操作非常灵活，可随不同地区、不同猪场的具体情况而加以调整。

（六）生猪放养模式

生猪放养是指在林地环境下，以猪为养殖对象，舍饲和林地放养相结合的养殖方式，是近年来掀起的一项低碳环保的养殖方式。由于该方式能解决养殖污染问题，缓解用地紧张，生产出天然优质的商品猪，因而深受广大养殖者、消费者的欢迎。该模式需要选好放养的林地，选好放养生猪的品种和体重，还需要掌握一定的放养技术，需要丰富的放养管理经验。

第二章　生态猪场环境的控制技术

第一节　生态猪场的设计

一、场址的选择原则

在由以户为主的分散传统养猪向集约化规模化现代养猪转变的今天，猪场建设越来越显示出其重要意义。猪场建设的好坏，直接关系到猪场占地面积的大小、固定资产投入的多少以及今后养猪生产效益的好坏，甚至影响今后养猪生产能否正常运转。因此，一定要建设好猪场，争取以最小的投入换取最大的效益。场址选择必须遵守以下原则：

（一）地势高燥、通风良好

潮湿的环境易助长病原微生物和寄生虫的滋生，猪群易生病。低洼地雨后场内积水不易排出。山坳凹处，猪场的污浊空气会在场内滞留造成空气污染。因此，猪场应选择地势高燥、向阳、通风、有一定坡度的地方。

（二）交通便利、注意防疫

猪场生产的产品需要运出，饲料等物资需要运入，运输量大，对外联系密切；猪场的防疫要求很严，要防止猪对周围环境的污染。因此，猪场需要选在交通便利又比较僻静，最好离主要道路 400 米以上和居民点 500 米以上的地方。如果有围墙、河流、林带等屏障，距离可适当缩短些。禁止在旅游区、畜禽疫病区和污染严重地区建场。

（三）水电供应确有保障

猪群饮水、猪舍和用具需要洗刷，职工用水、绿化灌溉等需要大量的水；猪场照明、设备运行等需要电源，一旦停水停电，后果严重。因此，猪场必须选择水源丰富、水质符合标准并有充足电源的地方。

（四）工程地质条件较好

建筑场地的地质构成有些是很复杂的，为保证建筑的安全和正常使用，必须在选场的同时了解建筑场地的地质情况。要避免在有可能滑坡、断层的新的吹填和杂填土上建设。

二、猪场的规划与布局

场址选定、建筑项目确定后，对场地进行合理规划并安排各种建筑和设施的朝向、位置，做到节约土地、管理方便，并能为猪群创造最为有利的生产条件，为创造最佳效益提供基本条件。

猪场一般分为四个功能区。为了方便防疫和安全生产，应根据全年主风向由上而下和地势走向由高而低，依次为生活区、生产管理区、生产区和隔离区。

（一）生活区

生活区包括文化娱乐场所、食堂、宿舍等，为保证良好的卫生条件，避免生产区受到臭气、尘埃和污水的污染，生活区应设在上风或偏风向和地势较高的地方，同时位置便于与外间联系。

（二）生产管理区

生产管理区介于生活区和生产区之间，是外界和生产区联系的中间环节，建筑设计和布局上必须做到既方便生产管理和外界联系，又能有效地防止病菌侵入生产区。除办公建筑和其他生产辅助建筑外，需特别注意的是，场外运料车不许进入生产区，饲料库外墙应设有卸料窗、饲料由卸料口入料库，再由生产区车辆运往猪舍。消毒、更衣、洗澡间应设在生产管理区和生产区的通道口，进入生产区的人员、物品一律经消毒后方可进入生产区。

（三）生产区

生产区包括各类猪舍和生产设施，是猪场的核心部分，必须与外界严格隔离。根据我国所处的地理位置和气候特点，结合猪场建设通风、保温和防疫的要求，我国猪场一般为南北向布置，各类型猪舍从北向南依次为配怀舍、妊娠舍、分娩哺乳舍、断奶哺育舍、肥育舍等，舍间距离一般为舍高的3~5倍，称重和装猪台宜设在猪舍下风向靠近外墙的地方。生产区道路与生产和防疫有重要关系，场内道路应设净道、污道，互不交叉，净道用于运送饲料、产品，污道则用于运送粪尿、病死猪。排水排污系统与猪场卫生有重大关系，一般可在道路一侧或两侧设明沟或暗沟，也可地下埋设管道，但不管是哪种方式，排水、排污方向一般宜向下风向有一定坡度，确保排水、污通畅。

（四）隔离区

隔离区包括兽医室和隔离猪舍、尸体剖检和处理设施、粪污处理及贮存设施等，该区应设在整个猪场下风向或偏风向地势较低处以避免疫病传播。

三、猪舍的建筑设计

猪舍是猪群的生活和活动的主要场所，其建筑设计首先应符合猪的生物学特征和养猪生产工艺流程，按工艺流程来设计建造各类不同的专门猪舍，重点要解决好保温、隔热、采光、防潮、通风、排水、清理等工程技术问题。我国地域辽阔，南北温差大，所以要因地制宜地设计各类生物环保猪舍。

（一）猪舍建筑设计原则

1. 符合猪的生物学特性 应根据猪对温度、湿度等环境条件的要求设计猪舍，一般猪舍温度最好保持在10~25℃，相对湿度在45%~75%为宜。为了保持猪群健康，提高猪群的生产性能，一定要保证舍内空气清新，光照充足，尤其是种公猪更需要充足的阳光，以激发其旺盛的繁殖机能。

2. 适应当地的气候及地理条件　由于各地的自然气候及地区条件不同，对猪舍的建筑要求也各有差异。雨量充足，气候炎热的地区，主要是注意防暑降温；高燥寒冷的地区应考虑防寒保温，力求做到冬暖夏凉。比较理想的猪舍应具有良好的通风保温能力，以实现冬季温暖，最低气温不低于5℃；夏季凉爽，最高气温不超过30℃。

3. 简单实用，坚固耐用　采用生物环保养猪法养猪可以在原建猪舍的基础上稍加改造，也可以用温室大棚。但是必须便于控制疾病的传播，有利于预防和环境控制。

4. 便于实行科学的饲养管理　工厂化养猪的生产管理特点是"全进全出"一环扣一环的流水式作业。所以，在建筑生物环保猪舍时首先应根据生产管理工艺确定各类猪栏数量，然后计算各类猪舍栋数，最后完成各类猪舍的布局，以达到操作方便，降低劳动生产强度，提高管理定额，保证养猪生产的目的。

5. 有利于卫生防疫和消毒灭菌　猪舍的地面、墙面必须硬化，有利于冲洗消毒，地面的坡度要合理，坡度太大，猪只不能很好的休息，坡度太小，粪尿不能及时排出，卫生条件不好会成为猪只生病的直接原因。

6. 便于管理和节约人力　猪舍各种设备必须使用方便，最好能使用机械作业，以提高劳动效率，减轻劳动强度，节约人力开支。

四、猪舍建筑形式

（一）按猪栏排列形式划分

按猪栏排列形式划分，猪舍有单列式、双列式和多列式。

（二）按屋顶形式划分

1. 单坡式 屋顶由一面斜坡构成，一般跨度较小，构造简单，屋顶排水好，光照和通风好，投资少，但冬季保暖性差，适合小规模猪场。

2. 不等坡式 又名道士帽式或联合式，其主要优缺点与单坡式基本相同，但保温性能较单坡式要好，投资要稍多。

3. 双坡式 双坡式保温性能较单坡式和不等坡式要好，但一般跨度较大，对建材要求较高，投资较大。双列式和多列式猪舍常用双坡式。

（三）按墙的结构形式划分

按墙的结构形式划分，猪舍有开放式、封闭式和大棚式。

1. 开放式猪舍 开放式是三面有墙一面无墙，建筑简单，节省材料，造价低，通风采光好，舍内有害气体易排出。但由于猪舍不封闭，猪舍内的气温随着自然界温度变化而变化，不能人为控制，尤其北方冬季寒冷，这样影响了猪的繁殖与生长，正如常说的一年养猪半年长，而且其相对的占地面积较大。

2. 封闭式猪舍 封闭式猪舍不设窗户，附有一套自动控制的通风系统和供暖、降温设备。但也有的密闭型猪舍在墙上开窗采光、通风。这类猪舍常用于机械化程度高的大型种猪场的产房和保育舍，其优点是受舍外气候影响较小，但投资较大。寒冷地区及条件较好的种猪场较为适用。根据猪栏排列可分为单列式、双列式和多列式。中等规模猪场以双列式较多，其特点是猪栏排成两列，中间设走道，管理方便，利用率高，保温较好，但采光、防潮不如单列式。

3. 大棚式猪舍 用塑料扣成大棚式的猪舍，用太阳辐射增高猪舍内温度，北方冬季养猪多采用这种形式，这是一种投资少、效果好的猪舍。根据建筑上塑料布层数，猪舍可分为单层塑料棚舍、双层塑料棚舍。根据猪舍排列，可分为单列塑料棚舍和双列塑料棚舍。另外还有半地下塑料棚舍和种养结合塑料棚舍等。

五、猪舍的基本结构

我国冬季多西北风，因此猪舍应该坐北朝南，偏离方向最好在30°以内，应以向东偏斜为宜。猪舍的基本结构包括地面、墙、屋顶、门、窗等，这些统称为猪舍的外围护结构。猪舍的小气候状况很大程度上取决于猪舍的外围护结构的性能。

（一）地面

猪舍的地面是猪只活动、采食、躺卧和排粪尿的地方。地面对猪舍的保温性能及猪只的生产有很大影响。猪舍地面要求保温、坚实、不透水、平整、不滑、便于清扫和清洗消毒。地面一般应保持2%~3%的斜度，以利于排粪尿和用水冲洗，同时利于保持地面干燥。水泥地面坚实耐用、平整，易于清洗消毒，但保温性能差。目前猪舍多采用水泥地面和漏缝地板，为克服水泥地面传热快的缺点，可在地表下层用孔隙较大的材料（如炉灰渣、膨胀珍珠岩、空心砖等）增强地面的保温性能。

（二）墙壁

猪舍的墙壁要求坚固耐用，有一定的强度、厚度和较好的保温隔热效果。承重墙的承载力和稳定性必须满足结构设计要求。根据不同地区不同地理环境的要求，墙壁使用不同的材料。在北方地区由于温度低，应该注重防寒保暖工作，因此墙体应该厚一些，做成空心结构或在墙里面贴一层泡沫板；南方地区气温较高、湿度较大，应该注重防潮和防暑，墙体应该薄一些。总之墙体的厚度应根据当地的气候条件和所选墙体材料的热工特性来确定。

（三）屋顶

屋顶起遮挡风雨和保温隔热的作用，屋顶要求坚固，有一定的承重能力，能够承受风、雨、雪的压力，屋顶不漏水、不透风，具有良好的保温隔热性能。常见的猪舍顶部为“人”字形状加挂天棚结构或是单坡形式。

（四）门

门是供人和猪出入的地方，要求设置合理，使用方便。供人、猪、手推车出入的外门一般高 2.0~2.4 米，宽 1.2~1.5 米，门外设坡道，便于猪只和手推车出入，外门的设置应避开冬季主导风向，必要时加设门斗。

（五）窗

窗户主要用于采光和通风换气，窗户的大小、数量、形状、位置应根据当地气候条件合理设计，要求种猪舍的窗要大一些，商品猪舍的窗要小一些。窗的设置不能太低，一般窗的下缘距地面 1.2 米左右为宜。

六、猪舍的类型

猪舍的设计与建筑，首先要符合养猪生产工艺流程，其次要考虑各自的实际情况。黄河以南地区以防潮隔热和防暑降温为主；黄河以北则以防寒保温和防潮防湿为重点。

（一）公猪舍

公猪舍一般为单列半开放式或双列半开放式，舍内温度要求 16~21℃，风速为 0.2 米/秒，内设走廊，外有小运动场，以增加种公猪的运动量，一圈一头（图 2-1）。

（二）空怀、妊娠母猪舍

空怀和妊娠母猪前期最常用的一种饲养方式是分组大栏群

图 2-1 公猪舍

饲，一般每栏饲养空怀母猪 4~5 头、妊娠母猪 2~4 头，妊娠母猪后期则采用限位栏的饲养方式（图 2-2）。圈栏的结构有实体式、栅栏式、综合式三种，猪圈布置多为双列式。大栏面积一般为 7~9 平方米，限位栏一般为 1.2 平方米左右，地面坡降不要大于 1/45，地表不要太光滑，以防母猪跌倒。舍温要求 18~22℃，风速为 0.2 米/秒。

图 2-2 妊娠舍

（三）分娩哺育舍

分娩舍即产房，通常每个单元一间房舍，采用全进全出的饲养方式，产房内设有分娩栏，布置多为单列式或双列式，大型猪场也有三列式。舍内温度要求 15～20℃，风速为 0.2 米/秒。分娩栏位结构也因条件而异。

1. 地面分娩栏 采用单体栏，中间部分是母猪限位架，两侧是仔猪采食、饮水、取暖等活动的地方。母猪限位架的前方是前门，前门上设有料槽和饮水器，供母猪采食、饮水；限位架后部有后门，供母猪进入及清粪操作。可在栏位后部设漏缝地板，以排除栏内的粪便和污物（图 2-3）。

图 2-3 地面分娩栏

2. 网上分娩栏 主要由分娩栏、仔猪围栏、钢筋编织的漏缝地板网、保温箱、支腿等组成（图 2-4）。

（四）仔猪保育舍

仔猪保育舍，舍内温度要求 22～26℃，风速为 0.2 米/秒。可采用网上保育栏，1~2 窝一栏网上饲养，用自动落料料槽，自由采食。网上培育减少了仔猪疾病的发生，有利于仔猪健康，提

图 2-4 网上分娩栏

高了仔猪成活率。仔猪保育栏主要由钢筋编织的漏缝地板网、围栏、自动落料槽、连接卡等组成（图 2-5）。

图 2-5 仔猪保育舍

（五）生长、育肥和后备母猪舍

生长、育肥和后备母猪舍，舍内温度要求 18～24℃，风速为 0.2 米/秒。这三种猪舍均采用大栏地面群养方式，自由采食，其结构形式基本相同，只是在外形尺寸上因饲养头数和猪体大小的不同而有所变化（图 2-6）。

图 2-6　生长、育肥和后备母猪舍

七、猪场常用设备

猪场设备主要包括各种猪栏、地板、喂饲设备、饮水设备、清粪设备、环境控制设备以及运输设备等。在选择设备时，应遵循经济实用、坚固耐用、方便管理、设计合理、符合卫生防疫卫生要求等原则。随着工厂化养猪业工程技术的不断进步，我国已初步形成了多个系列的工厂化养猪配套设备，为推进我国养猪业的工业化进程，提高养猪生产水平奠定了基础。

先进的设备是提高生产水平和经济效益的重要保证。猪场设备有猪栏、漏缝地板、饲料供给及饲喂设备、供水及饮水设备、供热保温设备、通风降温设备、清洁消毒设备、粪便处理设备、监测仪器及运输设备等。

（一）猪栏

使用猪栏可以减少猪舍占地面积，便于饲养管理和改善环境。不同的猪舍应配备不同的猪栏。按结构有实体猪栏、栅栏式猪栏、母猪限位栏、高床产仔栏、高床育仔栏等。按用途有公猪栏、配种栏、妊娠栏、分娩栏、保育栏、生长育肥栏等。

1. 实体猪栏 一般采用砖砌结构，猪舍内圈与圈间以厚度为 12 厘米、高度为 0.8～1.2 米高的实体墙相隔，外抹水泥或采用混凝土预制件组成。优点在于可就地取材、造价低，可进行相邻圈舍隔离，有利于防疫；缺点是不便通风和饲养管理，比较占地。实体猪栏适用于小规模猪场。

2. 栅栏式猪栏 栅栏式猪栏就是猪舍内圈与圈之间以 0.8～1.2 米高的栅栏相隔，栅栏通常由钢管、角钢、钢筋等金属型材焊接而成，一般由外框、隔条组成栏栅，几片栏栅和栏门组成一个猪栏。优点是占地面积小，便于观察猪只；夏季通风好，有利于防暑；便于饲养管理。缺点是钢材耗量大，投资成本较大；相邻圈之间接触密切，不利于防疫。目前现代化猪场的猪栏多为栅栏式，适用于公猪、母猪及生长育肥猪的群养。

3. 综合式猪栏 综合式猪栏综合了上述两种猪栏的结构，一般是相邻的猪栏间采用 0.8～1.0 米高的实体墙相隔，沿饲喂通道正面采用栏栅。该种猪栏集中了栅栏式猪栏和实体猪栏的优点，既适宜专业户及小规模猪场又适宜现代化猪场饲养公猪、母猪及生长育肥猪。

4. 母猪单体限位栏 单体限位栏系由钢管焊接而成，由两侧栏架和前、后门组成，前门处安装食槽和饮水器，尺寸：2.1 米×0.6 米×0.96 米（长×宽×高）。用于空怀母猪和妊娠母猪，与群养母猪相比，便于观察发情，便于配种，便于饲养管理，但限制了母猪活动，易发生肢蹄病。适用于工厂化集约化养猪。

5. 高床产仔栏 用于母猪产仔和哺育仔猪，由底网、围栏、母猪限位架、仔猪保温箱、食槽组成。底网采用由直径 5 毫米的冷拔圆钢编成的网或塑料漏缝地板，2.2 米×1.7 米（长×宽），下面附角铁和扁铁，靠腿撑起，离地 20 厘米左右；围栏及四面地侧壁，为钢筋和钢管焊接而成，2.2 米×1.7 米×0.6 米（长×宽×高），钢筋间缝隙 5 厘米；母猪限位架为 2.2 米×0.6 米×1.0 米

(长×宽×高)，位于底网中央，架前安装母猪食槽和饮水器，仔猪饮水器安装在前部或后部；仔猪保温箱为1米×0.6米×0.6米(长×宽×高)，优点是占地少，便于管理，防止仔猪被压死和减少疾病，缺点是投资高。

6. 高床育仔栏 用于4~10周龄的断奶仔猪，结构同高床产仔栏的底网和围栏，高度0.7米，离地20~40厘米，占地小，便于管理，但投资高，多用于规模化养殖。

(二) 漏缝地板

采用漏缝地板易于清除猪的粪尿，减少人工清扫，便于保持栏内的清洁卫生，保持干燥，有利猪的生长。要求耐腐蚀、不变形、表面平整、坚固耐用，不卡猪蹄、漏粪效果好。漏缝地板距粪尿沟约80厘米，沟中应经常保持3~5厘米的水深。目前其样式主要有：

1. 水泥漏缝地板 表面应紧密光滑，否则表面会有积污而影响栏内清洁卫生，水泥漏缝地板内应有钢筋网，以防受破坏(图2-7)。

图2-7 水泥漏缝地板

2. 金属漏缝地板 由金属条排列焊接（或用金属编织）而成，适用于分娩栏和小猪保育栏。其缺点是成本较高；优点是不打滑，栏内清洁（图 2-8）。

图 2-8　金属漏缝地板

3. 金属冲网漏缝地板　适用于小猪保育栏。

4. 生铁漏缝地板　经处理后表面光滑、均匀无边，铺设平稳，不会伤猪（图 2-9）。

图 2-9　生铁漏缝地板

5. 塑料漏缝地板　由工程塑料模压而成，有利于保暖（图 2-10）。

图 2-10　塑料漏缝地板

6. 陶质漏缝地板　具有一定的吸水性，冲洗后不会在表面形成小水滴，还具有防水功能，适用于小猪保育栏。

7. 橡胶或塑胶漏缝地板　多用于配种栏和公猪栏，不会打滑。

饲料的贮存、输送及饲喂，不仅花费劳动力多而且对饲料利用率及清洁卫生都有很大影响。饲料贮存、输送及饲喂设备主要有贮料塔、输送机、加料车、料槽和自动食箱等。

（三）饲料供给及饲喂设备

1. 贮料塔　贮料塔多用2.5~3.0毫米镀锌波纹钢板压型而成，饲料在自身重力作用下落入贮料塔下锥体底部的出料口，再通过饲料输送机送到猪舍。

2. 输送机　用来将饲料从猪舍外的贮料塔输送到猪舍内，然后分送到饲料车、料槽或自动食箱内。类型有：卧式搅龙输送机、链式输送机、弹簧螺旋式输送机和塞管式输送机。

3. 加料车　主要用于定量饲养的配种栏、妊娠栏和分娩栏，即将饲料从饲料塔出口送至料槽。有两种形式：手推机动式和手推人力式。

4. 料槽　分自由采食和限量料槽两种。材料可用水泥、金属等。

（1）水泥料槽：主要用于配种栏、分娩栏及生长育肥栏，优点是坚固耐用，造价低，同时还可作饮水槽，缺点是卫生条件差。

（2）金属料槽：主要用于妊娠栏和分娩栏，便于同时加料，又便于清洁，使用方便。

表 2-1 给出了不同猪不同体重阶段所需的料槽长度。

表 2-1　猪不同体重阶段所需的料槽长度

猪的体重（千克）	每头猪的料槽长度	
	限饲（毫米）	自由采食（毫米）
5	100	33
10	130	35
20	175	38
40	200	50
60	240	60
90	280	70
120	300	75

（3）仔猪补料槽。仔猪补料槽一般由料斗、把手、支架、螺栓、固定铁、槽底、漏料缝、槽芯、采料槽、凹形槽底构成。料斗安装在支架上，支架用螺栓装在固定铁上，支架与槽体边相连接，固定铁固定在槽底上，槽底上设有槽芯，在槽芯的一周设有凹形采料槽供猪采食用，料斗和槽芯之间设有漏料缝，槽底的底部设有凹形槽底，料斗上装有把手。该类料槽一般结构设计简单、质量轻、强度高、耐酸碱、防腐蚀，便于搬运，使用寿命较长，采食后清洗消毒方便，能满足小猪吃食的需要，可用作多种

采食（图 2-11）。

(4) 间隙添料料槽。条件较差的一般猪场采用。可为固定或移动料槽。一般为水泥浇注固定料槽。设在隔墙或隔栏的下面，由走廊添料，滑向内侧，便于猪采食。一般为长形，每头猪所占料槽的长度依猪的种类、年龄而定。集约化、工厂化猪场，限位饲养的妊娠母猪或泌乳母猪，其固定料槽为金属制品，固定在限位栏上（图 2-12）。

图 2-11　仔猪补料槽

图 2-12　间息添料料槽

(5) 方形自动落料料槽。它常见于集约化、工厂化的猪场。方形落料料槽有单开式和双开式两种。单开式的一面固定在走廊的隔栏或隔墙上；双开式则安放在两栏的隔栏或隔墙上，自动落料料槽一般为镀锌铁皮制成，并以钢筋加固。

(6) 圆形自动落料料槽。圆形自动落料料槽用不锈钢制成，较为坚固耐用，底盘也可用铸铁或水泥浇注，适用于高密度、大群体生长育肥猪舍（图 2-13）。

图 2-13　圆形自动落料料槽

（四）供水及饮水设备

猪自动饮水器的种类很多，有鸭嘴式、乳头式、杯式等。

1. 鸭嘴式自动饮水器　目前国内外猪场使用最多的是鸭嘴式猪用饮水器。主要由阀体、阀芯、密封圈、回位弹簧、塞盖、滤网等组成。其中阀体、阀芯选用黄铜和不锈钢材料，弹簧、滤网为不锈钢材料，塞盖用工程塑料制造，整体结构简单，耐腐蚀，工作可靠，不漏水，寿命长。猪饮水时，嘴含饮水器，咬压下阀杆，水从阀芯和密封圈的间隙流出，进入猪的口腔，当猪嘴松开后，靠回位弹簧张力，阀杆复位，出水间隙被封闭。水停止流出。鸭嘴式饮水器密封性好，水流出时压力降低，流速较低，符合猪只饮水要求。安装这种饮水器的角度有水平和45°角两种，离地高度随猪体重变化而不同，原则上是若饮水器与水管成90°角的，饮水器高度与猪前肩平齐；若饮水器与地面成45°角的，饮水器高度比猪高5厘米。

2. 乳头式猪用自动饮水器　乳头式猪用自动饮水器的最大特点是结构简单，由壳体、顶杆和钢球三大件构成，猪饮水时顶起顶杆，水从钢球、顶杆与壳体的间隙流出至猪的口腔中，猪松嘴后，靠水压及钢球、顶杆的重力，钢球、顶杆落下与壳体密接，水停止流出。这种饮水器对泥沙等杂质有较强的通过能力，但密封性差，并要减压使用，否则，流水过急，不仅猪喝水困难，而且流水飞溅，浪费用水并弄湿圈舍地面。

3. 杯式猪自动饮水器 杯式饮水器是一种单体式自动饮水器，常见的有浮子式、弹簧式和水压阀杆式等形式。

（1）浮子式饮水器：多为双杯式，浮子室和控制机构放在两水杯中间。通常一个双杯浮式饮水器固定安装在两猪栏间的栅栏间壁处，供两栏猪共用。浮子式饮水器由壳体、浮子阀门机构、浮子室盖、连接管等组成。当猪饮水时，推动浮子使阀芯偏斜，水即流入杯中供猪饮用；当猪嘴离开时，阀杆靠回位弹簧弹力复位，停止供水，浮子有限制水位的作用，它随水位上升而上升，当水上升到一定高度，猪嘴就碰不到浮子了，阀门复位后停止供水，避免水过多流出。

（2）弹簧阀门式饮水器：水杯壳体一般为铸造件或由钢板冲压而成杯式，杯上连有水杯盖。当猪饮水时，用嘴顶动压板，使弹簧阀打开，水便流入饮水杯内，当嘴离开压板，阀杆复位停止供水。

（3）水压阀杆式饮水器：最常见的是杯式饮水器。杯式饮水器是靠水阀自重和水压作用控制出水的杯式饮水器，当猪只饮水时用嘴顶压压板，使阀杆偏斜，水即沿阀杆与阀座的间隙流进饮水杯内，饮水完毕，阀板自然下垂，阀杆恢复正常状态。

猪饮水时对饮水器的水压也有一定的要求，合适的水压能够保证猪喝到充足的水，猪的大小不同对水压的要求也不同，一般仔猪为30kPa（0.3千克力/厘米^2），生长育肥猪为100kPa（1.0千克力/厘米^2），母猪为140kPa（1.4千克力/厘米^2）。猪各个生长阶段要求的水流速度也不一样，一般随着猪的体重的增加，水流速度也增加。决定猪一天的饮水量的因素也很多，主要有猪的体重大小、猪舍的环境温度、日粮中蛋白质和盐分含量多少、饲料的干湿度以及猪的健康状况等因素。猪每采食 1 千克干饲料大约需要 2.5 千克水，表 2-2 给出了不同阶段猪对水的大致需要量及所要求的饮水器的高度。

表 2-2 不同阶段猪的饮水器高度和日消耗水量

猪不同阶段	日消耗水量（升）		饮水器高度	水流速度
	冬天	夏天	（厘米）	（升/分）
哺乳仔猪（4~8 千克）	1~2	2~3	10	0.5
保育猪（8~28 千克）	2~4	4~8	25	0.5~0.8
生长猪（28~70 千克）	5~7	10~14	50	0.8~1.2
育肥猪（70~100 千克）	8~10	14~18	70	1.2~1.5
后备母猪、后备公猪	10~12	18~22	80	1.5~2.0
断奶母猪、妊娠母猪及公猪	12~15	22~26	90	2.0~2.5
哺乳母猪	15~20	30~40	90	2.5~3.0

（五）供热保温设备

我国大部分地区冬季舍内温度都达不到猪只需要的适宜温度，需要提供采暖设备。另外供热保温设备主要用于分娩栏和保育栏。采暖分集中采暖和局部采暖。

供热保温设备有：

1. 红外线灯 设备简单，安装方便，最常用，通过灯的高度来控制温度，但耗电，寿命短。常见红外线灯的功率有 100 瓦、150 瓦、200 瓦和 250 瓦。

2. 吊挂式红外线加热器 其使用方法与红外线相同，但费用高。

3. 电热保温板 优点是在湿水情况下不影响安全，尺寸多为 1 000 毫米×450 毫米×30 毫米，功率为 100 瓦，板面温度为 26~32℃，分为调温型和非调温型（图 2-14）。

图 2-14　电热保温板

4. 电热风器　它吊挂在猪栏上热风出口对着要加温的区域。

5. 保温箱　仔猪用的保温箱，仔猪出生之日起至满月出栏情况下起到保温作用。保温箱上盖预留灯泡及观望窗口，尺寸大小根据当地情况而定，常见的规格为：1.0 米×0.6 米×0.6 米。在保温箱的箱体上有仔猪进出门。现在仔猪保温箱常常配套仔猪电热板来使用，既科学合理又有很好的节能效果（图 2-15）。

图 2-15　保温箱与保温板

6. 挡风帘幕　南方较多，且主要用于全敞式猪舍。

7. 太阳能采暖系统　经济，无污染，但受气候条件制约，应有其他的辅助采暖设施。

（六）通风降温设备

为了节约能源，应尽量采用自然通风的方式，但在炎热地区和炎热天气，就应该考虑使用降温设备。通风除降温作用外，还可以排出有害气体和多余水汽。

1. 通风机　大直径、低速、小功率的通风机比较适用于猪场应用。这种风机通风量大，噪声小，耗能少，可靠耐用，适于长期工作（图 2-16）。

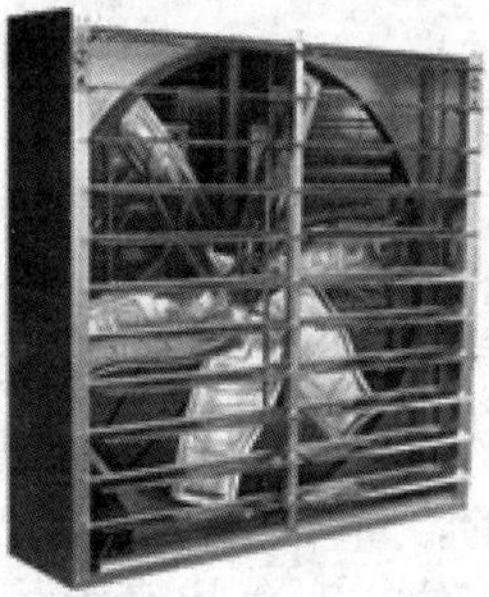

图 2-16　轴流式风机

2. 水蒸发式冷风机　它是利用水蒸发吸热的原理以达到降低空气温度的目的。在干燥的气候条件下使用时，降温效果特别好；湿度较高时，降温效果稍微差些；如果环境相对湿度在 85% 以上时，空气中水蒸气接近饱和，水分很难蒸发，降温效果差些。

3. 湿帘—负压风机降温　湿帘—负压风机降温系统是由纸质多孔湿帘、水循环系统、风扇组成。未饱和的空气流经多孔、湿润的湿帘表面时，大量水分蒸发，空气中由温度体现的显热转化为蒸发潜热，从而降低空气自身的温度。风扇抽风时将经过湿帘降温的冷空气源源不断地引入室内，从而达到降温效果（图 2-17）。

图 2-17　猪舍湿帘降温

4. 喷雾降温系统　其冷却水由加压水泵加压，通过过滤器进入喷水管道系统而从喷雾器喷出水雾，使猪舍内空气温度降低。其工作原理与水蒸发式冷风机相同，而设备更简单易行。如果猪场自来水系统水压足够，可以不用水泵加压，但过滤器还是必要的，因为喷雾器很小，容易堵塞而不能正常喷雾。旋转式的喷雾可使喷出的水雾均匀（图 2-18）。

图 2-18　喷雾降温系统

5. 滴水降温　在分娩栏，母猪需要用水降温，而小猪要求温度稍高，所以喷水不能使分娩栏内地面受潮，否则影响小猪生长，因而应采用滴水降温法。即冷水对准母猪颈部和背部下滴，水滴在母猪背部体表散开、蒸发以吸热降温，未等水滴流到地面上已全部蒸发掉，不会使地面潮湿。这样既照顾了小猪需要干燥，又使母猪和栏内局部环境温度降低。

自动化很高的猪场，供热保温，通风降温都可以实现自动调节。如果温度过高，则帘幕自动打开，冷气机或通风机工作；如果温度太低，则帘幕自动关闭，保温设备自动工作。

（七）清洁消毒设备

清洁消毒设备有冲洗设备和消毒设备。

1. 冲洗设备

（1）固定式自动清洗系统。现在很多公司生产的自动冲洗系统设备能定时自动冲洗，配合程式控制器（PLC）做全场系统冲洗控制。冬天时，也可只冲洗一半的猪栏，在空栏时也能快速冲洗，以节省用水。水管架设高度在 2 米时，清洗宽度为 3.2 米；高度为 2.5 米时，清洗宽度为 4 米；高度为 3 米时，清洗高度为 4.8 米。

（2）简易水池放水阀。水池的进水与出水靠浮子控制，出水阀由杠杆机械人工控制。优点是简单，造价低，操作方便；缺点是密封可靠性差，容易漏水。

（3）自动翻水斗。工作时根据每天需要冲洗的次数调好进水龙头的流量，随着水面的上升，重心不断变化，水面上升到一定高度时，翻水斗自动倾倒，几秒内可将全部水倒出冲入粪沟，翻水斗自动复位。优点是结构简单，工作可靠，冲力大，效果好；缺点是耗用金属多，造价高，噪声大。

（4）虹吸自动冲水器。常用的有两种形式，盘管式虹吸自动冲水器和 U 形管虹吸自动冲水器，结构简单，没有运动部件，工作可靠，耐用，故障少，排水迅速，冲力大，粪便冲洗干净。

（5）高压清洗机。CDQ-10型高压清洗机采用单相电容电动机驱动卧式三柱塞泵。当与消毒液相连时，可进行消毒。

2. 消毒设备

（1）火焰消毒器。利用煤油高温雾化剧烈燃烧产生的高温火焰对设备或猪舍进行瞬间的高温喷烧，以达到消毒杀菌之功效。

（2）紫外线消毒灯。以产生的紫外线来消毒杀菌。

（八）粪便处理设备

每头猪平均年产猪粪2 500千克左右，及时合理地处理猪粪，既可获得优质的肥料，又可减少对周围环境的污染。

粪便处理设备包括带粉碎机的离心泵、低速分离筒、螺旋压力机、带式输送装置等部分。将粪液用离心泵从贮粪池中抽出，经粉碎后送入筛孔式分离滚筒将粪液分离成固态和液态两部分。固态部分进行脱水处理，使其含水率低于70%后，再经带式输送器送往运输车，运到贮粪场进行自然堆放状态下生物处理。液态部分经收集器流入贮液池，可利用双层洒车喷洒到田间，以提高土壤肥力。

1. 复合肥生产设备 可把猪粪生产为有机复合肥，设备包括原料干燥、粉碎、混合、成粒、成品干燥、分级、计量包装等部分。在颗粒成形上根据肥料含有纤维质的比例，选用不同的制粒机。纤维质占比例较大时采用挤压式制粒机，占比例小时采用圆盘造粒机，干燥燃料以煤为主，也可用其他燃料代替。

2. BB肥（掺混肥）生产设备 能利用猪粪生产出高含量全价营养复合肥，本设备可根据不同的作物及土质，加入所需的中、微量元素和杀虫剂。自动计量封包，精度准确，每包定量可以自由设定在20~50千克。

（九）监测仪器

根据猪场实际可选择下列仪器：饲料成分分析仪器、兽医化验仪器、人工授精相关仪器、妊娠诊断仪器、称重仪器、活体超声波测膘仪、计算机及相关软件。

（十）称重、运输设备

称重设备主要是指地磅等设备。目的是对原料、产品及猪体进行称重。

运输设备主要有仔猪转运车、饲料运输车和粪便运输车。仔猪转运车可用钢管、钢筋焊接，用于仔猪转群。饲料运输车采用罐装料车或两轮、三轮和四轮加料车。粪便运输车多用单轮或双轮手推车。

除上述设备外，猪场还应配备断尾钳、牙剪、耳号钳、耳号牌、捉猪器、赶猪鞭等。

第二节　生态猪场的环境管理

一、环境对养猪生产的主要影响

猪的一生处在一定的环境中，并以各种方式与环境之间发生联系并相互影响。在现代养猪生产中环境对猪的影响逐渐被人们所认识并受到重视。

环境包括内环境和外环境。内环境是指机体内部一切与生存有关的物理的、化学的和生物学的因素，即机体的器官、组织或细胞生存的条件。外环境则是指周围一切与家畜有关的事物的总和。我们通常所说的环境就是指外环境。

猪机体与其环境之间不断地进行着物质和能量的交换并保持动态平衡。猪体的内部环境是相对稳定的，它能够维持体温、机体组成、体液的化学成分和含量、pH 值等因素的相对恒定（称为内稳态）。同时，猪的外界环境又是多变的，猪体通过其内部调节机能，在不断变化的环境中维持体内环境的相对稳定。但机体对环境的适应能力是有一定限度的，当环境条件变化剧烈，超出调节能力的限度时，则机体的内环境稳定被破坏，猪的健康和生产力受到影响，严重时可导致死亡。

猪在生长发育过程中不断地从外界摄取营养物质，这些营养物质一部分用于维持机体内环境的相对稳定，即为猪维持生存的基本需要，剩余部分则转化成产品如肉等在机体内贮存下来。在环境条件适宜时，猪的维持需要较低，机体可将摄入的营养物质最大限度地转化成产品，此时生产力水平高；相反，在环境条件较差时，猪体将摄入的大部分甚至全部能量用于维持机体内稳态，此时生产力降低甚至停产。当环境条件进一步恶化并使猪摄食的全部能量仍不足以维持其体内平衡时，机体则会通过分解体组织来获取部分能量，体重减轻，严重时导致疾病和死亡。

在现代养猪生产中，品种、饲料、防疫和环境缺一不可。优良品种生产潜力的充分发挥，需要优质全价饲料、健康的体况，同时还必须有适宜的生活和生产环境。如果环境不适宜，则优良品种的遗传潜力不能充分发挥，饲料的转化率低，猪的抵抗力和免疫力下降，发病和死亡率提高，造成生产的巨大损失。在现代养猪生产中，随着养猪规模的增大，集约化程度的提高，以及最新育种技术的采用，猪的抗逆性变得较差，对环境条件的要求也越高，因此，为猪只创造适宜的环境条件就显得尤为重要。

二、控制养猪环境

（一）应激

养猪生产中，引起猪只应激的因素和环节很多，常见的应激源有：不良的小气候环境因素（如高温、低温、强辐射、强噪声、低气压、贼风，空气中有毒有害气体浓度过高等）、饲养及管理因素（如饥饿或过饱、日粮成分或饲养水平急剧变更、饮水不足、突然变更饲养管理规程或更换饲养人员、饲养密度或组群过大、断奶、转群、驱赶、抓捕、去势、打耳号、断尾等）、传染病的侵袭、运输途中的不良刺激、对生产性能的高强度选育和利用等。

应激对猪的健康和生产力、繁殖力、肉品质等都有不良影响。猪只受到应激时，肾上腺皮质激素分泌加强，加速了体内糖原和脂肪的分解、蛋白质解体，使猪的生长发育受阻，生长速度减缓或停滞，体重下降，饲料报酬低。有试验证明，猪群过大造成的应激会影响猪的增重和饲料报酬。在试验期间，10 头一群的猪平均日增重为 5 809 克，20 头、30 头和 40 头一群的猪平均日增重比 10 头一群的分别减少 5%、8%和 10%，饲料消耗分别增加 9%、8%和 10%，体重达 90 千克的天数比 10 头一群的（平均 123 天）增加 6 天、8 天和 12 天。应激时，猪的健康受到一定影响。一种应激源作用于机体，如果应激反应不强烈而且获得适应，有可能在提高对该种激源的抵抗力的同时，也提高对其他激源的抵抗力，即提高了其非特异性抵抗力；如果某种激源只提高对该种激源及与该激源有紧密联系的那些激源的抵抗力，称为副特异性抵抗力。如果激源刺激强烈和持久，则可能在提高对该激源抵抗力的同时，导致对其他激源的抵抗力减弱，此为特异性抵抗力。如果猪只通过应激反应对激源获得了适应，可在一定程度上提高其抵抗力，但若没有得到适应，其抵抗力和免疫力下降，对一些传染病和寄生虫病易感性增强，导致各种疾病的流行。

强烈或长时间的应激会导致猪性激素分泌异常，性机能紊乱，使其繁殖力降低。生长猪性腺发育不全，成年猪表现为性腺萎缩、性欲减退、精液品质下降、受胎率降低，妊娠母猪出现胚胎早期吸收、胎儿畸形、流产、难产、死胎或不孕等现象，新生仔猪出生体重轻、成活率低等。

应激还会使猪肉品质下降，猪只宰前运输途中受到拥挤、捆绑、冷热刺激等，在宰后多见 PSE 肉，即肉色灰白（pale）、肉质松软（soft）、有渗出物（exudative）。应激时，机体分解代谢加强，耗氧比平时产热量增加数倍，体温升高，糖酵解产生大量乳酸，使肌肉组织 pH 值在宰后迅速下降，加速了肉的陈化过程，此外三磷腺苷（ATP）与钙、镁离子结合，可以生成提高组织持水力的物质，应激时 ATP 急剧减少，因此肌肉组织持水力下降，这样就形成了 PSE 肉。而长时间低强度的应激源刺激又可导致 DFD 肉，即肌肉干燥（dry）、质地粗硬（firm）、色泽深（dark），这主要是由于应激持续时间长，使肌糖原消耗多，产生乳酸减少等所致。PSE 肉的贮藏性、烹调适用性变差，DFD 肉适口性差。

总之，应激对养猪生产有诸多不利影响，但又是机体必不可少的适应性反应，而且并不是所有的应激都对猪只有害，在非强烈应激中猪只进入适应阶段，可以提高其生产力、饲料利用率及抵抗力，但应注意控制应激源的强度和作用时间，使之停止在适应阶段而杜绝衰竭反应的发生，生产中应当避免那些强烈的、长时间的应激。

（二）温度

猪是恒温动物，正常的体温是 38.7～39.8℃，对外界温度的要求比较严格，温度过高或过低，超过猪的适宜温度范围，就会影响猪的生长发育，造成饲料消耗增加，饲养成本增加，严重的还会引起猪发病甚至死亡。因此，适宜的环境温度对保证猪只正常的生长发育、健康和繁殖能力非常重要，在日常生产中，采取有效的饲养管理措施，改善猪舍小气候状况，为猪只创造适宜的环境温度非常重要。

1. 猪对温度的具体要求 据试验，猪只生长发育最快，饲料消耗最低，最适宜的温度是 20～24℃。猪只性别不同，日龄不同，其最适宜的温度也不尽相同。其具体的温度要求是：

（1）初生仔猪的适宜温度。初生仔猪对外界的温度要求较高，为 32～35℃，它们对温度极为敏感，因此搞好保温工作就显得极为重要。以后随着日龄的不断增长，对外界温度的适应性能逐步提高，对温度的要求也日趋宽松。1 月龄断奶仔猪，断奶后 1~2 周的适宜温度是 26℃；2 周后为 24~26℃，以后每周降低 2~3℃，直至降到正常猪生长的适宜温度 15~25℃。

（2）母猪的适宜温度。空怀母猪的适宜温度是 16~19℃；怀孕母猪的适宜温度是 14~16℃，母猪产仔后哺乳期的适宜温度是 15~20℃。

（3）种公猪的适宜温度。种公猪的适宜温度是 10~18℃。

值得注意的是，无论是种猪、母猪还是仔猪，当温度达到 40℃时，都无法支持下去，甚至造成死亡。因此，炎夏养猪，一定要搞好防暑降温工作。

2. 温度与猪只生长发育的关系　猪只的生长发育规律是：小猪毛稀，皮肤和皮下脂肪层薄，因而怕冷；大猪皮肤和皮下脂肪层厚，汗腺退化，不能靠出汗来调节体温，因而怕热。因此，养猪要想获取安全高效益，必须人为地为猪只生长发育创造适宜的温度条件。

温度过高或过低，都会造成种公猪性欲降低，甚至出现畸形精子和死精，影响母猪受胎，降低配种率。怀孕 3~25 天的母猪在 32℃的高温条件下，要比在 15℃的温度条件下少产仔猪 2~3 头。持续 27~30℃高温，会影响母猪发情和排卵，显著降低母猪的受胎率，同时还会造成母猪产死胎。在猪适宜的 20~24℃的温度范围内，每降低 1℃，增重 1 千克，断奶仔猪和生长育肥猪分别多耗饲料 43. 6 克和 76. 9 克，而低于适宜温度的下限 20℃，每下降 1℃，日增重减少 15 克，多消耗饲料 3 克。温度达到 37. 8℃时，68 千克以上的成猪，会出现减重现象。温度越高，减重幅度越大，直至导致采食量下降，甚至中暑死亡。

3. 高温情况下的饲养管理措施

（1）提高日粮浓度，特别是能量、蛋白质和维生素水平。

高温中猪采食量下降，而体内产热增加，这样体内摄入的能量明显不足，通过提高日粮能量和浓度水平可适当缓解热应激，有人实验证明，给日粮中添加脂肪，以赖氨酸作为部分天然蛋白质代用品可减少日粮热量的降低，减轻热应激时猪的热负荷。B 族维生素和维生素 C 对防治应激也有一定效果。

（2）为猪只提供充足、清凉的饮水。在高温情况下，猪以蒸发散热为主，其饮水量大增。此外，可采取喷雾、为猪体淋水、设淋浴和池浴、加强通风等措施，以促进猪体蒸发散热。但同时应避免舍内湿度过大，以防高湿加剧热应激。

（3）组群过大和饲养密度过高，均可加重热应激，因此，在可能情况下，夏季可适当减小饲养密度。

（4）夏季在每天气温较低时（如早晨或夜间）饲喂。

（5）加强猪舍遮阳、通风和隔热设计。

4. 低温情况下的饲养管理措施

（1）保障饲粮营养水平。

（2）在可能的情况下，加大饲养密度，使用垫草，减缓冷应激。

（3）冬天夜晚时间长，饲喂时间应安排提前早饲和延后晚饲或增加夜饲。

（4）减少饲养管理用水，不饮冰水，及时清除粪尿，注意猪舍防潮。

（5）加强猪舍门窗管理，防止孔洞、缝隙形成贼风，注意适当通风，排除舍内水汽和污浊空气。

（6）加强围护结构防寒保温和采光设计，必要时采用有效节能的供暖设备。

（三）湿度

猪舍的湿度常用相对湿度表示。猪舍水汽主要来源于猪体蒸发排出的水汽，舍内饲养管理用水、粪尿蒸发的水汽，进入猪舍的外界空气所含水汽等。

湿度大小对猪生产性能有一定影响，和温度一起发生作用。如环境温度适宜，即使相对湿度从45%上升到95%对增重亦无明显影响。在高温高湿的情况下，猪因体热散失困难，导致食欲下降，采食量显著减少，甚至中暑死亡。而在低温高湿时，猪体的散热量大增，猪就越觉寒冷，相应地猪的增重、生长发育就越慢。此外，空气湿度过高，有利于病原性真菌、细菌和寄生虫的发育。同时，猪体的抵抗力降低，易患疥癣、湿疹等皮肤病，呼吸道疾病的发病率也较高。如空气湿度过低，也会导致猪体皮肤干燥、开裂。可见，在适宜的温度下，湿度大小对猪的生产力影响不大，主要是从疾病的发生上起间接作用。猪舍相对湿度一般控制在50%~75%。为了防止猪舍内潮湿，一般在中午气温较高时，打开门窗，加强通风来排除潮气；如天气阴冷，室外湿度较大，则可在猪舍走道或地面撒布炉灰、干石灰等来吸收潮气。

（四）气流

猪舍内部不同区域也有气压差，同样形成气流。在自然情况下，舍内气流的强弱受两种因素影响：一是风压，即猪舍外的风由迎风面门窗或孔洞流入，从背风面门窗或孔洞流出；二是热压，即猪舍内温度一般高于舍外，进入舍内的空气受热向上运动，从天窗或门窗上部流出。如果使用风机作通风动力，其气流的方向和大小，取决于风机数量、流量、位置、进风口等情况。猪舍通风除考虑风向和风速外，通风量（换气量）是一项重要指标，一般以每头或单位活重（1千克或100千克）每小时需要新鲜空气的体积来表示；也可用单位时间内的换气量是猪舍容积的倍数来表示，称为换气次数。猪舍内气流方向可用烟雾判定，风速则用卡他温度表或热球式微风速仪来测量。

气流也是与其他热环境因素共同影响猪的体热调节，进而影响其生产力和健康。在气温低于皮温的情况下，气流可促进对流散热，在其他任何温度下，气流均可促进蒸发散热，因此，低温时气流对体热调节不利，而高温时气流有利于体热平衡，但在气温高于皮温（特别是相对湿度较大时）的情况下，高风速对机体有不利的趋势。试验证明，在气温不变的情况下，仔猪的环境风速由 0.1 米/秒增至 0.3 米/秒，其感觉相当于环境温度降低 5℃。有人在人工气候室里训练猪学会关闭风机的揿压式开关，发现在-5~40℃的不同温度下，猪允许风机送风的时间随温度升高而加长；环境温度达 30℃或更高时，猪就不再关闭风机了，这说明了高温情况下气流对猪有利。此外，通风可以排除舍内水汽及二氧化碳、氨、硫化氢等有害气体，保障舍内干燥和改善空气卫生状况。所以，猪舍在任何季节都需通风，特别是冬季往往为防寒而关闭门窗，造成舍内潮湿和空气卫生状况恶化，必须注意适当通风。在冬季通风和保温是一对矛盾，有条件的企业可以在满足温度供应的情况下，根据猪舍的湿度要求控制通风量；为了降低成本，应该在保证猪舍环境温度基本得以满足的情况下采取通风措施，要防止贼风侵入，危害猪群健康。

（五）光照

光是对猪的生存、行为和生产具有直接作用的重要因素之一。红外线和可见光具有光热效应，其中红外线和可见光的长波部分，可调节猪机体的热能。由于红外线可穿透皮肤达几厘米，使深部组织升温，促进皮肤血液循环，加速新陈代谢和细胞再生过程，因此具有镇痛、消炎和促进伤口愈合的作用。适当接受太阳热辐射、阳光的沐浴不仅让猪感觉舒爽，同时又有一定杀菌和促进细胞成熟的作用，对某些喜阴性寄生虫也有一定的杀灭或抑制作用，减少皮肤病的发生率。尤其在寒冷季节则更应注意猪场和猪舍的向阳和采光，对于减缓冷应激，促进猪只健康，改善猪舍小气候都有重要意义。

阳光中的紫外线具有较强的生物学效应。适当的紫外线照射，可使皮肤中 7-脱氢胆固醇变成维生素 D_3，从而促进肠道对钙的吸收，促进骨骼生长发育，预防佝偻病；紫外线还可以促进体内代谢，从而可以提高猪的生产力和饲料转化率；紫外线还具有杀死细菌、病毒真菌的作用，增强免疫力。

增加夜间光照，便于猪采食，增加营养，促进生长。较充足的光照可促进猪性成熟，有利于猪的发情、配种、妊娠和生长发育。阳光可促进种猪体内维生素 E 的吸收及性功能的正常发挥，较长的光照时间可促进性腺系统发育，使性成熟较早；短光照，特别是持续黑暗会抑制性系统发育，使性成熟延迟。在实际生产中，我们都知道对于个别长期乏情的母猪放到外边晒一段时间太阳后就能正常发情。

强光对猪体脂肪的沉积有减慢作用，暗光可使猪体脂肪沉积加快。光照强度的变化对猪性成熟的影响也十分显著，实践证明，在开放猪舍饲养的猪性成熟显著早于封闭舍内饲养的猪。光照显著影响猪（特别是仔猪）的免疫功能和机体物质代谢。适当延长光照时间或提高光照强度，可增强肾上腺皮质的功能，提高免疫力，促进食欲，增强仔猪消化机能，提高增重速度与成活率。

（六）噪声

噪声是指能引起不愉快和不安感觉或引起有害作用的声音。噪声的强弱一般以声压级来表示，单位为分贝（dB）。随着现代养猪生产规模的日益扩大和生产机械化程度的提高，噪声的危害也愈发严重。猪舍的噪声有多种来源，一是从外界传入，如外界工厂传来的噪声，飞机、车辆产生的噪声等；二是舍内机械产生的，如风机、清粪机械等；三是人的操作和猪自身产生的，如人清扫圈舍加料、添水等，猪的采食、饮水、走动、哼叫等产生的。

猪遇到突然的噪声会受惊、狂奔，发生撞伤、跌伤或碰坏某些设备。猪对重复的噪声能较快地适应，因此，噪声对猪的食欲、增重和饲料转化率没有明显影响，但突然的高强度噪声使猪的死亡率增高，母猪受胎率下降，流产、早产现象增多。猪舍噪声不能超过85~90分贝，噪声除对猪造成一定影响外，饲养管理工作者长期出入猪舍，强烈的噪声对其健康极为不利，也严重影响其工作效率。

饲养管理的各个环节中应尽量减少噪声的产生。猪场选择场址时就应考虑外界或场内是否有强噪声源存在，选择噪声相对较小的生产工艺，搞好场区绿化也是降低舍内噪声的有效措施。

（七）有害气体

猪舍内对猪的健康和生产或对人的健康和工作效率有不良影响的气体统称为有害气体。猪舍有害气体通常包括氨气（NH_3）、硫化氢（H_2S）、二氧化碳（CO_2）、一氧化碳（CO）等，主要是由猪只呼吸、粪尿、饲料、垫草腐败分解而产生。

1. 氨气 为无色、易挥发、具有刺激性气味的气体，比空气轻，易溶于水。氨气常易溶解在猪只呼吸道黏膜和眼结膜上，使黏膜充血、水肿，引起结膜炎、支气管炎、肺炎、肺水肿；氨亦可通过肺泡进入血液，低浓度氨气作用于中枢神经系统，可使呼吸和血管中枢兴奋，高浓度氨气可引起中枢神经麻痹、中毒性肝病和心肌损伤等。低浓度氨气长期作用于猪，可导致猪的抵抗力降低，发病率和死亡率升高，生产力下降。带仔母猪舍氨气浓度要求不超过15毫克/米^3，其余猪舍要求不超过20毫克/米^3。

2. 硫化氢 为无色、易挥发、具有恶臭的气味，易溶于水，比空气重，靠近地面浓度更高。硫化氨易溶附于呼吸道黏膜和眼结膜上，并与钠离子结合成硫化钠，对黏膜产生强烈刺激，引起眼炎和呼吸道炎症。处于高浓度硫化氢的猪舍中，猪只畏光、眼流泪，发生结膜炎、角膜溃疡，咽部灼伤，咳嗽，支气管炎、气管炎发病率很高，严重时引起中毒性肺炎、肺水肿等。长期处于低浓度硫化氢环境中，猪的体质变弱、抵抗力下降，增重缓慢。

硫化氢浓度为 30 毫克/米^3 时，猪变得怕光、丧失食欲、神经质；高于 80 毫克/米^3，可引起呕吐、恶心、腹泻等。猪舍中硫化氢含量不得超过 10 毫克/米^3。

3. 二氧化碳 为无色、无臭、略带酸味的气体。二氧化碳无毒，但舍内二氧化碳含量过高，氧气含量相对不足，会使猪只出现慢性缺氧，精神萎靡、食欲下降、增重缓慢、体质虚弱，易感染慢性传染病。猪舍内二氧化碳含量要求不超过 0.15%～0.2%。

4. 一氧化碳 为无色、无味气体，难溶于水，在用火炉采暖的猪舍，常因煤炭燃烧不充分而产生。一氧化碳极易与血液中运输氧气的血红蛋白结合，它与血红蛋白的结合力比氧气和血红蛋白的结合力高 200～300 倍。一氧化碳较多地吸入体内后，可使机体缺氧，引起呼吸、循环和神经系统病变，导致中毒。妊娠后期母猪、带仔母猪、哺乳仔猪和断奶仔猪舍一氧化碳不得超过 5 毫克/米^3，种公猪、空怀和妊娠前期母猪、育成猪舍一氧化碳不得超过 15 毫克/米^3，育肥猪舍不得超过 20 毫克/米^3。以上值均为一次允许最高浓度。

以上有害气体在浓度较低时，不会对猪只引起明显的外观不良症状，但长期处于含有低浓度有害气体的环境中，猪的体质变差、抵抗力降低，发病率和死亡率升高，同时采食量和增重降低，引起慢性中毒。这种影响不易觉察，常使生产蒙受损失，应予以足够重视。

生产中，冬季不能单纯追求保温而关严门窗，必须保证适量的通风换气，使有害气体及时排出。氨和硫化氢易溶于水，在潮湿的猪舍，氨和硫化氢常吸附在潮湿的地面、墙壁和顶棚上，舍内温度升高时又挥发出来，很难通过通风而排出，因此，猪舍内做好防潮和保暖可以适当减少舍内有害气体含量。此外，垫草具有较强的吸收有害气体的能力，猪床铺设垫草也可减少有害气体。

（八）尘埃和微生物对猪的影响

猪舍内的尘埃和微生物少部分由舍外空气带入，大部分则来自饲养管理过程，如猪的采食、活动、排泄、清扫地面、换垫草、分发饲料、清粪、猪只咳嗽、鸣叫等。

猪舍尘埃主要包括尘土、皮屑、饲料和垫草粉粒等。尘埃数量可用单位体积空气中尘埃的重量或数量来表示，一般情况下，舍内含尘量在 $10^3 \sim 10^6$ 粒/米^3，翻动垫草可使灰尘量增大十倍，不同类型、不同卫生状况的猪舍其含尘量差异也较大。

尘埃本身对猪有刺激性和毒性，同时还因它上面吸附有细菌、有毒有害气体等而加剧了对猪的危害程度。尘埃降落在猪体表，可与皮脂腺分泌物、皮屑、微生物等混合，刺激皮肤发痒，继而发炎。尘埃还可堵塞皮脂腺，使皮肤干燥，易破损，抵抗力下降。尘埃落入眼睛可引起结膜炎和其他眼病，被吸入呼吸道，则对鼻腔黏膜、气管、支气管产生刺激作用，导致呼吸道炎症，小粒尘埃还可进入肺部，引起肺炎。带仔母猪和哺乳仔猪舍尘埃含量昼夜平均不得大于 1.0 毫克/米^3，育肥猪舍不得大于 3.0 毫克/米^3，其他猪舍不得高 1.5 毫克/米^3。

自然界中广泛存在着各种微生物，其数量随空气湿度、温度及尘埃的多少而有差异。当猪舍温度、湿度适宜时，空气中的尘埃越多，微生物就越多，也就说，这个温、湿条件下也适宜微生物的繁殖和生长，尘埃又是微生物的载体。

在通风不良或经常不透阳光的圈舍，尘埃更促进各类微生物的繁殖，每立方米空气中细菌达 100 万个，猪舍中常见的微生物菌类中包含大量的黄曲霉菌、毛霉菌和较多的腐生菌、放线菌等。猪的好多病菌，可通过尘埃进行传播。尘埃本身对猪的健康也有直接影响。尘埃降落在猪体表面上，形成皮垢，影响皮肤散发热量，致使皮肤发痒甚至发炎、干燥、破裂。大量的灰尘落在眼结膜上，会引起结膜炎。尘埃被猪吸入呼吸道，对鼻腔黏膜上，会引起结膜炎。尘埃被猪吸入呼吸道，对鼻腔黏膜发生机械性刺激。更为严重的是，尘埃上常常有病原微生物，以致传播猪的各种疾病。应及时清除猪舍污物，避免尘土飞扬，保持合理的通风换气或定期进行消毒。

三、猪场驱蚊灭蝇和灭鼠

蚊蝇影响生猪休息，增加饲料消耗，降低生长速度和饲料转化率。同时蚊蝇叮吸血液，是很多传染病的传播媒介。据统计，蚊子能传播20多种疾病，苍蝇能传播30多种疾病，老鼠能传播20多种疾病。一只老鼠每年能消耗12千克左右饲料，一个猪场及周围一般有150只左右的老鼠，一年耗料1 500多千克，污染饲料5 000多千克，还能咬坏电线、饲料袋、木头门窗，引起火灾。因此猪场要做好驱蚊灭蝇和灭鼠的工作，但要注意的是猪场不能养猫，因为猫是弓形体的终末宿主，是弓形体病的主要传染源。

1. 灭鼠措施 在猪场周边安装纱网以防老鼠及其他动物；坚持常年实施药物灭鼠工作，同时场内的饲养人员也应该加强对老鼠的观察，出现老鼠密度增大等情况时，及时投放鼠药进行灭鼠。目前市面上的杀鼠剂很多，有生物杀鼠剂和化学杀鼠剂等多种，既有速效鼠药也有慢性鼠药，猪场多选择慢性鼠药，例如可选用稻谷型血凝抑制剂，每3~6个月灭鼠一次。

2. 灭蚊蝇措施 减少污水的排放和存留，一般采用药物拌料的方式，对蚊蝇进行驱杀，例如用灭蝇胺原粉8克/吨拌料，全场饲料投药，用1个月停1个月。

第三节 生态猪场的环境消毒措施

一、消毒的种类和方法

（一）消毒的种类

1. 预防消毒 对猪栏、场地、用具和饮水等进行定期消毒，以达到预防一般传染病的目的。

2. 随时消毒 在发生传染病时，为了及时消灭刚从病猪体内排出的病原体而采取的消毒措施。

3. 终末消毒 在病猪解除隔离、痊愈或死亡后，为了消灭疫区内可能残留的病原体所进行的全面彻底的大消毒。

（二）消毒的方法

1. 机械性清除 猪舍要保持良好的通风状态，每天对猪栏进行清扫，定期清除粪尿、垫草等杂物。

2. 物理消毒法 物理消毒法有火焰的灼烧和烘烤、煮沸消毒、蒸汽消毒等3种。在实际工作中，猪场入口更衣室要用紫外线灯对进场人员进行10~15分钟消毒，也属于物理消毒。

3. 化学消毒法 在实践中，常用化学药品的溶液来进行消毒。在选择化学消毒剂时应考虑对该病原体的消毒力强，对人畜毒性小，不损害被消毒的物体，易溶于水，在消毒的环境中比较稳定，不易失去消毒作用，价廉易得和使用方便等。一般每周对全场大小环境定期消毒1~2次，各消毒池要经常更换药物，保持有效的消毒浓度。

4. 生物热消毒 主要用于污染的粪便的无害化处理。在粪便的堆沤过程中，利用粪便中的微生物发酵产热来达到消毒的目的。

二、常用消毒药物的种类

（一）醛类

醛类包括戊二醛、甲醛等，属高效消毒剂，可消毒排泄物、金属器械等，也可用于畜禽场舍的熏蒸和防腐等。

（二）含碘化合物

常用的含碘化合物有游离碘、复合碘、碘仿等，大多数为中效消毒剂，少数为低效。常用于皮肤黏膜的消毒，也用于畜禽舍的消毒。

（三）含氯化合物

含氯化合物主要包括漂白粉、次氯酸钙、二氧化氯、液氯、二氯异氰尿酸钠等，属中效消毒剂。常用于水体、容器、食具、排泄物或疫源地的消毒。

（四）过氧化物类

常用的过氧化物类有过氧乙酸、过氧化氢和臭氧等 3 种，属高效消毒剂，可用于有关器具、畜禽场舍及室内空气等的消毒。

（五）酚类

酚类包括苯酚（石炭酸）、甲酚、氯甲酚、甲酚皂溶液（来苏儿）、臭药水、六氯双酚、酚地克等，属中效消毒剂。常用于器械及畜禽场舍的消毒与污物处理等。

（六）醇类

常用的醇类有乙醇、甲醇、异丙醇、苯乙醇、苯氧乙醇、苯甲醇等，属中效消毒剂，作用比较快，常用于皮肤消毒或物品表面消毒。

（七）季铵盐类化合物

这类化合物是阳离子表面活性剂，用于消毒的有新洁尔灭、度米芬、消毒净、氯苄烷铵、氯化十六烷基吡啶、溴化十六烷基吡啶等，属低效消毒剂。但其对细菌繁殖体有广谱杀灭作用，且作用快而强。常用于皮肤黏膜和外环境表面的消毒等。

（八）烷基化气体消毒剂

烷基化气体消毒剂主要包括环氧乙烷、环氧丙烷、乙型丙内酯和溴化甲烷等，属高效消毒剂，可用于畜禽场舍、孵化室及饲料、金属器械等的消毒。

（九）酸类和酯类

常用的酸类和酯类有乳酸、醋酸、水杨酸、苯甲酸、水梨酸、二氧化硫、亚硫酸盐，属低效消毒剂。

（十）其他消毒剂

其他消毒剂常用的有高锰酸钾、碱类（氢氧化钠、生石灰）等。一些染料如三苯甲烷染料、吖啶染料和喹啉等也有杀菌作用。有时可用于皮肤黏膜的消毒和防腐。

三、常用的消毒措施

（一）日常消毒

（1）车辆入口消毒池池长至少为轮胎周长的 1.5 倍，池宽与猪场入口相同，池内药液高度不小于 15 厘米，同时，配置低压消毒器械，对进场车辆喷雾消毒。消毒池内放置 3%氢氧化碳溶液或 1∶300 菌毒灭。车身、车轮可使用 1∶800 消毒威喷雾。有重大传染疫情时，严禁车辆进入，不可避免要进入的，可用0.5%～1%氢氧化钠溶液对车辆全面喷雾。

（2）进入场区的所有物品，要根据物品特点选择使用消毒形式进行消毒处理。如紫外灯照射 30～60 分钟，消毒药液喷雾、浸泡或擦拭等。同时注意紫外线灯适时更换，一般 45 天更换一次。

（3）工作人员进入生产区前，必须在消毒间经紫外线灯消毒 5 分钟，并更换工作衣帽。有条件的猪场可以先淋浴、更衣后进入生产区。外来参观者也同样必须按这个程序进行，并提前确定参观路线，参观时绝不随意更改路线。

（4）脚踏消毒槽至少深 15 厘米，内置 2%~3%的氢氧化钠溶液，消毒液深度大于 3 厘米。药液 3~4 天更换一次，换液时必先将槽池洗净再换装消毒液，雨天或热天时可酌情增加浓度或提早一天换液。进入猪场者脚踏时间至少 15 秒。

（5）猪舍消毒。空栏时，猪舍清洗干净后以 2%~3%氢氧化钠溶液浸渍 2 小时以上，先用硬刷刷洗，再用清水冲洗。放干数日后，关闭猪舍门窗，用过氧乙酸熏蒸 12 小时。最好再用 1∶300 菌毒灭或 1∶800 消毒液喷洒消毒一次。雨季，放干后建议用火焰消毒。带猪消毒时，清洗后用 0.1%过氧乙酸、0.5%强力消毒灵溶液、0.015%百毒杀溶液喷雾或 1∶1 200 消毒威药液对猪圈、地面、墙体、门窗以及猪体表喷雾，一般每平方米用配置好的消毒液 300~500 毫升，每周 1~2 次。

（6）对产房，先将地面和设施用水冲洗干净，干燥后用福尔马林熏蒸 2 小时，再用 1∶300 菌毒灭或 1∶1 200 消毒威溶液消毒一次，事毕用干净水冲去残药，最后用 10%石灰水刷地面和墙壁。对母猪体表消毒，可以用 1∶500 强效碘消毒。进入产房前先把猪全身洗刷干净，再用 1∶500 菌敌消毒全身，下腹、会阴部、乳房可用 0.1%的高锰酸钾清洗消毒。

（二）患病期消毒

出现腹泻疾病时，应立即隔离病猪，将发病猪调离原圈，并对该栏圈清扫、冲洗，用碱性消毒药对猪舍、场地、用具、车辆和通道等进行消毒，供选择的药品有 5%的氢氧化钠溶液等，也可采用火焰消毒法、干燥等。

出现口蹄溃疡症疾病时，舍内走廊用 5%氢氧化钠溶液消毒，口腔可用清水、食醋或 0.1%高锰酸钾冲洗，蹄部可用来苏儿洗涤，乳房可用肥皂或 2%~3%硼酸水清洗。圈面用 1∶100 的双季胺络合碘消毒。

出现呼吸道疾病时，应清扫、通风、带猪消毒，此时药物浓度是平时带猪消毒浓度的2倍。

消灭虫卵时，圈面清扫冲洗，用5%氢氧化钠水溶液消毒后再进行火焰消毒。

四、消毒药物的选择及注意事项

消毒药物种类很多，有氯制剂、碘制剂、过氧化物、醛、季铵盐、酚、强碱及复合类型等，选择消毒药品时，注意一要考虑猪场的常见疫病种类、流行情况和消毒对象、消毒设备、猪场条件等，选择适合自身实际情况的两种或两种以上不同性质的消毒药物；二要充分考虑本地区的猪群疫病流行情况和疫病可能的发展趋势，选择贮备和使用两种或两种以上不同性质的消毒药物；三是定期开展消毒药物的消毒效果监测，依据实际的消毒效果来选择较为理想的消毒药物。

（1）选用消毒药品时，要选择效力强、效果广泛、生效快且持久、不易受有机物及盐类影响、渗透性强、不易受酸碱度影响、可消毒污物且能抑臭、毒性低不污染水源、刺激性及腐蚀性小的。特别是在疫病发生期间，更应精心选择和使用消毒剂，特别是对病毒性传染病，更要选用权威部门鉴定和推荐的产品，使用中注意做效价比较。

（2）使用前应充分了解消毒剂的特性，提前制订好消毒计划，结合季节、天气，充分考虑适用对象、场合。

（3）消毒药物一般稳定性比较差，药品从出厂至使用时，经过了很多中间环节，其有效成分由于各种原因已经丧失不少，所以，建议按药品说明配置浓度稍高的标比配置。稀释后一次用完，并将原液贮存于冷暗处。

（4）消毒剂要定期更换，不要长时间使用一种消毒剂消毒，以免病原体产生耐药性，影响消毒效果。

(5) 消毒药应现用现配，尽可能在规定的时间内用完，配制好的消毒药液放置时间过长，会使药液浓度降低或完全失效。

(6) 不混合使用不同消毒药。混合使用只会使消毒效果降低，若需要用数种，则单独使用数日再使用另一种消毒剂。

(7) 消毒操作人员要做好自我保护，如穿戴手套、胶靴等防护用品，以免消毒药液刺激手、皮肤、黏膜和眼等。同时也要注意消毒药液对猪群的伤害及对金属等物品的腐蚀作用。

五、影响消毒效果的因素

（一）圈舍内有机物

圈面的有机物影响消毒效果，有机物的量越多，消毒效力越差。它们一方面覆盖在病原微生物表面，对其起到机械性保护作用；另一方面可与多数消毒药结合成不溶性蛋白化合物，既消耗消毒药，又减少消毒药与病原微生物的接触，从而大大降低消毒效果。因此消毒前应把消毒场所打扫干净，把感染创中的脓冲洗干净。试验证明，清扫、高压冲洗和药物消毒分别可消除40%、30%和20%～30%的细菌，三者相加可消除90%～100%的细菌。只有彻底清扫、冲洗后消毒，才能保证有较好的效果。

（二）舍内温度、消毒时间、药物浓度、喷洒量对消毒效果有影响

舍温在10～30℃，温度越高，消毒效果就会越好；药物浓度越高，消毒时间越长，效果越好，但对组织的毒性也相应增大；浓度太低，接触时间太短，又达不到预期的效果。因此应按各种药的特性，适当选用药物的浓度，达到规定的作用时间，一般药物消毒时间不少于30分钟。

（三）舍内湿度

猪舍空气中的相对湿度对熏蒸消毒有明显影响。如常用于猪舍熏蒸消毒的甲醛、过氧乙酸，在相对湿度60%～80%时消毒效

果最好。干燥时消毒效果不理想。例如使用福尔马林熏蒸消毒时最适宜的相对湿度为70%~90%，相对湿度低于60%时，其气体的杀菌作用显著降低。

（四）溶液 pH 值

溶液 pH 值的变化可直接影响消毒药物的作用，首先可使消毒药分子发生改变，其次能使病原微生物表面发生改变，再者可使病原微生物和消毒药分子分离开，从而影响消毒效果。随着环境 pH 值的增加，戊二醛、双胍类、染料等消毒药的杀菌作用明显增强；而酚类、有机酸、漂白粉等消毒药的活性则降低。

（五）猪场潜伏的病原体

猪场潜伏的病原体影响消毒效果。要经常对猪群进行抗体监测，根据猪群健康状况确定病原毒力，制订相应的免疫计划，有针对性地选择消毒药物。猪场消毒，需要程序合理、药物适当、药量足、消毒时间充分、条件适宜才会有理想的消毒效果。

第四节　生态猪场粪污的无害化处理和综合利用

一、猪场粪尿对生态环境的污染

（一）猪场的排污量

一般情况下，1 头育肥猪从出生到出栏，排粪量 850~1 050 千克，排尿 1 200~1 300 千克。1 个万头猪场每年排放纯粪尿 3 万吨，再加上集约化生产的冲洗水，每年可排放粪尿及污水 6 万~7 万吨。目前全国有 5 000 头以上的养猪场 1 500 多家，根据这些规模化养殖场的年出栏量计算，其全年粪尿及污水总量超过 1 亿吨。全国仅有少数猪养殖场建造了能源环境工程，对粪污进行处理和综合利用。以对猪场粪水污染处理力度较大的北京、上海和深圳为例，采用工程措施处理的粪水只占各自排放量的 5%

左右。由于粪水污染问题没有得到有效解决，大部分的规模化养猪场周围臭气冲天、蚊蝇成群，地下水硝酸盐含量严重超标，少数地区传染病与寄生虫病流行，严重影响了养猪业的可持续发展。

（二）猪场排放物中的主要成分

猪粪污中含有大量的氮、磷、微生物和药物以及饲料添加剂的残留物，它们是污染土壤、水源的主要有害成分。1 头育肥猪平均每天产生的废物为 5.46 升，1 年排泄的总氮量达 9.534 千克，磷达 6.5 千克。1 个万头猪场年可排放 100～161 吨的氮和 20～33 吨的磷，并且每克猪粪污中还含有 83 万个大肠杆菌、69 万个肠球菌以及一定量的寄生虫卵等。大量有机物的排放使猪场污物中的（生化需氧量）BOD 和（化学需氧量）COD 值急剧上升。据报道，某些地区猪场的 BOD 高达 1 000～3 000 毫克/升，COD 高达 2 000～3 000 毫克/升，严重超出国家规定的污水排放标准（BOD：6～80 毫克/升，COD：150～200 毫克/升）。此外，在生产中用于治疗和预防疾病的药物残留、为提高猪生长速度而使用的微量元素添加剂的超量部分也随猪粪尿排出体外；规模化猪场用于清洗消毒的化学消毒剂则直接进入污水。上述各种有害物质，如果得不到有效处理，便会对土壤和水源构成严重的污染。

猪场所产生的有害气体主要有氨气、硫化氢、二氧化碳、酚、吲哚、粪臭素。甲烷和硫酸类等也是对猪场自身环境和周围空气造成污染的主要成分。

（三）猪场排泄物的主要危害

1. 土壤的营养富积　猪饲料中通常含有较高剂量的微量元素，经消化吸收后多余的随排泄物排出体外。猪粪便作为有机肥料播撒到农田中去，长期下去，将导致磷、铜、锌及其他微量元素在环境中的富积，从而对农作物产生毒害作用，严重影响作物的生长发育，使作物减产。如以前流行在猪日粮中添加高剂量的铜和锌，可以提高猪的饲料利用率和促进猪的生长发育，此方法曾风靡一时，引起养殖户和饲料生产者的极大兴趣。然而，高剂量的铜和锌的添加会使猪的肌肉和肝脏中铜的积蓄量明显上升，更为严重的是还会显著增加排泄物中铜、锌含量，引起土壤的营养累积，造成环境的污染。

2. 水体污染 在谷物饲料、谷物副产品中有60%~75%的磷以植酸磷形式存在。由于猪体内缺乏有效利用磷的植酸酶以及对饲料中蛋白质的利用率有限，导致饲料中大部分的氮和磷由粪尿排出体外。试验表明，猪饲料中氮的消化率为75%~80%，沉积率为20%~50%；对磷的消化率为20%~70%，沉积率为20%~60%。未经处理的粪尿，一部分氮挥发到大气中增加了大气中的氮含量，严重时构成酸雨，危害农作物；其余的大部分则被氧化成硝酸盐渗入地下或随地表水流入江河，造成更为广泛的污染，致使公共水系中的硝酸盐含量严重超标，河流严重污染。磷渗入地下或排入江河，可严重污染水质，造成江河池塘的藻类和浮游生物大量繁殖，产生多种有害物质，进一步危害环境。

3. 空气污染 由于集约化养猪高密度饲养，猪舍内潮湿，粪尿及呼出的二氧化碳等激发出恶臭，其臭味成分多达168种，这些有害气体不但对猪的生长发育造成危害，而且排放到大气中会危害人类的健康，加剧空气污染，以致与地球温室效应都有密切关系。

二、解决猪场污染的主要途径

为了解决猪排泄物对环境的污染及恶臭问题，长期以来，世界各国科学家曾研究了许多处理技术和方法，如：粪便的干处理、堆肥处理、固液分离处理、饲料化处理等处理技术以及干燥法、热喷法和沼气法处理等，这些技术在治理猪粪尿污染上虽然都有一定效果，但一般均需要较高的投入。到目前为止，还没有一种单一处理方法就能达到人们所要求的理想效果。因此，必须通过多种措施，实行多层次、多环节的综合治理，采取标本兼治的原则，才能有效地控制和改善养猪生产的环境污染问题。

（一）按照可持续发展战略确定养殖规模与布局

1. 合理规划，科学选址 集约化规模化养猪场对环境污染的核心问题有两个，一个是猪粪尿的污染，另一个是空气的污染。合理规划，科学选址，是保证猪场安全生产和控制污染的重要条件。在规划上，猪场应当建到远离城市、工业区、游览区和人口密集区的远郊农业生产腹地；在选址上，猪场要远离村庄并与主要交通干道保持一定距离。有些国家明确规定，猪场应距居民区 2 000 米以上；避开地下生活水源及主要河道；场址要保持一定的坡度，排水良好；距离农田、果园、菜地、林地或鱼池较近，便于粪污及时利用。

2. 根据周围农田对污水的消纳能力，确定养殖规模 发展畜牧业生产一定要符合客观实际，在考虑近期经济利益的同时，还要着眼于长远利益。要根据当地环境容量和载畜量，按可持续发展战略确定适宜的生产规模，切忌盲目追求规模，贪大求洋，造成先污染再治理的劳民伤财的被动局面。目前，猪场粪污直接用于农田，实现农业良性循环是一种符合我国国情的最为经济有效的途径。这就要求猪场的建设规模要与周围农田的粪污消纳能力相适应，按一般施肥量（每 667 米^2 每茬 10 千克氮和磷）计算，一个万头猪场年排出的氮和磷，需至少 333.33 公顷年种两茬作物的农田进行消纳，如果是种植牧草和蔬菜，多次对割，消纳的粪污量可成倍增加。因此牧场之间的距离，要按照消纳粪污的土地面积和种植的品种来确定和布局。此外，猪场粪水与养鱼生产结合，综合利用，也可收到良好效果。通过农牧结合、种养结合和牧渔结合，可以实现良性循环。

3. 增强环保意识，科学设计，减少污水的排放 在现代化猪场建设中，一定要把环保工作放在重要的位置，既要考虑先进的生产工艺，又要按照环保要求，建立粪污处理设施。国内外对于大中型猪场粪污处理的方法，基本有二：一是综合利用，二是污水达标排放。对于有种植业和养殖业的农场、村庄和广阔土地的单位，采用“综合利用”的方法是可行的，也是生物质能多层次利用、建设生态农业和保证农业可持续发展的好途径；否则，只有采用“污水达标排放”的方法，才能确保养猪业长期稳定的生存与发展。

规模化猪场一定要把污水处理系统纳入设计规划，在建场时一并实施，保证一定量的粪污存放能力，并且有防渗设施。在生产工艺上，既要采用世界上先进的饲养管理技术，又要根据国情因地制宜，比如在我国，劳动力资源比较丰富，而水资源相对缺乏，在规模猪场建设上可按照粪水分离工艺进行设计，将猪粪便单独收集，不采用水冲式生产工艺，尽量减少冲洗用水，继而减少污水的排放总量。

规模化猪场的粪、尿、污水处理有多种不同的技术方案。

(1) 水冲粪法：是一种学习国外的方法，采用高压水枪、漏缝地板，在猪舍内将粪尿混合，排入污沟，进入集污池，然后，用固液分离机将猪粪残渣与液体污水分开，残渣运至专门加工厂加工成肥料，污水通过厌氧发酵、好氧发酵处理。在猪舍设计上的特点是地面采用漏缝地板，深排水沟，外建有大容量的污水处理设备。这种方案在我国 20 世纪 80~90 年代特别是南方的广州、深圳较为普遍，是我国学习国外集约化养猪经验的第一阶段。这种方案虽然可以节省人工劳力，但它的缺点是很明显的，主要是：①用水量大，一个 600 头母猪年出栏商品肉猪万头的大型猪场，其每天耗水在 100~150 吨，年排污水量 5 万~7 万吨。②排出的污水 COD、BOD 值较高，由于粪尿在猪舍中先混合，再用固液分离机分离，其污水的 COD（化学耗氧量）在 13 000~14 000 毫克/升，BOD（生化需氧量）为 8 000~9 600 毫克/升，SS（悬浮物）达 134 640~140 000 毫克/升，污水难以处理。③处理污水的日常维护费用大，污水泵要日夜工作，而且要有备用。④污水处理池面积大，通常需要有 7~10 天的污水排放贮存量。⑤投资费用也相对较大，污水处理投资通常达到猪场投资的 40%~70%，即一个投资 500 万元的猪场，需要另加 200 万~350 万元投资去处理污水。显然，这个技术路线不适合目前的节水、节能的要求，特别对我国中部和北方地区养猪很不适合。

（2）干清粪法：即采用人工清粪，在猪舍内先把粪和尿分开，用手推车把粪集中运至堆粪场，加工处理，猪舍地面不用漏缝地板（或用微缝地板，缝隙 5 毫米宽），改用室内浅排污沟，减少冲洗地面用水。这种方案虽然增加了人工费，但它克服了“水冲粪法”的缺点，表现在：①猪场每天用水量可大大减少，一般可比“水冲粪法”减少 2/3。②排出污水的 COD 值只有前法的 75%左右，BOD 值只有前法的 40%~50%，SS 只有前法的 50%~70%，污水更容易处理。③用本法生产的有机肥质量更高，有机肥的收入可以相当于支付清粪工人的工资。④污水池的投资少，占地面积小，日常维持费用低。在猪舍设计上另一个重要之处是将污水道与雨水道分开，这样可大大减少污水量，雨水可直接排入河中。

对一个有 600 头母猪年产 10 000 头肉猪的场来说，干清粪法比水冲粪法平均每天可减少排污水量 100 吨左右，年减少污水 36 500吨，每吨水价以 2. 3 元计，一年可节省 8. 4 万元，每吨污水的处理成本约 3 元（污水设备投资 100 万元，15 年折旧，每年运行费 10 万元，年污水量以 547 500 吨计），可节省污水处理成本 10. 95 万元。两项合计约 20 万元，是一项不错的收入。

（3）采用“猪粪发酵处理”技术：近年来，一种模仿我国古代“填圈养猪”的“发酵养猪”技术正由日本的一些学者与商家传入我国南方一些地区试验。该法将切短的稻草、麦秆、木屑等秸秆和猪粪、特定的多种发酵菌混合搅拌，铺于地面，断奶仔猪或肉猪大群（40~80 头/群）散养于上，同时在猪的饲料中加入 0.1%的特定菌种。猪的粪尿在该填料上经发酵菌自然分解，无臭味，填料发酵，产生热量，地面温软，保护猪蹄。以后不断加填料，1~2 年清理一次。所产生的填料是很好的肥料。只是在夏天，由于地面温度较高，猪不喜欢睡卧填料处，需另择他处睡卧，同时要喷水。这是一种正在研究的方法，如成功，可大大节省人工、投资和设备。

（二）减少猪场排污量的营养措施

畜牧业的污染主要来自于猪的粪、尿和臭气以及动物机体内有害物质的残留，究其根源主要来自于饲料。因此，近年来国内外在生态饲料方面做了大量研究工作，以期最大限度地发挥猪的生产性能，并同时将畜牧业的污染减小到最低限度，实现畜牧业的可持续发展。令人欣慰的是，在这方面我国已取得了阶段性的成果。

1. 添加合成氨基酸，减少氮的排泄量 按“理想蛋白质”模式，以可消化氨基酸为基础，采用合成氨基酸。蛋氨酸、色氨酸和苏氨酸来进行氨基酸营养上的平衡，代替一定量的天然蛋白质，可使猪粪尿中氮和氨气的排出减少 50%左右。有试验证明：猪饲料的利用率提高 0.1%，养分的排泄量可下降 3.3%；选择消化率高的日粮可减少营养物质排泄 5%；猪日粮中的粗蛋白每降低 1%，氮和氨气的排泄量分别降低 9%和 8.6%，如果将日粮粗蛋白质含量由 18%降低到 15%，即可将氮的排泄量降低 25%。欧洲饲料添加剂基金会指出，降低饲料中粗蛋白质含量而添加合成氨基酸可使氮的排出量减少 20%~25%。除此之外，也可添加一定量的益生素，通过调节胃肠道内的微生物群落，促进有益生长繁殖，对提高禽饲料的利用率作用明显，可降低氮的排泄量25%~29%。

2. 添加植酸酶，减少磷的排泄量　猪排出的磷主要因为植物来源的饲料中2/3的磷是以植酸磷和磷酸盐的形式存在的，由于猪体内缺乏能有效利用植酸磷的各种酶，因此，植酸磷在体内几乎完全不被吸收，所以必须添加大量的无机磷，以满足猪生长所需。未被消化利用的磷则通过粪尿排出体外，严重污染了环境。而当饲料中添加植酸酶时，植酸磷可被水解为游离的正磷酸和肌醇，从而被吸收。

以有效磷为基础配置日粮或者选择有效磷含量高的原料，可以降低磷的排出，猪日粮中每降低0.05%的有效磷，磷的排泄量可降低8%；通过添加植酸酶等酶制剂提高谷物和油料作物饼粕中植酸磷的利用效率，也可减少磷的排泄量。有试验表明，在猪日粮中使用200~1 000单位的植酸酶可以减少磷的排出量25%~50%，这被看作是降低磷排泄量的最有效的方法。

3. 合理有效地使用饲料添加剂，减少微量元素污染　除氮和磷的污染外，一些饲料添加剂的不合理利用特别是超量使用也对猪安全生产和环境污染构成极大威胁，如具有促进生长作用的高铜制剂和砷制剂等。

在猪的饲养标准中规定，每千克饲粮中铜含量为4~6毫克，而在实际应用中为追求高增重，每千克铜的含量高达150~200毫克，有的养猪场（户）以猪粪便颜色是否发黑来判定饲料好坏，而一些饲料生产厂家为迎合这种心态，也在饲料中添加高铜。试验表明，在每千克饲粮中添加150~200毫克铜对仔猪生长效果显著，对中猪仍有较好效果，而对大猪则没有明显效果。铜对猪前期的促生长作用是肯定的。但如果超量使用，却会对环境污染和人畜安全带来严重后果；超剂量的铜很容易在猪肝、肾中富集，给人畜健康带来直接危害。仔猪和生长猪对铜的消化率分别只有 18%～25%和 10%～20%，可见，大量的铜会随粪便排出体外。因此，在猪饲粮中，除在生长前或适当增加铜的含量外，在生长后期按饲养标准添加铜即可保证猪的正常生长，以减少对环境的污染。

砷的污染也不容忽视，据张子仪研究员按照美国 FAD 允许使用的砷制剂用量测算，一个万头猪场连续使用含砷制剂的药物添加剂，如果不采取相应措施处理粪便，5～8 年后可向猪场周围排放出近 1 000 千克的砷。

4. 使用除臭剂，减少臭气和有害气体的污染 一种丝兰属植物的提取物有两种活性成分，一种可与氨气结合，另一种可与硫化氢气体结合，因而能有效地控制臭味，同时降低有害气体的污染。另据报道，在日粮中加活性炭、沙皂素等除臭剂，可明显减少粪中硫化氢等臭气的产生，减少粪中氨气量 40%～50%。

三、猪粪尿的综合利用技术

目前，国内外猪粪尿的综合利用工程技术主要有两大类：物质循环利用型生态工程和健康与能源型综合系统。

（一）物质循环利用型生态工程

该工程技术是一种按照生态系统内能量流和物质流的循环规律而设计的一种生态工程系统。其原理是某一生产环节的产出（如粪尿及废水）可作为另一生产环节的投入（如圈舍的冲洗），使系统中的物质在生产过程中得到充分的循环利用，从而提高资源的利用率，预防废弃污物等对环境的污染。

常用的物质循环利用型生态系统主要有“种植业—养殖业—沼气工程”三结合、“养殖业—渔业—种植业”三结合及“养殖业—渔业—林业”三结合的生态工程等类型。主要有：

“果（林、茶）园养猪”。猪粪尿分离后，猪粪经发酵生产有机肥，猪尿等污水经沉淀用作附近果（林、茶）园肥料。此类模式的优点是养殖业和种植业均实现增产增效，缺点是土地配套量大，部分场污水处理不充分。

“猪—沼—果”。猪粪污水经沼气池发酵产生沼气，沼液用于果树、蔬菜、农作物。此类模式以家庭养猪场应用为主。优点是实现了资源二次利用。

“猪—湿地—鱼塘”。猪粪尿干湿分离，干粪堆积发酵后外卖，污水经厌氧发酵后进入氧化塘、人工湿地，最后流入鱼塘、虾池。优点是占地较少，投资少，缺点是干粪依赖外售，污水使用不当会影响鱼虾生产。

“猪—蚯蚓—甲鱼”。猪粪尿进行干湿分离，干粪发酵后养殖蚯蚓，蚯蚓喂甲鱼，污水用于养鱼。优点是生态养殖，投资少，缺点是劳动强度大。

“猪—生化池”。粪尿干湿分离后，干粪堆积发酵外售，污水经生化池逐级处理，或经过过滤膜过滤后外排。此类模式占地少，但运行费高。

在这些物质循环利用型生态系统中，“种植业—养殖业（猪）—沼气工程”三结合的物质循环利用型生态工程应用最为普遍，效果最好。下面以此为例作简要阐述。

种植业—养殖业（猪）—沼气工程三结合的物质循环利用型生态工程的基本内容：规模化猪场排出的粪便污水进入沼气池，经厌氧发酵产生沼气，供民用炊事、照明、采暖（如温室大棚等）乃至发电。沼液不仅作为优质饵料，用以养鱼、养虾等，还可以用来浸种、浸根、浇花，并对作物、果蔬叶面、根部施肥；沼气渣可用作培养食用菌、蚯蚓，解决饲养畜禽蛋白质饲料不足的问题，剩余的废渣还可以返田增加肥力，改良土壤，防止土地板结。此系统实际上是一个以生猪养殖为中心，沼气工程为纽带，集种、养、渔、副、加工业为一体的生态系统，它具有与传统养殖业不同的经营模式。在这个系统中，生猪得到科学的饲养，物质和能量获得充分的利用，环境得到良好的保护，因此生产成本低，产品质量优，资源利用率高。

（二）健康与能源型综合系统

该系统的运作方式是将猪粪尿先进行厌氧发酵，形成气体、液体和固体三种成分，然后利用气体分离装置把沼气中甲烷和二氧化碳分离出来，分离出来的甲烷可以作为燃料，也可进行沼气发电，获得再生能源；二氧化碳可用于培养螺旋藻等经济藻类。沼气池中的上层液体经过一系列的沼气能源加热管消毒处理后，可作为培养藻类的矿物质营养成分。沼气池下层的泥浆与其他肥料混合后，作为有机肥料可改良土壤；用沼气发电产生的电能，可用来照明，还可带动藻类养殖池的搅拌设备，也可以给蓄电池充电。过滤后的螺旋藻等藻体含有丰富、齐全的营养元素，既可以直接加入鱼池中喂鱼、拌入猪饲料中喂猪，也可以经烘干、灭菌后作为廉价的蛋白质和维生素源供人们食用，补充人体所需的必需氨基酸、稀有维生素等营养要素。该系统的其他重要环节还包括一整套的净水系统和植树措施。这一系统的实施、运用，可以有效地改善猪场周围的卫生和生态环境，提高人们的健康和营养水平。同时，猪场还可以从混合肥料、沼气燃料、沼气发电、鱼虾和螺旋藻体中获得经济收入。该系统的操作非常灵活，可随不同地区、不同猪场的具体情况而加以调整。

第五节　病死猪的无害化处理与安全监督

根据规定，病死猪应该进行无害化处理。当前，绝大部分死猪都进行了无害化处理。但是，由于一些养殖场户法制意识不强、陋习难改，加之监管和无害化处理能力不足，导致向河道等地随意抛弃死猪情况仍有发生。

一、病死猪的无害化处理

（一）无害化处理有补贴

从 2013 年 1 月 1 日起，年出栏生猪 50 头以上的规模化养殖场，养殖环节病死猪无害化处理每头可获 80 元补助。出现病死猪时，养猪场户填写有关表格（表 2-3），并进行逐级上报，经过农业、财政部门确认的自行处理模式规范猪场，病死猪经无害化处理后，方可获得补助。这是国家继“能繁母猪补贴”之后出台的又一促进生猪养殖业发展政策。旨在鼓励生猪规模化养殖场户对病死猪进行无害化处理，避免销售病死猪和出现随意抛弃病死猪的现象，有利于食品安全和促进生猪产业的健康发展。

表 2-3　规模化养殖场(小区、户)养殖环节病死猪无害化处理情况统计表

县名	乡镇名称	行政村名称	规模养殖场(小区、户)名称	企业登记证号	养殖场(小区、户)负责人身份证号	养殖场(小区、户)负责人联系电话	年生猪饲养量(头)	病死猪无害化处理时间(年、月、日)	病死猪无害化处理数量(头)	无害化处理病死猪耳标号	无害化处理方式(按方式填,单位:头)					养殖场(小区、户)负责人签名	监管人员签名
											深埋	化制	高温处理	化学处理	其他		

备注:1. 此表一式三份,一份由动物卫生监督机构留存,一份交县级畜牧兽医主管部门核定,一份由养殖场(小区、户)留存;如县级动物卫生监督机构委托乡镇兽医站的,则乡镇兽医站需增加一份留存。

2. 规模养殖企业必须填写企业登记证号。

（二）病死猪的无害化处理应注意的问题

要做好病死猪的无害化处理，必须要注意以下几个方面：

1. 做好处置人员的个人保护　在处理病死猪之前，处置人员必须要穿戴手套、口罩、防护衣、胶筒靴；处理完后，全身要用消毒药喷雾消毒，再把用过的防护用品统一深埋，胶筒靴要浸泡消毒半天后再使用，如果在处理的时候身体有暴露的部位，就要用乙醇或碘伏消毒；如果皮肤有破损者不能参与处置。

2. 移尸前的准备　先用消毒药喷洒污染圈舍、周围环境、病死猪体表；再将病死猪装入塑料袋，套编织袋或不漏水的容器盛装；临死的猪则要用绳索捆绑四肢，防止乱蹬，移尸时避免病死猪接触身体暴露部位。

3. 选择适宜的处置方法　对不同类型的病死猪进行科学有效的处置，要采取不同的方法。

（1）尸体焚烧法。对确认患有猪瘟、口蹄疫、传染性水疱病、猪密螺旋体痢疾、急性猪丹毒等烈性传染病的病死猪，常采用此法。将患病猪的尸体、内脏、病变部分投入焚化炉中烧毁炭化，搬运尸体的时候，要用消毒药液浸湿的棉花或破布把死猪的肛门、鼻孔、嘴、耳朵堵塞，防止血水等流在地上。应用密闭车运到烧埋场地。

1）化制法：即炼制法。可分为土灶炼制、湿炼、干炼三种。用土炼油是最简单的炼制方法。烧制时，锅内先放1/3清水煮沸，再加入用作化制的脂肪和肥膘小块，边搅拌边将浮油撇出，最后剩下渣子，用压榨机压出油渣内的油脂。但这种方法不适用患有烈性传染病的肉尸。湿炼法是用湿压机或高压锅进行处理患病动物和废弃物的炼制法，炼制时，将高压锅蒸汽通入机内炼制，用这种方法可以处理烈性传染病的肉尸。干炼法是使用卧式带搅拌器的夹层真空锅，炼制时，将肉尸分割成小块，放入锅内，蒸汽通过夹层，使锅内压力增高。升到一定温度，以破坏制物结构，使脂肪液化从肉中析出，同时也杀灭细菌。湿炼法和干炼法需要有一定设备，在大的肉类联合加工厂多采用。使用对象：炭疽、口蹄疫、猪瘟。

2）焚毁：将整个尸体或割下的病变部分和内脏投入焚化炉中烧毁炭化。这是销毁尸体最彻底的方法。如无焚化炉可挖掘焚尸坑，将尸体倒上柴油，用火焚烧，直到把尸体烧成黑炭为止，并把它埋在坑里。

（2）高温处理法。对确认患有猪肺疫、猪溶血性链球菌病、弓形体病等的病死猪的内脏及其他烈性传染病猪群以及怀疑被其污染的肉尸和内脏，采用高温处理法。

1）高温蒸煮法：把尸体切成重量不超过2千克、厚度不超过8厘米的肉块，放在密闭的112kPa压的高压锅内蒸煮1.5~2小时即可。

2）一般煮沸法：将尸体切成重2千克、厚度8厘米大小的肉块，放在普通锅内煮沸2~2.5小时。

（3）掩埋法。在较大的生猪交易场所、装卸较多的车站、码头、屠宰场、养猪场，要有传染病隔离圈和死亡动物掩埋地点。掩埋地点应选择要远离人群居住地和水源的下风口100米以上，且地势干燥。最好是选用远离人群的废沼气池，埋坑的深度要根据病死猪的数量、体积而定，覆土深度应达2米以上。

在一般较小的屠宰场或生猪检疫部门，可设一定规模的生物热尸体处理坑，利用生物热发酵将尸体中的病原微生物杀死。

此方法简单可行，但在实际中应用，由于消毒不严，病原体杀灭不够彻底，常会留下疫情隐患，如某些芽孢杆菌，几十年后仍有传染性。该方法的具体做法是：根据猪的大小和多少，挖2米以上的深坑，在坑里铺上2~5厘米厚的石灰或其他固体消毒剂，将病死猪放入，使之侧卧，并将污染的土层、捆尸绳索一起埋在坑里，然后再铺上2~5厘米厚的消毒剂，填土夯实即可。

适用对象是非烈性传染病死亡的猪。

（4）发酵法。该方法是将病死尸体抛入尸体坑内，利用生物热的方法将尸体发酵分解，以达到消毒的目的。尸体坑应选在远离住宅、农牧场、草原、水源及道路，设置于僻静的地方。尸坑为圆柱形，深9~10厘米，直径3米，坑底用不透水的材料制作，坑高出地面约30厘米，坑上有盖，盖上有小的活动门，坑内有气管。如有条件，可在坑上修一小屋，坑内尸体可以堆到距坑口1.5米处，经3~5个月尸体完全腐败分解，可以挖出做肥料。

4. 要做好消毒　圈舍、环境、场地、消毒药物可选用有效含氯酸、强碱等制剂，人体体表消毒可选用乙醇、酚类等制剂；消毒喷洒程度，以被消毒物滴水为度；深埋病死猪的坑先撒消毒药、生石灰或氢氧化钠，再抛病死猪，然后倒入加大浓度的消毒药浸尸体，覆土后再彻底消毒；移尸途经地必须彻底消毒；凡污染过的猪舍、用具、周围环境必须彻底、反复消毒，每天一次，连续一周以上。

二、健全完善病死猪无害化处理的长效机制

近年来，新闻媒体曝光多起病死动物非法流入市场的事件，暴露出一些地方病死动物及动物产品无害化处理工作存在薄弱环节，特别是近年黄浦江及其上游水域出现大量漂浮死猪事件的发生，引起社会广泛关注，也给各级动物卫生监督机构敲响了警钟。我国在病死动物无害化处理机制上总体尚好，各级各部门都能严格按农业部要求认真做好病死动物无害化处理工作。但我们也应清醒地看到，有些地方依然存在处置病死动物不规范，养殖农户缺乏病死动物无害化处理常识，在处理过程中出现掩埋不深、消毒不严、处理不彻底，甚至还出现随意丢弃和加工食用的现象。不仅造成严重的环境污染，也给动物疫病防控留下隐患，

而且严重威胁人民群众身体健康。对此，各级动物卫生监督机构应下大力气健全完善病死动物无害化处理长效机制。

（一）改变传统观念，树立正确防范意识

首先，要增强对猪疫病“可防可控”的信念，抛弃“猪病难防”思想的干扰，坚持“预防为主，防重于治”的方针，加强饲养管理，抓好各项防疫措施的落实。特别是在小规模、散养户中，要坚决杜绝为了避免怕免疫应激影响增重、节约免疫成本而随意调整免疫程序、减少免疫步骤，或大意或存侥幸不免的现象发生。其次，树立制度化管理理念，建立健全各项管理制度。如定期消毒制度、养殖档案填写管理制度、定期疫病评估制度等有效责任管理制度。随时掌握、分析养殖动态，及时发现疫情和采取有效控制措施，将疫病消灭在萌芽状态。第三，要强化法制意识，树立规模化健康养殖观念，用现代化意识取代传统养殖中尽量缩小成本、不做投入产出分析的小农经济思想；改变猪、鸡等多种畜禽混养等不良养殖方式，树立正确的“舍得”观念，做强做大畜牧生产；加强对《中华人民共和国畜牧法》《中华人民共和国动物防疫法》等法规的学习和贯彻落实，用法制约束和规范养殖行为，如不使用违规兽药、添加剂，不用未经高温处理和带来二次垃圾污染的泔水喂猪。第四，要树立大局意识，必须十二分地重视对病死猪及其污染物做深埋等无害化处理，切莫偷偷销售流通，扩大传播面积，害人害己 。

（二）引种慎重把关，尽量自繁自养

前几年，由于猪价猛涨，农民养猪积极性高涨，都一窝蜂地从不同地方进猪，不注重对猪健康状况把关，导致引进很多疾病潜伏期的病猪，最终导致疾病暴发，损失惨重，为此，规模化猪场要尽量坚持自繁自养。在进猪时一定要严格把关，接受当地动物卫生监督部门检疫，认真查看供种方的养殖档案，引仔猪最好是在供种方确保做好相关防疫注射、去势等避免环境应激的措施

后再行引进。另外，新引进的猪一定要隔离观察 30 天以上再和其他猪放一起饲养，且尽量将从不同地方引进的猪分开饲养。

（三）疫病一旦发生，应急处理要及时到位

一旦发病应第一时间请当地兽医部门有经验的人员进行诊断，视当地条件尽量采取现场诊断和实验室诊断双管齐下的方法，尽快确诊。因免疫失败导致传染病发生的应立即强化免疫；对防控继发感染细菌性疾病有特效药的，可采用饮水、注射等途径给药；对疑似重大动物疫病的应立即隔离并及时上报当地指挥部做无害化处理和申请相应的补助金，严禁病、死猪流入市场，防止疫情的扩散；对实施强免、治疗等措施后康复的猪，应隔离喂养，加强消毒管理，有效度过排毒期，切勿图一时之轻便，再次造成传染病的流行。

（四）强化饲养管理，提高综合抗病能力

猪病的发生最终都可归纳为管理性问题，随着养殖业法制化水平的深入，养猪管理水平的不断提高，基层实验室应用等科学防病知识的不断普及，各项管理制度和措施落实到位，猪的抗病能力将会大大提升，“猪病难防”也必将被“现代化安全猪肉生产”的话题所替代。

（五）完善病死动物无害化处理执法监督

1. 政府部门加强对病死动物无害化处理的法律法规宣传教育 认真做好《中华人民共和国动物防疫法》《病死及死因不明动物处置办法（试行）》《病害动物和病害动物产品生物安全处理规程》（GB 16548—2006）、畜禽养殖业污染防治技术规范等法律法规的宣传教育，提高养殖从业人员的法律意识，按程序规范处理病死动物尸体。同时，采取多种形式广泛宣传随意处置、出售、加工和食用病死动物的危害性，提高广大人民群众的防疫意识和自我保护能力。

2. 政府部门加强动物防疫执法监督 动物防疫监督机构要

依照《中华人民共和国动物防疫法》《病死及死因不明动物处置办法（试行）》等法律法规的规定，完善监控、报告、处理制度，做到依法管理，规范养殖户处理病死动物尸体的行为，工商、卫生、公安等部门要严厉打击抛售、收购、贩卖、屠杀、加工病死动物尸体的不法行为，只有堵死了利用病害肉牟取暴利的渠道，才能斩断因非法途径使人类感染动物疫病的链条，消除人类健康的隐患。

3. 建立病死动物无害化处理长效监管机制 充分发挥村级动物防疫员的作用，长期对其所辖范围实施监管，对乱丢、乱抛病死动物的行为要坚决予以打击，按动物防疫法的有关规定，对乱丢、乱抛、随意处置、经营加工病死动物的养殖户或从业人员进行严肃处理，对情节特别严重的要依法移交有关部门追究其刑事或民事责任，基层动物卫生监督机构和村级防疫员要切实加大监管力度，要定期进行巡查，建立病死动物无害化处理举报制度，公布举报电话，鼓励广大人民群众积极参与对病死动物无害化处理的监督。

4. 规范病死动物尸体无害化处理工作程序 病死动物无害化处理是一个技术性非常强的工作，要严格执行农业部《病死及死因不明动物处置办法（试行）》《国家质检总局病害动物和病害动物产品生物安全处理规程》（GB 16548—2006）及国家环保总局《畜禽养殖业污染防治技术规范》的相关规定。动物病死后，养殖户应当立即向当地动物卫生监督机构报告并做好临时看管工作，动物卫生监督机构在接到报告后，应当立即派出具有资质的兽医技术人员到现场按照有关规定进行处理，并将处理结果及时上报动物卫生监督机构。

5. 建立激励补偿机制 传染病防治是政府在公共卫生领域的一项公共管理职能，给予合理补偿也是政府防治传染病应当承担的公共管理成本。简单言之就是将无害化处理经费纳入财政预算，由政府出钱做好动物尸体无害化处理工作。同时，要积极探索保险、有奖举报等行之有效的管理方法，并将这种做法固定下来，使之成为可反复使用的行为规范。

6. 加大无害化处理基础设施建设　动物尸体管理事关公共卫生安全和国家生物安全、动物源食品安全，实属公益性事业，建议政府应加快动物尸体无害化基础设施建设，尽快建立无害化处理中心，实现动物尸体的分类处理，可以利用的加以利用，无法利用的进行无害化处理。

第三章　生态养猪的饲料配制与质量管理技术

第一节　猪常用饲料原料特性及质量控制

能够被动物摄取、消化、吸收和利用，可促进动物生长或修补组织、调节动物生理过程的物质称为饲料。猪用饲料原料是生产各种配合饲料，满足自身的生长、繁殖和形成高质量产品的物质基础。我国幅员辽阔，饲料资源丰富，品种繁多，了解常用饲料原料的性状、营养成分及特点对养猪生产非常重要。

1987 年，中国农业科学院张子仪院士根据美国学者哈理斯提出的国际饲料分类原则和编码体系，结合中国传统饲料分类习惯，按饲料营养特性分为粗饲料、青绿饲料、青贮饲料、能量饲料、蛋白质饲料、矿物质饲料、维生素饲料、添加剂八大类及 17 个亚类。在目前我国养猪实践中，上述八大类饲料都有应用，在集约化、科学化饲料中，猪饲料供应主要是精饲料，也就是由能量饲料、蛋白质饲料、矿物质、维生素和各种添加剂配制而成的配合饲料。现将猪常用的几种饲料原料进行介绍。

一、能量饲料

饲料干物质中粗纤维含量低于 18%，同时粗蛋白质含量低于 20%的饲料称为能量饲料，如谷实类、糠麸类、淀粉质的块根块茎瓜果类。能量饲料是现阶段动物生产最重要的饲料，也是与人争食最严重的一类饲料。

（一）谷实类饲料

1. 谷实类饲料营养特性　谷实类饲料大多是禾本科植物的成熟种子。突出的特点是淀粉含量高，粗纤维含量低，可利用能量高。缺点是蛋白质含量低，氨基酸组成上缺乏赖氨酸和蛋氨酸，缺钙、维生素 A、维生素 D，磷含量较多但利用率低。

2. 常用玉米谷实类饲料的营养特性

（1）玉米。玉米是谷实类饲料的主体，是猪最主要的能量饲料，含淀粉多，消化率高，每千克干物质含代谢能 13.89 兆焦，粗纤维含量很少，且脂肪含量可达 3.5%～4.5%，所以玉米的可利用能高，如果以玉米的能值作为 100，其他谷实类饲料均低于玉米。玉米含有较高的亚油酸，可达 2%，占玉米脂肪含量的近 60%，玉米中亚油酸含量是谷实类饲料中最高的。玉米蛋白质含量低，氨基酸组成不平衡，特别是赖氨酸、蛋氨酸及色氨酸含量低。维生素 A 的含量较高，维生素 E 含量也不少，而维生素 D、维生素 K 几乎不含有。水溶性维生素除维生素 B_1 外均较少。此外，玉米还含有 β-胡萝卜素、叶黄素等，尤其黄玉米含有较多的叶黄素，这些色素对皮肤、爪、喙着色有显著作用，优于苜蓿粉和蚕粪类胡萝卜素。玉米营养成分的含量不仅受品种、产地、成熟度等条件的影响而变化，同时玉米水分含量也影响各营养素的含量。玉米水分含量过高，还容易腐败、霉变而感染黄曲霉菌。黄曲霉素 B_1 是一种强毒物质，是玉米的必检项目。玉米经粉碎后，易吸水、结块、霉变，不便保存。因此一般玉米要整粒保存，且贮存时水分应降低至 13%以下。

（2）高粱。高粱的籽实是一种重要的能量饲料。一个高粱穗一般可得 70～75 个籽实。去壳高粱与玉米一样，主要成分为淀粉，粗纤维少，可消化养分高。粗蛋白质含量与其他谷物相似，但质量较差，含钙量少，含磷量较多，胡萝卜素及维生素D的含量少，B族维生素含量与玉米相当，烟酸含量多。高粱中含有单宁，有苦味，适口性差，猪不爱采食，因此，猪日粮中不超过10%~15%。单宁主要存在于壳部，色深者含量高。所以在配合饲料中，色深者只能加到10%，色浅者可加到15%，若能除去单宁，则可加到70%。由于高粱中叶黄素含量较低，影响皮肤、脚等着色，可通过配合使用苜蓿粉、玉米蛋白粉和叶黄素浓缩剂达到满意效果。使用单宁含量高的高粱时，还应注意添加维生素A、蛋氨酸、赖氨酸、胆碱和必需脂肪酸等。

（3）小麦。我国小麦的粗纤维含量和玉米接近，为2.5%~3.0%。粗脂肪含量低于玉米，约2.0%。小麦粗蛋白质含量高于玉米，为11.0%~16.2%，是谷实类中蛋白质含量较高者，但必需氨基酸含量较低，尤其是赖氨酸。小麦的能值较高，为12.89兆焦/千克。小麦的灰分主要存在于皮部，和玉米一样，钙少磷多，且磷主要是植酸磷。小麦含B族维生素和维生素E多，而维生素A、维生素D和维生素C极少。因此，在玉米价格高时，小麦可作为猪的主要能量饲料，一般可占日粮的30%左右。但是由于小麦中β-葡聚糖和戊聚糖比玉米高，日粮要添加相应的酶制剂来改善猪的增重和饲料转化率。

（4）大麦。大麦是一种重要的能量饲料，粗蛋白质含量比较多，约12%，氨基酸组成中赖氨酸、色氨酸、异亮氨酸等的含量高于玉米，特别是赖氨酸，有的品种可达0.6%，比玉米高一倍多，这在谷类中不易多得，是能量饲料中蛋白质品质最好的。消化养分比燕麦高，无氮浸出物含量多。粗脂肪含量少于2%，不及玉米含量的一半，其中一半以上是亚油酸。钙磷含量比玉米高，胡萝卜素和维生素D不足，硫胺素多，核黄素少，烟酸含量丰富。大麦中β-葡聚糖和戊聚糖的含量较高，饲料中应添加相应的酶制剂。大麦中含有单宁，会影响日粮适口性。大麦对猪的饲喂价值明显不如玉米，猪日粮中用量一般为20%，最好在10%以下。

（5）燕麦。燕麦是一种很有价值的饲料作物，可用作能量饲料，其籽实中含有较丰富的蛋白质，在10%左右，粗脂肪含量超过4.5%。燕麦壳占谷粒总重的25%~35%，粗纤维含量高，能量少，营养价值低于玉米。一般饲用燕麦主要成分为淀粉，因麸皮（壳）多，所以其纤维含量在10%以上，可消化总养分比其他麦类低。蛋白质品质优于玉米，含钙量少，含磷量较多，其他无机物与一般麦类相近，维生素D和烟酸的含量比其他麦类少。

（6）荞麦。荞麦属于蓼科植物，与其他谷实类不同科。由于它的生长期比较短，只有60~80天，在大田耕作制度的安排上，利用季节的空隙抢种一季荞麦是提高复种指数的一个好措施。荞麦籽实可以作为能量饲料，它的籽实有一层粗糙的外壳，约占重量的30%，故粗纤维含量较高，达12%左右。但其他方面的营养特性均符合谷实类饲料的通性，故其能量价值仍然较高，消化能的含量为14.6兆焦/千克。荞麦的蛋白质品质较好，含赖氨酸0.73%，蛋氨酸0.25%。

（二）糠麸类饲料

1. 糠麸类饲料的营养特性　糠麸类饲料包括碾米、制粉加工的主要副产品。同原粮相比，除无氮浸出物含量较少外，其他各种养分含量都较高。米糠和麦麸的含磷量高达1%以上，并含有丰富的B族维生素。因粗纤维含量较高，故消化率低于原粮，糠麸中的含磷量虽然较多，但其中植酸磷占70%，吸水性强，易发霉变质，不易贮存。

2. 常见糠麸类饲料及特性

（1）糠：稻谷的加工副产品称稻糠，稻糠可分为砻糠、米糠和统糠。砻糠是粉碎的稻壳，米糠是糙米（去壳的谷粒）精制成的大米的果皮、种皮、外胚乳和糊粉层等的混合物，统糠是米糠与砻糠不同比例的混合物。一般100千克稻谷可出大米72千克，砻糠22千克，米糠6千克。米糠的品种和成分因大米精制的程度而不同，精制的程度越高，则胚乳中物质进入米糠越多，米糠的饲用价值越高。米糠含脂肪高，最高达22.4%，且大多属不饱和脂肪酸，油中还含有维生素E 2%~5%。米糠的粗纤维含量不高，所以有效能值较高。米糠含钙偏低，微量元素中铁和锰含量丰富，而铜偏低。米糠富含B族维生素，而缺少维生素A、维生素D和维生素C。米糠是能值较高的糠麸类饲料，适口性好。但由于米糠含脂较高，天热时易酸败变质，经榨油制成米糠饼再作饲用。

（2）麦麸：习惯上称为麸皮，是生产面粉的副产物。麦麸代谢能值与粗纤维含量呈负相关，大约为6.82兆焦/千克，粗蛋白质15%左右，粗脂肪3.9%左右，粗纤维8.9%左右，灰分4.9%左右，钙为0.10%左右，磷为0.92%左右，其中植酸磷占0.68%。小麦麸含有较多的B族维生素，如维生素B_1、维生素B_2、烟酸、胆碱，也含有维生素E，由于麦麸能值低，粗纤维含量高，容积大，不宜用量过多，一般可占日粮的10%左右。有效能值相对较低。另外，麦麸具有缓泄、通便的功能，可用于调节日粮能量浓度，起到限饲作用。

（三）块根、块茎及瓜果类饲料

块根块茎类饲料包括胡萝卜、甘薯、木薯、饲用甜菜、芜菁甘蓝（灰萝卜）、马铃薯、菊芋块茎、南瓜及番瓜等。

1. 营养特性 根茎瓜类最大的特点是水分含量很高，达75%~90%，去子南瓜竟达93%，相对的干物质含量很少，单位重量鲜饲料中所含的营养成分低。就干物质而言，它们的粗纤维含量较低，无氮浸出物含量很高，达67.5%~88.1%，而且大多数是易消化的糖分、淀粉或五聚糖，故它们含有的消化能较高，每千克干物质含有 13. 81～15. 82 兆焦的消化能。但是它们也具有能量饲料的一般特点，如甘薯、木薯的粗蛋白质含量只有 3. 3%～4. 5%，而且其中有相当大的比例是属于非蛋白质态的含氮物质。一些主要矿物质与某些 B 族维生素的含量也不够，南瓜中核黄素含量可达 13. 1 毫克/千克，这是难得的。甘薯和南瓜中均含有胡萝卜素，特别胡萝卜素含量能达 430 毫克/千克。此外，块根与块茎饲料中富含钾盐。

2. 常用块根、块茎类及营养特性

（1）甘薯：又名番薯、地苕、地瓜、红芋、红（白）薯等，是我国种植最广、产量最大的薯类作物，甘薯块多汁，富含淀粉，是很好的能量饲料。用甘薯喂猪，在其肥育期，有促进消化、蓄积体脂的效果。鲜甘薯含水量约 70%，粗蛋白质含量低于玉米。鲜喂时（生的、熟的或者青贮），其饲用价值接近玉米，甘薯干与豆饼或酵母混合作基础饲料时，其饲用价值相当于玉米的 87%。生的和熟的甘薯其干物质和能量的消化率相同。但熟甘薯蛋白质的消化率几乎为生甘薯的一倍。甘薯忌冻，必须贮存在 13℃左右的环境下比较安全，当温度高于 18℃，相对湿度为 80%时会发芽。黑斑甘薯味苦，含有毒性酮，应禁用。为便于贮存和饲喂，甘薯块常切成片，晾晒制成甘薯干备用。

（2）马铃薯：马铃薯又叫土豆、地蛋、山药蛋、洋芋等，其茎叶可作青贮料，块茎干物质中 80%左右是淀粉，它的消化率对各种动物都比较高。用马铃薯可生喂猪。马铃薯植株中含有一种配糖体叫茄素（龙葵素），是有毒物质，但只有在块茎贮藏期间经日光照射马铃薯变成绿色后茄素含量增加时，才有可能发生中毒现象。

（3）胡萝卜：胡萝卜可列入能量饲料内，但由于它的鲜样中水分含量多、容积大，因此在生产实践中并不依赖它来供给能量。它的重要作用是在冬季作为多汁饲料和供给胡萝卜素。由于胡萝卜中含有一定量的蔗糖以及它的多汁性，在冬季青饲料缺乏时，日粮中可加一些胡萝卜改善日粮的口味，调节消化机能。

（4）饲用甜菜：甜菜作物按其块根中的干物质与糖分含量多少可大致分为糖甜菜、半糖甜菜和饲用甜菜三种。其中饲用甜菜的大量种植，总收获量高，但干物质含量低，为 8%～11%，含糖约 1%。饲用甜菜喂猪时喂量不宜过多，也不宜单一饲喂。刚收获的甜菜不宜马上投喂，否则易引起下痢。

（四）液体能量饲料及其他

1. 液体能量饲料 本类能量饲料包括动物脂肪、植物油和油脚（榨油的副产物）、制糖工业的副产品——糖蜜和乳品加工的副产品——乳清等。

（1）动物脂肪：通常是由屠宰厂将检验不合格的胴体及脏器和皮脂等高温处理得到的。动物脂肪除工业用途外也是一种高能饲料。动物脂肪在常温下凝固，加热则熔化成液态。动物脂肪含 ME 达 35 兆焦/千克，约为玉米的 2.52 倍，添加脂肪可提高日粮的能量水平并改善适口性，还能减少粉料的粉尘。猪日粮中动物脂肪可占日粮的 6%～8%，动物脂肪的营养作用单一，除提供一定数量不饱和脂肪酸（占脂肪 3%～5%）外，主要是提高日粮的能量水平。用脂肪作能源饲料，可降低体增热（HI），减少猪炎热气候下的散热负担，夏天预防热应激。

（2）植物脂肪：绝大多数植物油脂常温下都是液态。最常见的是大豆油、菜籽油、花生油、棉籽油、玉米油、葵花籽油和胡麻油。植物油脂和动物脂肪的差别在于含有较多的不饱和脂肪酸（占油脂的 30%～70%），与动物脂肪相比，植物油含有效能值稍高，ME 可达 37 兆焦/千克。植物油脂主要供人食用，也用作食品和其他工作原料，只有少量用于饲料。

（3）糖蜜：甜菜制糖业的副产品——甜菜渣的数量很大，是养猪的好饲料。特别在我国北方，甜菜制糖业发展很快，应充分利用这个饲料资源。甜菜渣按干物质计算粗纤维的含量显著提高，占20%左右，无氮浸出物含量较高，约62%，可消化粗蛋白的含量较低，仅约4%，钙磷的含量较低，特别是磷的含量很低。因此，钙磷的比例不当，甜菜虽经榨糖，但甜菜渣中仍保留一部分糖分。由于甜菜渣的能量含量较高，但蛋白质含量较低，维生素、钙磷含量不足，特别是钙磷的比例不当，为了提高甜菜渣的饲养效果，配合日粮时应补充这些养分。

（4）乳清：乳清是乳品加工厂生产乳制品（奶酪、酪蛋白）的液体副产物。其主要成分是乳糖残留的乳清，乳脂所占比例较小。乳清含水量高，不适于直接作配合饲料原料。乳清经喷雾干燥后制得的乳清粉是乳猪的良好调养饲料，已成为代乳饲料中必不可少的组分，但乳猪清粉吸水性强，加工时应特别注意。

2. 其他

其他如干燥的面包房产品。这类产品是由面包房制作糖果、坚果等得到的。尽管其数量很少，但所含的能量大部分来源于淀粉、蔗糖和脂肪，所以是一种非常好的饲料。众多的未利用的面包房产品给猪提供了相当优良的饲料。

二、蛋白质饲料

通常将干物质中粗蛋白质含量在20%以上、粗纤维含量小于18%的饲料划在这一类，蛋白质饲料包括植物性蛋白质饲料、动物性蛋白质饲料、单细胞蛋白质饲料以及酿造工业副产物等。

（一）植物性蛋白质饲料

此类饲料包括饼粕在内及一些粮食加工副产品等。饼粕类饲料是油料籽实榨油后的产品。其中榨油后的产品通称“饼”，用溶剂提油后的产品通称“粕”，这类饲料包括大豆饼和豆粕、棉籽饼、菜籽饼、花生饼、芝麻饼、向日葵饼、胡麻饼和其他饼粕等。其中豆饼是猪良好蛋白质饲料。棉籽饼及花生饼来源丰富，价格低廉，是猪蛋白质饲料的重要来源。各类油料籽实的共同特点是油脂与蛋白质含量较高，而无氮浸出物比一般谷物类低。因此，提取油脂后的饼粕产品中的蛋白质含量就显得更高，再加上残存不同含量的油分，故一般的营养价值（能量与蛋白质）较高。

1. 豆饼和豆粕 大豆饼和豆粕是我国最常用的一种主要植物性蛋白质饲料，营养价值很高，大豆饼粕的粗蛋白质含量在40%~45%；大豆粕的粗蛋白质含量高于饼，去皮大豆粕粗蛋白质含量可达50%。大豆饼粕的氨基酸组成较合理，尤其赖氨酸含量为2.5%~3.0%，是所有饼粕类饲料中含量最高的；异亮氨酸、色氨酸含量都比较高；蛋氨酸含量低，仅0.5%~0.7%，故玉米—豆粕基础日粮中需要添加蛋氨酸。大豆饼粕中钙少磷多，但磷多属难以利用的植酸磷。维生素A、维生素D含量少，B族维生素除维生素B_2、维生素B_{12}外均较高。粗脂肪含量较低，尤其大豆粕的脂肪含量更低。

生产大豆饼粕的原料生大豆中，含有多种抗营养因子，如胰蛋白酶抑制因子、细胞凝集素、皂角苷、尿素酶等。在提油时，如果加热适当，毒素受到破坏，加热不足破坏不了毒素则蛋白质利用率低，加热过度可导致赖氨酸等必需氨基酸的变性反应而影响利用价值。

2. 棉籽饼 棉籽饼是棉花籽实提取棉籽油后的副产品，一般含有32%~37%的粗蛋白质，产量仅次于豆饼，是一项重要的蛋白质资源。棉籽饼因工作条件不同，其营养价值相差很大，主要影响因素是棉籽壳是否脱去及脱去程度。在油脂厂去掉的棉籽壳中，虽夹杂着部分棉仁，粗纤维也达48%，木质素达32%，脱壳以前去掉的短绒含粗纤维90%，因而，在用棉花籽实加工成的油饼中，是否含有棉籽壳，或者含棉籽壳多少，是决定它可利用能量水平和蛋白质含量的主要影响因素。

棉籽饼（粕）蛋白质组成不太理想，精氨酸含量3.6%~

3.8%，过高，而赖氨酸含量仅1.3%~1.5%，过低，只有大豆饼粕的一半。蛋氨酸也不足，约0.4%，同时，赖氨酸的利用率较差。故赖氨酸是棉籽饼（粕）的第一限制性氨基酸。饼粕中有效能值主要取决于粗纤维含量，即饼粕中含壳量。维生素含量受热损失较多。矿物质中磷多，但多属植酸磷，利用率低。

棉仁饼含粗蛋白33%~40%，棉籽饼为23%~30%。棉饼的缺点是含有游离棉酚，是一种有毒物质，棉酚含量取决于棉籽的品种和加工方法。棉酚中毒有蓄积性，可与消化道中的铁形成复合物，导致缺铁；添加0.5%~1%硫酸亚铁粉可结合部分棉酚而去毒，并能提高棉籽饼（粕）的营养价值。

3. 菜籽饼 油菜是十字花科植物，籽实含粗蛋白质20%以上，榨油后饼粕中油脂减少，粗蛋白质相对增加到30%以上。菜籽饼中赖氨酸含量为1.0%~1.8%，色氨酸为0.5%~0.8%，蛋氨酸为0.4%~0.8%，胱氨酸为0.3%~0.7%；维生素的含量为：硫胺素1.7~1.9毫克/千克，泛酸8~10毫克/千克，胆碱6 400~6 700毫克/千克。

菜籽饼含毒素较高，主要起源于芥子苷或称含硫苷（含量一般在6%以上），各种芥子苷在不同条件下水解，生成异硫氰酸酯，严重影响适口性。硫氰酸酯加热转变成氰酸酯，它和噁唑烷硫酮还会导致甲状腺肿大，一般经去毒处理，才能保证饲料安全。菜籽饼还含有一定量的单宁，降低动物食欲。“双低”菜籽饼（粕）的营养价值较高，可代替豆粕饲喂猪。

4. 花生饼（粕） 带壳花生饼含粗纤维15%以上，饲用价值低。国内一般都去壳榨油。去壳花生饼含蛋白质、能量比较高。花生饼（粕）的饲用价值仅次于豆饼，蛋白质和能量都比较高。花生饼（粕）含赖氨酸1.5%~2.1%，色氨酸0.45%~0.51%，蛋氨酸0.4%~0.7%，胱氨酸0.35%~0.65%，精氨酸5.2%。含胡萝卜素和维生素D极少，含硫胺素和核黄素为5~7

毫克/千克、烟酸 170 毫克/千克、泛酸 50 毫克/千克、胆碱 1 500~2 000 毫克/千克。花生饼（粕）本身虽无毒素，但易感染黄曲霉产生黄曲霉毒素，因此，贮藏时切忌发霉。用花生饼（粕）喂猪，其所含蛋氨酸、赖氨酸不能满足猪的需要，必须进行补充，也可以和鱼粉、豆饼（粕）等一起饲喂。

5. 向日葵饼 向日葵饼种类很多，一般向日葵籽粒各部分比例是：壳 35%~45%，油脂 25%~32%，脱壳后油脂含量增至 30%~40%，改良品种油脂含量高，壳比例少。向日葵饼的蛋白质含量，以浸提法较高，但氨基酸含量却低于机榨饼约 20%，机榨饼氨基酸的含量为：赖氨酸 2.0%、色氨酸 0.6%、蛋氨酸 1.6%、胱氨酸 0.8%。其维生素含量为：硫胺素 9.7 毫克/千克、核黄素 4.2 毫克/千克、烟酸 37.8 毫克/千克、泛酸 7.7 毫克/千克、胆碱 280 毫克/千克。

6. 胡麻饼 胡麻，即油用亚麻，在我国东北和西北栽培较多，胡麻种子榨油的副产品即胡麻饼，是胡麻产地的一种主要的蛋白质饲料。胡麻饼的氨基酸含量为：赖氨酸 1.10%、色氨酸 0.47%、蛋氨酸 0.47%、胱氨酸 0.56%。胡麻饼维生素含量为：胡萝卜素 0.3 毫克/千克、硫胺素 2.6 毫克/千克、核黄素 4.1 毫克/千克、烟酸 39.4 毫克/千克、泛酸 16.5 毫克/千克、胆碱 1 672毫克/千克。胡麻饼可以作为蛋白质饲料饲喂肉牛，但饲喂过多，也可使体脂变软，影响产品质量，所以，胡麻饼最好同其他蛋白质饲料混合饲喂，以补充赖氨酸等养分的不足。

胡麻种子中，尤其是未成熟的种子中，含有亚麻苷配糖体，叫生氰糖苷，本身无毒，但在 pH 值为 5.0 左右时，最容易为亚麻种子本身所含的亚麻酶酶解，生成氢氰酸（HCN），氢氰酸对任何畜禽都有毒。

7. 其他饼类 其他比较重要的饼粕有蓖麻饼、椰子饼和芝麻饼等。其饲用价值见表 3-1。

表 3-1　其他饼粕类及饲用豆类的饲用价值

类别	干物质（%）	消化能（兆焦/千克）	粗蛋白质（%）	粗纤维（%）	钙（%）	磷（%）
芝麻饼	92	13.39	39.2	7.2	2.24	1.19
亚麻仁饼	88	12.13	32.2	7.8	0.39	0.88
大豆	87.0	16.61	35.5	4.3	0.27	0.48

8. 豆科籽实　专用于饲料的豆类主要有秣食豆和黑豆，这些豆类都是动物良好的蛋白质饲料。饲用豆类，生喂饲用价值低。整喂消化率低，有的甚至不能消化，若经加工压扁或粉碎处理，消化率即能显著提高。黑豆虽是优质饲料，但也不能多喂，多喂容易引起消化障碍，同时，黑豆的营养也并不全面。

豆科籽实的共同营养特点是蛋白质含量丰富（20%~40%），而无氮浸出物较谷实类低（28%~62%）。由于豆科籽实有机物中蛋白质含量较谷实类高，故其消化能偏高。特点是大豆还含有较多的油分，其能量价值甚至超过谷实中能量高的玉米。

本类饲料中的矿物质和维生素的含量均与谷实类大致相似，不过维生素 B_2 与维生素 B_1 含量上有些种类稍高于谷实，但并不能列为上等。钙含量虽稍高一些，但钙磷比例不适宜，磷多于钙。豆科籽实就其蛋白质品质而言，在植物性蛋白中算是最好的，主要表现在植物蛋白中最缺的限制因子之一的赖氨酸含量比较高，由表 3-2 可见蚕豆、豌豆、豆饼的赖氨酸含量分别为 1.80%、1.76%与 3.0%。由此可见，豆类饲料中蛋白质优于其他植物性蛋白质。

豆类蛋白质的品质也有不足之处，就是植物蛋白质含硫氨酸的不足。豆类饲料在生的状态下含有一些不良的物质，如抗胰蛋白酶，会产生甲状腺肿的物质、皂素与血凝集素等，它们影响豆类饲料的适口性、消化性与动物的一些生理功能，这些物质经适当的热处理（110℃，3 分钟）后就失去毒性。

表 3-2　豆科籽实与饼类蛋白质氨基酸含量（%）

营养成分	蚕豆	豌豆	大豆	豆饼	棉籽	棉籽饼	棉仁饼
粗蛋白	29.2	26.5	41.7	46.7	24.9	30.3	46.6
赖氨酸	1.80	1.76	2.59	3.09	—	—	1.70
蛋氨酸	0.29	0.34	0.45	0.79	—	—	0.65

9. 玉米蛋白粉　玉米蛋白粉的确切含义是玉米除去淀粉、胚芽和玉米外皮后剩下的产品。正常玉米蛋白粉的色泽为金黄色，蛋白质含量越高色泽越鲜艳。玉米蛋白粉一般含蛋白质 40%~50%，高者可达 60%。玉米蛋白粉蛋氨酸含量很高，可与相同蛋白质含量的鱼粉相当；赖氨酸和色氨酸严重不足，不及相同蛋白质含量鱼粉的 25%；精氨酸含量较高，饲喂时应考虑氨基酸平衡，与其他蛋白质饲料配合使用。由黄玉米制成的玉米蛋白粉含有很高的类胡萝卜素，其中主要是叶黄素（53.4%）和玉米黄素（29.2%），是很好的着色剂。玉米蛋白粉含维生素（特别是水溶性维生素）和矿物质（除铁外）也较少。总之，玉米蛋白粉是高蛋白高能饲料，蛋白质消化率和可利用能值高，尤其适用于断奶仔猪。

10. 其他加工副产品　这类蛋白质饲料品种很多杂，有淀粉工业副产品——玉米胶蛋白和以豌豆、蚕豆和绿豆为原料生产粉丝的粉渣，酿酒的副产品——各种酒糟，豆腐渣、酱油渣、醋和饴糖渣等。由于原料和工艺上的区别，所得的副产物在营养成分的含量上差别很大。

本类饲料在营养上不能一概而论。淀粉工业的副产物和乙醇、饴糖生产的副产物是经提出和发酵用掉原料中的淀粉得到的，无氮浸出物含量大减而蛋白质和粗纤维成分都相对增加。以干物质基础计，各种谷物酒糟、啤酒糟和饴糖渣的粗蛋白质含量也在20%以上。酿造和发酵工业副产物的糟、渣类，由于微生物活动而产生大量的B族维生素，糟、渣中的B族维生素丰富，但脂溶性维生素贫乏。

（二）动物性蛋白质饲料

这类饲料包括鱼粉、肉骨粉、血粉、羽毛粉、蚕蛹粉等。

1. 鱼粉　鱼粉的营养价值因鱼种、加工方法和贮存条件不同而有较大差异。鱼粉含水量平均为10%，蛋白质含量40%～70%不等，进口鱼粉一般在60%以上，国产鱼粉50%左右。鱼粉粗蛋白质太低，可能不是全鱼鱼粉，而是下脚鱼粉；粗蛋白质太高，则可能掺假。鱼粉不仅蛋白质含量高，其氨基酸也很高，而且比例平衡。进口鱼粉赖氨酸含量可达5%以上，国产鱼粉3.0%～3.5%。鱼粉粗脂肪含量5%～12%，平均8%左右。海鱼的脂肪含有高度不饱和脂肪酸，具有特殊的营养生理作用。鱼粉含钙5%～7%，磷2.5%～3.5%，食盐3%～5%。鱼粉中灰分含量越高，表明其中鱼骨越多，鱼肉越少。微量元素中，铁含量最高，可达1 500～2 000毫克/千克，其次是锌、硒。锌达100毫克/千克以上，硒为3～5毫克/千克，海鱼碘含量高。鱼粉的大部分脂溶性维生素在加工时被破坏，但B族维生素尤其维生素B_{12}、维生素B_2含量高，鱼粉中还含有未知生长因子。猪日粮中鱼粉用量为2%～8%。饲喂鱼粉可使猪发生肌胃糜烂，特别是加工错误或贮存中发生过自燃的鱼粉中含有较多的肌胃糜烂素。鱼粉还会使猪肉产生不良气味。市售鱼粉掺假现象比较严重，掺假的原料主要有血粉、羽毛粉、皮革粉、尿素、硫酸铵等，大多是廉价且消化利用率低、蛋白质含量高的原料，因而起不到应有的饲用价值。鱼粉的真伪可通过感官、显微镜检验及测定真蛋白和氨基酸的方法来鉴别。

2. 肉骨粉　肉骨粉的营养价值很高，是屠宰场或病死畜尸体等成分经高温、高压处理后脱脂干燥制成的，饲用价值比鱼粉稍差，但价格远低于鱼粉，因此，是很好的动物蛋白质饲料。据分析，肉骨粉粗蛋白质含量54.3%~56.2%，粗脂肪4.8%~7.2%，灰分20.1%~24.8%，钙5.3%~6.5%，磷2.5%~3.9%，蛋氨酸0.36%~1.09%，赖氨酸2.7%~5.8%。肉骨粉维生素B_{12}含量丰富，含脂肪较高，最好与植物蛋白质饲料混合使用。仔猪日粮用量不要超过5%，成猪可占5%~10%。肉骨粉容易变质腐烂，喂前应注意检查。

3. 血粉　血粉是畜禽鲜血经脱水加工而制成的一种产品，是屠宰场的主要副产品之一。血粉的主要特点是蛋白质和赖氨酸含量高，含粗蛋白质80%~90%，赖氨酸7%~8%，比鱼粉高近一倍，色氨酸、组氨酸含量也高。但是血粉蛋白质品质很差，血纤维蛋白质不易消化，赖氨酸利用率低。血粉中异亮氨酸很少，蛋氨酸偏低，因此氨基酸不平衡。不同动物的血粉也不同，混合血的血粉质量优于单一血粉。血粉含钙磷较低，磷的利用率高。微量元素中含铁量可高达2 800毫克/千克，其他微量元素含量与谷实饲料相近。由于血粉的利用率很低，目前很多厂家将血粉膨化以提高其利用率，效果较好。但是由于血粉味苦，适口性差，氨基酸极不平衡，喂量不可过高。

4. 羽毛粉　水解羽毛粉含粗蛋白质84%以上，粗脂肪2.5%，粗纤维1.5%，粗灰分2.8%，钙0.40%，磷0.70%。蛋白质中胱氨酸含量高，达3%~4%，异亮氨酸也高，达5.3%，但蛋氨酸、赖氨酸、色氨酸和组氨酸含量很低。羽毛粉的氨基酸利用率很差，变异幅度较大，因而蛋白质品质差。羽毛粉的饲用价值很低，主要用于补充含硫氨基酸需要量，且需与含赖氨酸、蛋氨酸、色氨酸高的其他蛋白质饲料混合使用。

5. 蚕蛹粉　蚕蛹粉蛋白质含量高，平均约56%，赖氨酸3%，蛋氨酸1.5%，色氨酸可高达1.2%，比进口鱼粉高出一倍。

蚕蛹粉的另一特点是脂肪含量高，达 20%～30%，磷含量丰富，为 0.76%，是钙的 3.5 倍。蚕蛹粉还富含 B 族维生素。在猪日粮中蚕蛹粉主要用于补充氨基酸和能量。

（三）微生物蛋白质饲料

这类饲料主要是饲料酵母等。

1. 营养特点　饲料酵母是利用工业废水废渣等为原料、接种酵母菌、经发酵干燥而成的单细胞蛋白质饲料。饲料酵母含蛋白质、脂肪低，粗纤维和灰分含量取决于酵母来源。氨基酸中，赖氨酸含量高，蛋氨酸低。酵母粉中 B 族维生素含量丰富，矿物质中钙含量低，磷、钾含量高。表 3-3 所列为一般饲料酵母的主要养分含量。饲料酵母的应用效果受日粮类型和酵母种类的影响。酵母日粮中的用量不宜过高，否则影响适口性、破坏日粮氨基酸平衡、增加日粮成本、降低猪生产性能。

2. 饲料酵母饲用应注意的问题　目前市场上销售的“饲料酵母”大多数是固态发酵生产的，确切一点讲，应称为“含酵母饲料”，这是以玉米蛋白粉等植物蛋白饲料作培养基，经接种酵母菌发酵而成，这种产品中真正的酵母菌体蛋白含量很低，大多数蛋白仍然以植物蛋白形式存在，其蛋白品质较差，使用时应与饲料酵母加以区别。

表 3-3　饲料酵母主要养分含量（%）

成分	啤酒酵母	石油酵母	纸浆废渣酵母
水分	9.3	4.5	6.0
粗蛋白质	51.4	60.0	46.0
粗脂肪	0.6	9.0	2.3
粗纤维	2.0	—	4.6
粗灰分	8.4	6.0	5.7

三、矿物质饲料

矿物质饲料是补充动物矿物质需要的饲料，包括人工合成的、天然单一的和多种混合的矿物质饲料，以及配合在载体中的痕量、微量、常量元素补充料。在各种植物性和动物性饲料中都含有一定动物所必需的矿物质，但往往不能满足动物生命活动的需要量，因此，应补充所需的矿物质饲料。

（一）常量矿物质补充料

1. 含氯、钠饲料 钠和氯都是猪需要的重要元素，常用食盐补充，食盐中含氯 60%，含钠 40%，碘盐还含有 0.007% 的碘。研究表明，食盐的补充量与动物种类和日粮组成有关。饲料用盐多为工业盐，含氯化钠 95% 以上。食盐不足可引起食欲下降，采食量降低，生产性能下降，并导致异食癖。食盐过量时，只要有充足的饮水，一般对猪健康无不良影响，但若饮水不足，可出现食盐中毒。使用含盐量高的鱼粉、酱渣等饲料时应调整日粮食盐添加量。

2. 含钙饲料

（1）石粉：主要是指石灰石粉，为天然的碳酸钙。石粉中含纯钙 35%以上，是补充钙最廉价、最方便的矿物质饲料。品质良好的石灰石粉与贝壳粉，必须含有约 38%的钙，而且镁含量不可超过 0.5%，只要铅、砷、氟的含量不超过安全系数，都可用于猪饲料。

（2）石膏：石膏的化学式为 $CaSO_4 \cdot 2H_2O$，为灰色或白色结晶性粉末。有两种产品，一种是天然石膏的粉碎产品，一种是磷酸制造工业的副产品，后者常含有大量的氟，应予注意。石膏的含钙量在 20%~30%，变动较大。此外，大理石、熟石灰、方解石、白垩石等都可作为猪的补钙饲料。

（3）蛋壳和贝壳粉：新鲜蛋壳与贝壳（包括蚌壳、牡蛎壳、蛤蜊壳、螺蛳壳等）烘干后制成的粉含有一些有机物，如蛋壳粉含粗蛋白质达 12. 42%，含钙达 24. 4% ~ 26. 5%，因此用鲜蛋壳制粉应注意消毒以防蛋白质腐败，甚至带来传染病；贝壳也有同样的问题，但海滨堆积多年的贝壳，其内部有机质已消失，是良好的碳酸钙饲料，一般含碳酸钙 96. 4%，折合含钙量 38. 6%。

微量元素预混料常使用石粉或贝壳粉作为稀释剂或载体，而且所占配比很大，配料时应把它的含钙量计算在内。

3. 含磷饲料 为了补充有效的无机磷，常用磷酸盐，如磷酸的钙盐和钠盐，它们是用磷矿石或磷酸制成的，由于其中所含矿物质元素比含钙饲料复杂，因此与含钙饲料不同，补饲本类饲料往往引起两种矿物质数量同时变化。常见的含磷饲料见表 3-4。

表 3-4 几种含磷饲料的成分

含磷矿物质饲料	含磷（%）	含钙（%）	含钠（%）	含氟（$\times10^{-6}$）
磷酸氢二钠 Na_2HPO_4	21. 81	—	32. 38	—
磷酸氢钠 NaH_2PO_4	25. 80	—	19. 15	—
磷酸氢钙 $CaHPO_4 \cdot 2H_2O$	18. 97	24. 32	—	816. 67
磷酸氢钙 $CaHPO_4$（化学纯）	22. 79	29. 46	—	—
过磷酸钙 $Ca(H_2PO_4)_2H_2O$	26. 45	17. 12	—	—
磷酸钙 $Ca_3(PO_4)_2$	20. 00	38. 70	—	—

4. 钙磷饲料 猪常用的钙磷补充饲料有骨粉和磷酸氢钙。骨粉是以家畜骨骼为原料，经蒸汽高压下蒸煮灭菌后，再粉碎而制成的产品。骨粉含钙 24% ~ 30%，磷 10% ~ 15%。骨粉品质因加工方法而异，选用时应注意磷含量和防止腐败。磷酸氢钙又称为磷酸二钙，为白色或灰白色粉末，含钙不低于 23%，磷不低于 18%，铅含量不超过 50 毫克/千克，氟含量不宜超过 0. 18%。磷酸氢钙的钙磷利用率高，是优质的钙磷补充料。猪日粮的磷酸氢

钙不仅要控制其钙磷含量，尤其要注意含氟量。猪日粮中所用钙磷补充料，在选用或选购时应考虑下列因素：纯度，有害元素含量，物理形态如相对密度、细度等，钙磷利用率和价格等，以单位可利用量的单价最低为选购原则。

（二）微量矿物质补充料

本类饲用品多为化工生产的各种微量元素的无机盐类和氧化物，近年来微量元素的有机酸盐和螯合物以其生物效价高和抗营养干扰能力强受到重视。常用的补充微量元素类有铁、铜、锰、锌、钴、碘、硒等。

1. 铜饲料 碳酸铜［$CuCO_3 \cdot (OH)_2$］、氯化铜（$CuCl_2$）、硫酸铜（$CuSO_4$）等皆可作为含铜的饲料。硫酸铜不仅生物学效价高，同时还具有类似抗生素的作用，饲用效果较好，应用比较广泛，但其易吸湿返潮，不易拌匀。饲料用的硫酸铜有5水和1水两种，细度要求通过200目（非法定计量单位，表示每平方英寸上的孔数）筛。

2. 含碘饲料 比较安全常用的含碘化合物有碘化钾（KI）、碘化钠（NaI）、碘酸钠（$NaIO_3$）、碘酸钾（KIO_3）、碘酸钙［$Ca(IO_3)_2$］。前几种碘化物不够稳定，易分解而引起碘的损失。碘酸钙在水中的溶解度较低，也较稳定，生物效价和碘化钾近似，在国外常被应用，在我国多用碘化钾。

3. 铁饲料 硫酸亚铁（$FeSO_4 \cdot H_2O$）、碳酸亚铁（$FeCO_3 \cdot H_2O$）、三氯化铁（$FeCl_3 \cdot 7H_2O$）、枸橼酸铁铵［$Fe(NH_3)C_6H_8O_7$］、氧化铁（Fe_2O_3）等都可作为含铁的饲料，其中硫酸亚铁的生物学效价较好，氧化铁最差。含7个结晶水的硫酸亚铁含铁20.1%，因吸湿性强易结块，不易与饲料拌匀，使用前需脱水。含1个结晶水的硫酸亚铁含铁约33%，经过专门的烘干焙烧，过20目筛后可作为饲料用，最低含铁31%；硫酸亚铁对营养物质有破坏作用，在消化、吸收过程中常使理化性质不稳定的其他微量化合物的生物效价降低。

4. 含锰饲料　碳酸锰（$MnCO_3$）、氧化锰（MnO）、硫酸锰（$MnSO_4 \cdot 5H_2O$）都可作为含锰的饲料。氧化锰由于烘焙条件不同，纯度不一，含锰量可变动于55%～75%；一般饲料级的含锰量多在60%以下，呈绿色。其他品种的锰化合物价格都比氧化锰贵，所以氧化锰的用量也较大。饲料用氧化锰的细度要求通过100目筛，最低含锰60%。

5. 含硒饲料　硒既是猪所必需品的微量元素，又是有毒物质，根据报道超量投喂有致癌作用。补硒一般以亚硒酸钠的形式添加。亚硒酸钠是有毒的，必须有专业人员配合处理，添加量有严格限制，一定要均匀配合到饲料中。必须以硒预混料的形式添加，这种预混合料的硒含量不得超过200×10^{-6}，每吨饲料中添加量，不得超过0.5千克（其中硒含量不超过100毫克）。

6. 含锌饲料　氧化锌（ZnO）、碳酸锌（$ZnCO_3$）、硫酸锌（$ZnSO_4$）均可作为含锌的饲料。氧化锌的含锌量为70%～80%，比硫酸锌含锌量高约一倍以上，价格也比硫酸锌便宜，但生物学效价低于硫酸锌。饲料用的氧化锌细度要求100目。

（三）天然矿物质饲料资源的利用

一些天然矿物质，如麦饭石、沸石、膨润土等，它们不仅含有常量元素，更富含微量元素，并且由于这些矿物质结构的特殊性，所含元素大都具有可交换性或溶出性，因而容易被动物吸收利用。研究证明，向饲料中添加麦饭石、沸石和膨润土可以提高猪的生产性能。

1. 麦饭石　其主要成分为氧化硅和氧化铝，另外还含有动物所需的矿物元素，如铅、磷、镁、钠、钾、锰、铁、钴、铜、锌、钒、钼、硒和镍等，而有害物质铅、镉、砷、汞和六价铬都低于世界卫生组织建议标准及有关文献值。麦饭石具有溶出和吸附两大特性，能溶出多种对猪有益的微量元素，吸附对猪有害的物质如铅、镉和砷等，可以净化环境。

2. 沸石 天然沸石是碱金属和碱土金属的含水铝硅酸盐类，主要成分为氧化铝，另外还含有动物不可缺少的矿物元素，如钠、钾、铅、镁、钒、铁、铜、锰和锌等，沸石含的有毒元素铅、砷都在安全范围内。天然沸石的特征是具有较高的分子空隙度、良好的吸附性、离子交换及催化性能。

3. 膨润土 膨润土的特征是阳离子交换能力很强，具有非常显著的膨胀和吸附性能。膨润土有磷、钾、铜、铁、锌、锰、硅、钼和钒等动物所需的常量和微量元素，由于膨润土具有很强的离子交换性，这些元素容易交换出来为动物所利用，因此膨润土可以作为动物的矿物质饲料加以利用。根据掌握的资料，膨润土作为动物添加剂的报道最早见于 1975 年。

四、添加剂饲料

饲料添加剂具有完善饲料的营养性、提高饲料的利用率、促进动物生长和预防疾病、减少饲料在贮存期间的营养物质损失等作用。现代动物生产中常添加到配（混）合饲料中的物质有用于补充营养素的营养性添加剂，如氨基酸、无机盐、微量元素、维生素等；有为了增进动物健康、促进动物生长或满足饲料加工的非营养性添加剂，如生长剂、抗氧化剂、防腐剂、防霉剂等；此外在饲料中还添加有防治疾病的饲料药物添加剂。我们着重阐述几种非营养性添加剂。

1. 抗氧化剂 在饲料中添加抗氧化剂既可防止饲料的氧化变质，还会进一步促进饲料的营养成分有效地被利用，提高饲料效益。

（1）乙氧喹。能保护饲料中易氧化的成分，防止其变质。产品的商品名为“山道喹”或“珊多喹”。遇空气或光颜色逐渐变深，但不影响使用效果。猪饲料中添加量不得超过 150 毫克/

千克。

（2）丁基羟基茴香醚。多用作油脂抗氧化剂，对热稳定，除作为抗氧化剂外，还有较强的抗菌能力。用 250×10^{-6} 可以抑制黄曲霉的产生，用 200×10^{-6} 可抑制饲料中青霉、黑曲霉孢子的生长。它与柠檬酸、维生素 C 等有机酸并用，效果更好。最大使用量为 200 毫克/千克。

（3）柠檬酸。常用作抗氧化剂的增效剂。它与山梨酸钾不能同时用，以防分散不匀而影响防腐效果。用量一般在油脂中为 150 毫克/千克。

2. 防腐剂　饲料在高温高湿的条件下，容易因微生物的繁殖而发生腐败变质。霉变的饲料不仅影响适口性和采食量，还会影响饲料的营养价值，而且霉菌分泌的毒素能够引起动物中毒。目前防霉剂有丙酸、丙酸钠、丙酸钙、山梨酸、山梨酸钾、苯甲酸、苯甲酸钠、甲酸、甲酸钠、乳酸、乳酸钙、乳酸亚铁、富马酸、二甲酯等。

3. 保生长剂　广泛应用的多属于抗生素类药物，它以非治病性剂量加入饲料中，以改善动物健康水平，加快生长速度，提高饲料利用率。

仔猪断奶停止了母体抗体供应，同时断奶造成的应激导致仔猪免疫能力下降，极易感染疾病。在断奶仔猪料中添加抗生素十分普遍。抗生素的主要作用为预防疾病和促生长。抗生素可以抑制肠道内病原微生物产生毒素和有害的代谢产物，并减少这些毒素和有害的代谢产物对肠壁细胞的刺激，使饲料在肠道的停留时间延长，增加养分的吸收。

在断奶仔猪日粮中常用的防仔猪下痢和促生长的药物有喹乙醇、卡巴多、金霉素、土霉素、黄霉素、维吉尼亚霉素、硫酸黏杆菌素、对氨基酸苯砷酸、泰乐菌素、林可霉素、大观霉素等。使用采用多种抗生素合用的方式，常见的有对氨基苯砷酸与土霉素或金霉素，硫酸黏杆菌素和杆菌肽锌，泰乐菌素和磺胺，新霉素和土霉素，林肯素与大观霉素，金霉素、磺胺和青霉素合用。使用药物得当时，仔猪的日增重可提高 15%~30%，仔猪下痢也得到明显改善。

4. 调味剂 主要有香料（调整饲料气味）与调味剂（调整饲料滋味）两大类。目的在于改善饲料适口性，增加动物食欲，促进动物消化吸收，提高饲料利用率。

生产中常用的饲用香料有人工合成品，也有天然产物。常用的调味剂有甘草精、回香油、姜、香草醛、乳酸丁酯、蒜油等，可单用，也可几种组合使用。后者最常用，常开发成商业产品在生产实践中应用。

饲料添加剂一般由化学物质及药品组成，不宜存放过久，贮存时要防潮、防热，不要与碱性、酸性物质以及有毒害物质放在一起。对含有维生素的添加剂要避光保存。

第二节 饲料卫生安全与控制

所谓饲料卫生安全，是指饲料产品必须对动物健康和正常生长、生态环境的可持续发展，人类健康和生活不会产生不利影响。包括饲料和饲料添加剂中不含有对饲养的动物健康造成实际危害，而且不会在养殖产品中残留、蓄积和转移的有毒、有害物质或因素；饲料产品以及利用饲料产品生产的畜牧产品，不会危害人体健康或对人类的生存环境产生负面影响；或者虽然含有这些物质，但不会通过畜禽产品或动物饲养环境转移而对人类健康和自然造成危害。畜产品的安全，首先是饲料的安全，因为饲料本身的安全是生产放心畜产品的基础，因此加强饲料卫生安全对畜产品安全至关重要。

一、重金属残留的危害与控制

重金属一般是指在标准状况下密度在 5 克/厘米^3 以上的金属。除了铜、锌、锰等元素为人体所必需的微量元素之外，大部分重金属元素如汞、镉、铅、铬等对人体没有任何积极作用，反而对人体不断产生毒副作用。砷虽然是非金属元素，但因其来源及危害都与重金属相似，在重金属污染研究中通常也列入重金属类。当食物中的重金属残留量超过一定的指标后，对人体健康构成极大威胁。2002~2007 年吉林省 9 个地区粮食、鱼类、动物内脏等食品中铅、镉等重金属的总超标率达到 30%左右。2009 年，在浙江绍兴等地就测得肉、蛋、奶制品中的铅、镉含量严重超出了我国相关标准。说明我国动物源食品中重金属残留污染较为严重。

重金属通过多种渠道残留在动物性食品中，一般并不表现出急性毒性作用，然而若随动物性食品长期低剂量被人体摄入，则可能产生慢性蓄积性作用，引起组织、器官、细胞、亚细胞及分子水平的损害。

1. 几种常见重金属残留的危害

（1）铅。铅毒性作用主要表现在对神经系统、造血器官、肾脏和骨骼的损害。神经系统方面，早期可出现高级神经功能障碍，晚期则可造成器质性脑病及神经麻痹。在学生中常见的有模拟学习困难、空间综合能力下降、运动失调、多动、注意力不集中、侵袭性增强和智商下降等。铅可通过取代钙离子或干扰钙离子的功能来影响正常骨细胞的信息传导，干扰骨细胞的功能。而铅对钙通道的影响将可能是骨骼毒性机制的关键。

（2）汞。汞是一种蓄积能力很强的重金属元素，非常容易经皮肤、呼吸系统和消化道吸收，从而破坏中枢神经组织，对口腔黏膜和牙齿有不利影响。长期暴露于高汞环境中可以导致脑损伤，严重可导致死亡。甲基汞在体内半衰期为70天，对人体的危害主要表现为头痛、头晕、肢体麻木和疼痛等，总汞中的甲基汞在人体内极易被肝和肾吸收，其中15%被脑吸收，但首先受损的是脑组织，并且难以治疗；其次甲基汞还可以通过胎盘进入胎儿体内，危害下一代。

（3）铬。铬能诱导肝细胞膜脂质过氧化损伤和影响肝脏生化酶的活性。铬的毒性主要由六价铬所致，如果人体与六价铬经常接触会引发呼吸道炎症，从而诱发肺癌或者引起侵入性皮肤损伤，严重时可导致人死亡。铬的肾脏毒性主要表现为铬引起的肾脏组织病理的改变和铬对肾脏功能及肾脏中酶和蛋白的影响。

（4）砷。砷在体内发生蓄积，造成长期危害。可以侵害不同性别和年龄的人员，入侵身体的各个系统器官。慢性砷中毒临床表现主要在皮肤颜色的改变，皮肤出现白斑后逐渐变黑，角化、肥厚呈橡皮状；急性中毒临床表现在恶心、呕吐、头痛、心悸、气急、腰部酸痛、黄疸、肝脾肿大、尿少、尿毒症和心力衰竭等，造成生命危险。

（5）镉。镉在体内半衰期为16~31年，在脾、胰、甲状腺、毛发等有一定的蓄积。镉对动物生长具有明显的毒害作用。镉被动物吸收后主要与金属硫蛋白结合贮存于肝、肾和骨骼中。镉的生物半衰期长，且在体内排泄很慢，因此镉在动物体内有明显的蓄积性；长期摄入低浓度的镉或被镉污染的饲草和饮水，就会引起慢性镉中毒。临床上表现以骨骼疼痛、骨折、蛋白尿和肝功能障碍等。

2. 饲料中砷、铅、镉、汞的允许量 我国《饲料卫生标准》（GB 13078—2001）中有关砷、铅、铬、镉、汞的允许量的规定见表3-5。

表 3-5　饲料中砷、铅、铅、镉、汞的允许量（毫克/千克）

饲料种类	砷（以 As 计）	铅（以 Pb 计）	铬（以 Cr 计）	镉（以 Cd 计）	汞（以 Hg 计）
猪配合饲料	≤2.0	≤5	≤10	≤0.5	≤0.1
鱼粉	≤10	≤10	—	≤2.0	≤0.5
石粉	≤2.0	≤10	—	≤0.75	≤0.1
磷酸盐	≤20	≤30	—	—	—

我国国家标准还规定了猪浓缩饲料和添加剂预混合饲料中砷含量不高于 10 毫克/千克，仔猪、生长肥育猪浓缩饲料中铅的含量不高于 13 毫克/千克，生长育肥猪复合预混合饲料中铅的含量不高于 40 毫克/千克。

3. 控制有毒重金属元素污染饲料的主要措施

（1）加强农用化学物质的管理。禁止使用含有毒重金属元素的农药、化肥等化学物质，如含砷、含汞制剂；严格管理农药、化肥的使用；农田施用污泥或用污水灌溉时，要严格控制污泥和污水中的重金属元素含量和施用量，严格执行《农用污泥中污染物控制标准》（GB 4284—1984）和《农田灌溉水质标准》(GB 5084—1985)。

（2）控制工业“三废”的排放。通过改革工艺、回收处理，最大限度地减少重金属的流失，严格执行工业“三废”的排放标准。

（3）减少重金属向植物体内的迁移。在可能受到重金属污染的土壤中施加石灰、碳酸钙、磷酸盐等改良剂和具有促进还原作用的有机物质（如绿肥、厩肥、堆肥、腐殖酸类等有机肥)，以降低重金属的活性，减少重金属向农作物体内迁移和累积。

（4）限制使用含铅、镉等有毒重金属元素的饲料加工工具、管道、容器和包装材料。

（5）制定和完善饲料中有毒重金属元素的饲料卫生标准，加强对饲料的卫生监督检测工作。

为了减少与防止饲料中有毒重金属元素对机体的危害，可根据不同有毒重金属元素对机体损害的特点，对日粮中营养成分进行调控，作为对机体的保护性措施。可考虑采取以下营养性措施：

（1）适当提高日粮的蛋白质水平，特别是增加富含含硫氨基酸的优质蛋白质，可提高机体对毒物的抵抗力。

（2）大量补充维生素 C。维生素 C 能保持谷胱甘肽处于还原形式，还原型谷胱甘肽（GSH）的巯基能与重金属离子结合，保护巯基酶避免被毒物破坏而引起中毒。

（3）适当补充维生素 B_1、维生素 B_2。铅、砷、汞等重金属元素都可损害神经系统，并常引起多发性神经炎，适当补充维生素 B_1、维生素 B_2 可预防其危害。

（4）补充铁、锌和铜。日粮中适当增加铁、锌和铜，可以减少铅、镉等的吸收与潴留，从而减轻它们的毒性作用。

二、药物残留的危害及控制

残存在动物体内和环境中的微量兽药称为药物残留，包括兽药原体及其有毒代谢物、降解物和杂质。药物残留不但影响人们的身体健康，还会导致细菌耐药性增强及危害生态环境而不利于养殖业的健康发展，已成为国际社会关注的公共卫生题。动物产品药物残留是动物性食品安全中最常见的污染物，因此，如何提高畜禽产品的质量，减少药物残留已成为亟待解决的问题。

1. 药物残留的危害性表现

（1）致毒作用。残留物通过食物链进入人体，会产生一定的毒副作用，损害人体健康。若一次摄入残留物的量过大，还会出现急性中毒反应。如盐酸克伦特罗，其脂溶性很高，毒性很大，摄入量超标可能会引起人体肌肉震颤、心慌、战栗、头疼、恶心、呕吐等症状，特别是对高血压、心脏病、甲状腺功能亢进、前列腺肥大等疾病患者危害更大，近年来陆续有关于盐酸克伦特罗中毒事件的报道；氯霉素对人体造血系统的毒性极大，能使白细胞减少，特别是杀伤颗粒性白细胞，影响红细胞的成熟，长期摄入含有氯霉素残留的动物源性食品，可引起再生障碍性贫血等，对敏感人群、新生儿、早产儿以及肝肾功能不全的患者影响更大，已有儿童服用 2 毫克氯霉素和老年妇女使用氯霉素眼膏（约 82 毫克）后死亡的报道。

（2）致敏作用。一些抗菌药物，如青霉素、四环素、磺胺类和某些氨基糖苷类药物能使部分人发生过敏反应，当这些抗菌药物残留于食品中进入人体后，会使部分敏感人群致敏，产生抗体，而非过敏体质者长期食用含有以上残留的食品则可能使菌株产生耐药性。过去因使用青霉素作为动物饲料添加剂，引起食用牛乳导致过敏死亡的事例。

（3）“三致”作用。“三致”作用即指致癌、致畸、致突变。“三致”作用的危害，一般需要经过比较长的时间才显露出来，如果人类长期大量食用含有这类能致基因突变或染色体畸变的药物残留的动物源性食品，将会构成潜在的危害，有些危害甚至影响到后代。如苯丙咪唑、呋喃唑酮、喹乙醇、雌激素、砷制剂等药物均具有“三致”作用。

（4）激素样作用。激素类药物在人体蓄积后会使人的正常生理功能发生紊乱，更严重的是某些激素类药物会影响儿童的正常生长发育，甚至伴有一定的致癌性，可表现为儿童早熟、肥胖、肿瘤等。

（5）细菌耐药性。抗菌药物在造福人类的同时，又带来了药源性疾病和引起微生物更顽强的抵抗，交叉抗药现象也愈来愈严重，已经成为世界性的严重问题。这些耐药性病菌随着食物链进入人体内，往往对人体上使用的同种或同类抗生素也产生耐药性或交叉耐药，甚至可能出现抗生素无法控制人体细菌感染的情况。近年来，美国明尼苏达州的报告指出，造成人胃肠疾病增加的原因与家禽使用喹诺酮类抗生素产生抗药性有关，他们还发现，弯曲性菌具有抗药性的比例由1.39%上升到10.2%。2001年，有学者对四川内江地区发病猪场分离的119株金黄色葡萄球菌进行药敏测定，结果表明，菌株对青霉素、链霉素和四环素的耐药率分别上升了100%、50.8%和85%。

（6）污染环境。畜禽食用兽药后，残留的药物随粪尿等排泄物排出，残留于环境中造成环境污染，影响生态环境。进入环境中的兽药，在多种环境因子的作用下，可产生转移、转化或在动植物体内蓄积，残留于粪便中的抗菌药在环境中若不被降解，会破坏土壤中微生物的平衡。若将含有兽药残留的废弃物随意放置、丢弃，将对周围环境构成潜在的威胁，如破坏土壤和水中的微生物平衡，引起生态环境失衡，造成环境污染等。美国伊利诺易斯大学的微生物学家鲁斯特姆等人发现，土壤和农田地下水中的细菌从来自猪的肠道菌那里获得了耐受四环素的耐药基因，耐药基因一旦发生转移可以长期存在于土壤和水生细菌中，而且还可能传播到环境中危险性极大、毒性极强的细菌身上；如果人饮用这样的水，毒性极强的耐药细菌也可以传播给人类。这一研究首次有力证明了四环素耐药基因在生态中的广泛存在。于是，一种合理的推论也自然产生，如果四环素可以通过环境循环污染生态和传播给人类，那么其他药物也可能这样。

2. 药物残留的控制策略

（1）提高用药的科学性。一方面普及专业知识，宣传科学用药，什么药好用，什么药不能用，什么药该什么时间用，畜禽哪一生长阶段用什么药物，应该停药多少天，这些在我国允许使用的兽药中都有规定。另一方面是要防止广告误导养猪户。目前我国多数兽药厂的产品很少标有停药期限。宣传上的误导加之养殖户这方面的知识缺乏，二者结合造成药残问题更为突出。

（2）要严格控制用药量和微量元素添加量。要降低药物残留，在设计使用兽药或饲料添加时，就应尽量合理、科学，以人体健康为重。要科学配方添药，不能为提高某一方面指标而乱用药，违禁药品更不能用。这些污染通过食物链都会进入人体，对血液影响较大，也可以引起一系列神经方面的问题，所产生的都是远期效应。现在很多疾病，特别是癌症和肿瘤的发病率升高，就与整个环境质量下降有关。

（3）药物合理配伍，坚持低毒、安全、高效。控制药残，在规范用药的前提下，合理配伍也是至关重要的。在这条原则中，安全是第一位的。药物添加剂要强调合理配伍，饲料中添加几种药物，这些药物之间有什么作用，能发生什么反应，根据药物性质、药理变化，可以推断某几种能否添加在一起。合理配伍就是要使畜禽产品既要抗菌，又要防病，还要顾及畜禽的促生长性能，改善它的生长状况。宁可疗效少一点，尽可能毒性小一点，使用安全第一为主。要推销好的药物，好的药物添加剂，尽可能使用残留少、无污染、无耐药性、环保型药物。目前国外已经开始研制用微生态制剂、酶制剂、中药添加剂，在促生长抗疫病方面代替抗生素。

三、其他有毒有害成分及其控制

在家畜饲料中有毒有害成分并非全部来自外界的污染，有些是天然存在的，如棉籽饼中含有棉酚、菜籽饼（粕）中含有硫葡萄糖苷及植物自身所产生的亚硝酸盐等，这些物质也会对动物有害无益，因此必须引起注意。

（一）棉籽饼粕中有毒物质

1. 主要危害　棉籽饼粕中含有的主要有毒物质是棉酚，其能破坏猪的胃肠机能，导致胃肠炎，损害心、肝、肾等实质器官，出现心力衰竭、肺水肿，多种器官出现出血性炎症；破坏公猪的睾丸生精上皮，引起精子畸形、死亡，甚至无精子。

2. 控制措施

（1）控制棉籽饼（粕）在配合饲料中的用量，商品猪不超过15%。

（2）种植无毒棉，对棉籽饼（粕）进行脱毒处理，常用的方法是加入硫酸亚铁或加碱处理，还可用加热法，如蒸、煮、炒等。

（3）配合饲料中棉酚含量要低于20毫克/千克。

（二）菜籽饼（粕）中的有毒有害物质

1. 主要危害 菜籽饼（粕）中的有毒物质是异硫氰酸酯、噁唑烷硫酮、硫氰酸酯、芥子碱。这些物质严重影响菜籽饼的适口性，对消化道黏膜具有强烈的刺激作用，引起胃肠炎、肾炎及支气管炎；阻碍甲状腺素的合成，引起甲状腺素的分泌增加，导致甲状腺肿大。同时，它还可使动物生长缓慢。

2. 控制措施 菜籽饼（粕）可不经去毒直接饲用，但要控制喂量，不同种类的动物有不同的饲喂量。而与其他饼粕的合理搭配可有效控制毒性并有利于营养物质的互补。菜籽饼粕的去毒处理有许多方法，常用的有水浸法、醇类水溶液处理法、热处理法、化学物质处理法、微生物降解法、培育低毒油菜品种、改进制油工艺和技术。

（三）植酸及植酸盐

1. 主要危害 植酸的主要贮存形式是植酸磷，植酸磷利用率极低，猪采食后大部分被排出体外，造成环境的污染；植酸还可与钙、铁、锌、锰、铜、钴等螯合形成不溶性螯合物；植酸与蛋白质螯合后使蛋白质的溶解度大大降低；此外，植酸还可与多种营养物质结合，从而降低营养物质的消化利用率，污染环境。

2. 预防措施

（1）在饲料中加入植酸酶，促进植酸向正磷酸及磷酸肌醇中间产物转化，提高植酸磷的利用率，减少环境污染。

（2）由于植酸与微量元素和蛋白质结合影响营养物质的消化吸收率，所以，配合饲料时，应适当增加微量元素和蛋白质的添加量。

（3）饲料经加压、热处理后可使部分植酸磷水解，经分解后植酸磷的利用率明显提高。

（四）硝酸盐和亚硝酸盐

1. 主要危害　家畜中毒中有20%都是硝酸盐和亚硝酸盐引起的，而且死亡率可高达50%，各种青绿饲料都含有较多量的硝酸盐和一定量的亚硝酸盐，如小白菜、白菜、萝卜叶、青刈玉米等。对于猪来说，亚硝酸盐中毒常在饱食后不久发生，因而有“猪饱瀬病”之说。中毒时临床表现为呼吸加强、心率加快、肌肉震颤、衰弱无力、行走摇摆、皮肤及可视黏膜出现紫色，体温正常或偏低，严重者发生阵发性惊厥、蹦跳或昏迷，甚至死亡。重度中毒可于发病后0.5~2小时死亡。

2. 控制措施

（1）妥善保存青绿饲料，禁喂腐烂变质的青饲料。

（2）土壤中控制氮肥和除草剂的使用量，保证钼、铜、锰、铁的充足。

（3）严格控制饲料中亚硝酸盐的含量，我国饲料卫生标准规定，猪配合饲料中亚硝酸盐的允许量不超过15毫克/千克。

第三节　生猪安全生产中饲料添加剂的选择和使用

国家发布的《饲料和饲料添加剂管理条例》中对饲料添加

剂的定义是：在饲料加工、制作、使用过程中添加的少量或微量物质。其主要作用是完善饲料的营养，提高饲料的利用效率，促进畜禽生长，改善畜禽等产品品质，减少饲料在贮存过程中的损失等。在饲料添加剂简约的定义中还强调了两个量，一是少量，二是微量。这个量就是要杜绝盲目性，讲究科学配比，才能保证饲料添加剂的安全使用。但目前畜产品中有害物质残留的日趋严重，已对人体健康构成了威胁，正逐渐引起人们的高度警惕，这也正是当今畜禽产品需求市场低迷的原因之一。

一、饲料添加剂行业存在的问题

1986 年，英国首次发现疯牛病，其后政府下令宰杀国内的牛，欧盟于 1996 年起禁止进口英国的牛肉，直至 1998 年才解禁。这一事件给英国百年称雄的肉牛业带来了致命的打击。“疯牛病”引起了世界范围的公众恐慌，也为世界敲响了饲料安全的警钟。

欧盟近些年经常以我国养殖场疾病防疫、畜牧产品中的药残问题、动物保护等问题禁止从我国进口猪肉，严重影响了我国的国际形象和对外经济贸易。由于我国的农药、兽药不合理应用、滥用以及环境污染严重，造成畜禽产品中农药、兽药重金属普遍严重超标。欧盟指出，我国的药物残留标准虽已制定，但检测手段没有到位，没有具体的药物残留监控计划和实施方案。

目前我国饲料添加剂行业存在的问题主要有以下几个方面：

1. 滥用、乱用抗生素类药物　长期使用抗生素导致细菌产生抗药性，造成抗药菌株的扩散、蔓延，而且可以使某一特定组织细胞产生抗药性。抗生素的滥用导致耐药菌株增加，大肠杆菌病、葡萄球菌病及沙门杆菌病等过去较少发生的细菌病，现已成为动物和人类的主要传染病，这与长期滥用抗生素有直接关系。

2. 违禁使用激素类生长促进剂　克伦特罗是一种化学合成

的β-兴奋剂，是一类化学结构和药理性质与肾上腺素相似的苯乙醇胺类化合物。克伦罗成本低，药效高，其作为饲料添加剂可提高动物瘦肉率，降低脂肪沉积，改善饲料利用率，因而俗称“瘦肉精”。其作为饲料添加剂，在动物组织和畜产品中易残留，一般烹饪方法决不能使其失活。因此人食用了含有克伦特罗残留的畜产品，易出现中毒，表现为头晕、恶心、呕吐、血压升高、心跳加速、体温升高、寒战等症状。我国从未批准在动物饲料中使用克伦特罗，但前几年在饲料和养殖企业使用比较普遍，并导致多起人的集体中毒事件发生，在社会造成恶劣影响。

3. 重金属污染与中毒及铜、铁、锌、有机砷制剂 自人们在1945年发现日粮中添加高剂量的铜可明显提高猪的生产性能之后，高铜添加剂在生产上得到广泛应用，养殖户为使猪皮肤发红，粪便变黑，铜的添加已经达到或超过猪的最小中毒剂量，造成了大剂量铜排泄在环境中，破坏了土壤质地，影响作物产量和养分含量，这些有害物质在农产品中的含量大幅度提高，最终通过食物链输入人体或动物体内产生危害。高锌、高铁的使用也同样会产生严重后果。有机砷制剂被广泛用作动物生长促进剂，大量使用砷制剂可导致环境污染，危害人类健康。砷被人体吸收后，主要蓄积在肝、肾、脾、骨骼、皮毛及毛发中。砷与巯基酶结合，使酶失活，导致细胞代谢紊乱。

二、饲料添加剂不安全会祸国殃民

随着畜牧业的发展，我国饲料行业的发展势头也极为迅猛。而饲料添加剂对改善饲料的营养价值、提高饲料利用率、促进动物生产、增进动物健康、改善畜产品品质、提高动物生产性能、降低生产成本等有着极为重要的作用。但随着饲料添加剂行业的发展，一些饲料添加剂对畜产品品质的影响、环境的污染和人、畜健康的危害也越来越明显。

1. 造成有害物质的残留和富集 药物添加剂随饲料进入动物消化道后，短时间内进入动物血液循环，最终大多数的药物添加剂经肾脏过滤随尿液排出体外，极少量没有排出的药物添加剂就残留在动物体内。大多数的药物添加剂都有残留，只是残留量大小不同而已，药物添加剂等有害物质在畜产品中的残留和富集，给人体的生理功能造成破坏，包括致残、致敏、致畸、致癌和遗传上的致突变等恶果已屡见不鲜。

2. 引起细菌的交替感染 微生物对各种抗生素药物的敏感性，由于菌种和药剂的不同有显著的差异，当体内复杂的细菌从接触到特定的抗生素作用之后，敏感性高的菌种就开始减少或被消灭。这时能够耐受药剂抗菌作用的菌种就残存下来，保持生命或者繁殖，这样客观上以这些菌种来替换原有的菌种给整个菌种以明显的改变，这种细菌交替现象存在，使得具有选择性作用的抗生素及其他化学药物失去效果。

3. 产生细菌的耐药性 病原微生物对抗生素治疗剂发生钝化乃至出现耐药性，给现代抗生素疗法带来了极大的困难，而且又给抗生素及其他药品的前途投下了许多阴影。据美国《新闻周刊》报道，仅 1992 年全美就有 13 300 名患者死于抗生素耐药性细菌感染。在国内，磺胺类、四环素类、青霉素、氯霉素、卡那霉素、庆大霉素等药物，在畜禽中已大量产生抗药性，临床效果越来越差，使用剂量也大幅度增加。

4. 造成环境污染 高铜、高锌等添加剂应用，有机砷的大量应用，给环境带来了污染。以砷为例，厂家宣传时对有机砷制剂如对氨基苯胂酸和硝羟基苯胂酸的介绍有片面强调其促生长及治疗效果的一面，而忽视其致毒及可能导致污染环境的一面。据专家预测，一个万头猪场按美国 FDA 允许使用的砷制剂剂量推算，若连续使用含砷的加药饲料，5~8 年之后将可能向猪场周边排放近 1 吨砷，16 年后土壤中砷含量即上升 0. 28 毫克/千克，该地所产甘薯中砷含量会全部超过国家食品卫生标准，这片耕地只能废弃或种其他作物。

5. 出口贸易受阻　国外发达国家对饲料卫生安全、药残危害十分重视，目前已提出禁用兽药、激素、农药、杀虫药等达百种以上。我国存在着的畜禽产品的安全问题直接影响了出口创汇，制约产品的扩大和发展。

三、饲料添加剂选用误区

当前，饲料添加剂已被广泛应用于畜牧养殖业，但在实际应用中，常存在以下一些误区：

1. 认为价格越贵越好　一般说来价格贵的饲料添加剂，质量和效果的确较好，但也不能一味盲从价格，选择的关键还应是喂养效果的好坏。

2. 认为添加的量越多越好　在禽畜养殖中，如果添加量过多，过剩的营养物质会随粪便、尿液排泄或在畜禽机体内沉积，既造成浪费，还会影响畜禽的生长发育，严重的还可造成中毒。因此，在禽畜养殖中，添加剂的添加量一定要适度。

3. 整个饲养期只使用一种添加剂　动物生长的不同阶段所需营养不同，不同类型添加剂所起作用也不相同。生猪用添加剂分为仔猪及育肥猪用等。如在整个饲养期只使用一种添加剂，则达不到预期效果。

4. 盲目混用多种添加剂　盲目地混合使用多种添加剂，不但会使得一些类同的营养物质重复添加，造成严重的超标和过量；而且由于某些营养物质相互之间会产生拮抗，不能混合的物质随便混合在一起就会导致原有的一些营养遭到破坏。

5. 拒绝使用添加剂　使用饲料添加剂的目的是完善饲料的营养，提高饲料的利用效率，达到饲料中各种营养物质的平衡，饲料中营养物质的效用与水桶效应相似，如果某种营养物质缺乏，那么其他的营养物质也难以发挥其应有的作用，只有各类营养物质平衡的全价饲料才能获得最大限度的利用率。

四、猪饲料中常用的绿色饲料添加剂

滥用抗生素类添加剂或非法使用如催眠镇静剂、激素或激素样物质等，会导致这类药物在畜产品中残留超标，影响人体健康。因而生产绿色动物食品时，饲料添加剂应使用生物制剂或低毒、无残留的兽药添加剂替代来抗生素。

1. 营养性添加剂 营养性添加剂是根据猪群不同生长发育阶段的营养需要，按照饲养标准补充饲料原料中缺乏或不足的养分，以提高饲料转化率。其添加方式采取“少什么添什么，少多少添多少”的办法。

（1）氨基酸类添加剂。市售氨基酸有固态、液态两种。一般饲料中常添加氨基酸类添加剂以补充配合饲料中相应氨基酸量的不足，完善氨基酸的平衡。应用较多的有蛋氨酸和赖氨酸这两种必需氨基酸。也有在猪日粮中少量添加天门冬氨酸、谷氨酸、苏氨酸的，但成本较高不常用。一般氨基酸在猪日粮中添加量为0.05%~0.3%。

（2）维生素添加剂。猪日粮中维生素的添加剂量一般比饲养标准略高。维生素E和维生素C常在应激和疾病的情况下添加，添加量比正常标准加倍量。其他维生素（β-胡萝卜素、核黄素、维生素A、维生素D、烟酸、泛酸、胆碱、叶酸等）均直接或间接地促进生长发育繁殖。为方便添加维生素添加剂，采用复合配方，配合饲料中添加量为每吨饲料加上200~300克。

（3）矿物质与微量元素添加剂。猪日粮中，常以添加高钙高磷矿物饲料的形式补充钙、磷。钠和氯常用食盐形式同时补充。微量元素锰、锌、铜、铬、硒、铁的添加剂有无机和有机两种形式，以无机为主。一般情况下，有机微量元素添加剂生物利用率高，但价格昂贵，若将有机和无机微量元素混合添加效果常比单一添加好。实际生产要按标准需要量添加各种微量元素，添加时考虑各元素之间的比例关系，防止某些微量元素过量或有一些不足。纳米微量元素可直接渗透进入动物体内，因此其吸收利用率大大高于普通无机微量元素。如碳酸钙粉碎至纳米级，钙的吸收利用率可大大提高。目前研究较多的是纳米硒，常以亚硒酸钠作为硒生物性质标准参考物。

2. 非营养性添加剂　非营养性添加剂是主要用于预防猪群常见疾病、刺激生长、提高饲料报酬、增进健康的一类添加剂，包括抗菌促生长剂、微生态制剂、化学益生素、酶制剂、酸化剂、驱虫保健剂、饲料品质改善剂及其他饲料添加剂等。

（1）中草药添加剂。中草药添加剂通过对微生物的抑制或杀灭，起到改善猪群健康状况、促进生长、提高饲料利用率的作用。中草药添加剂属纯天然物质，具有与食物同源、同体、同用的特点，是一种较理想的生态饲料添加剂。中草药添加剂常制成组方制剂使用。我国自 20 世纪 80 年代末开始研究开发中草药添加剂产品，取得了一定进展，并广泛应用于畜牧生产，已有 200 余种中草药用作畜禽添加剂。中草药制剂作为绿色添加剂，具有天然、安全、无残留和药源广泛等特点。有些中草药本身就含有丰富的蛋白质、维生素和矿物质元素，兼有药效和营养双重功能，长期使用能提高动物生产性能，改善胴体品质和肉质。

（2）微生态制剂。微生态制剂是根据动物微生态平衡理论、微生态失调理论、微生态营养理论和微生态防治理论，利用动物体内正常微生物成员及其代谢产物或生长促进物。经培养、发酵、干燥、加工等特殊加工工艺而制成的生物制剂或活菌剂。饲用微生态制剂（益生素）能改善猪群机体消化道内微生态平衡，有益于猪机体健康和生产性能发挥，无毒副作用、无残留、无耐药性。微生态制剂包括芽孢杆菌类、乳酸菌类、真菌及酵母菌类和复合菌类等。EM 制剂是应用最早、最广泛的益生素，是选用对动物生长发育有利的菌群经过特殊培养加工制成的含 80 多种细菌的复合活菌制剂。在猪群日粮中添加益生素，能加快猪群生长速度，降低仔猪黄白痢和腹泻发生率，提高猪群抗病能力，在高温高湿季节有缓解热应激作用。

（3）化学益生素。20 世纪 90 年代中后期，抗生素替代品的研究日益受到重视，研究较多的是寡聚糖类。寡聚糖是指少量单糖通过几种糖苷键连接而成的碳水化合物，这类物质多属短链带分支的糖类物质，被称为化学益生素。作为一种新型添加剂，其在食品中已广泛使用，在饲料中的应用研究也取得了很大进展。寡聚糖的基本功能是促进动物胃肠有益菌增殖。提高动物健康水平的微生态调节功能。研究发现哺乳全程使用加酶益生素可有效提高仔猪日增重，降低腹泻率。

（4）酶制剂。酶制剂是一类具有特殊高效催化能力的蛋白质，主要包括消化酶和非消化酶两类。消化酶主要有淀粉酶、蛋白酶、脂肪酶等，主要用于补充猪群消化酶分泌不足；非消化酶猪机体不能分泌，以纤维素酶、半纤维素酶、植酸酶为主，能促进饲料中某些营养物质或抗营养因子降解。多数情况下，使用单一酶效果不如使用复合酶。除植酸酶外，饲用酶制剂常以复合酶制剂形式应用，效果也较好。复合酶制剂以几种酶制剂为主体，加上其他单一酶制剂和载体混合而成。常以 β-葡聚糖酶、木聚糖酶、淀粉酶、蛋白酶为主，以纤维素酶、果胶酶、植酸酶为辅。

（5）酸化剂。无机酸和有机酸都可用作饲料酸化剂，但生产上多用有机酸，因其具有良好风味，能改善饲料适口性，可直接进入动物体内参与新陈代谢，故有提高饲料品质和动物生长性能的作用，但成本较高。常用的酸化剂有甲酸、丙酸、枸橼酸、延胡索酸、乳酸、异位酸等有机酸和盐酸、磷酸等有机酸。我国生产的复合酸化剂——乳香酸，主要由乳酸、磷酸、枸橼酸、延胡索酸等组成。应用效果表明，使用特殊配制的复合酸化剂，可达到有机酸与无机酸的有效结合，从而提高畜禽日增重，降低料重比，减少营养性腹泻。

3. 其他绿色添加剂 卵黄抗体可替代药物添加剂预防疾病和促进生长，性能稳定。生物活性肽具有无毒副作用和无残留的特点，它可以在体内被分解代谢为氨基酸，也可作为功能活性肽改善动物吸收功能，增强机体免疫水平，提高健康水平和促进生长。L-肉碱、甜菜碱、低聚果糖、壳聚糖、糖萜素等，也可作为饲料添加剂在生产中使用。

绿色饲料添加剂的品种繁多，质量参差不齐，在选择时要充分了解所选添加剂的性能，根据饲用目的、价格等因素选用。

五、添加剂的合理应用

饲料添加剂的种类很多，它们的性能、功效也各有不同。我们要正确地选择添加剂的种类。

1. 选择合适的饲料添加剂 饲料添加剂的种类很多，添加剂的选用与畜禽不同生理状态、生产性能及年龄有密切关系。

营养性饲料添加剂的主要作用是补充饲料中的营养成分不足。强化日粮营养的全价性，满足畜禽生长、发育和繁殖的需求，因此，对于营养型饲料添加剂的选择要注意两点：一是根据自已常用的饲料中存在的营养缺陷，选择相应的饲料添加剂，以达到营养平衡，最大限度地提高饲料转化率。二是针对动物的状况，缺啥补啥，尤其是当某个营养物质的缺乏表现出已有症状时更要及时添加补充。

农村养猪，糠麸和青饲料占得比重大，一般患维生素缺乏症的较少，在育肥猪生长期可少加或不加。但对采食糠麸和青饲料少的乳猪、仔猪和消耗能量大的种猪，必须添加多种维生素。在添加氨基酸时先要考虑猪最需要哪一种氨基酸，一般来说猪最需要的氨基酸为赖氨酸，其次为蛋氨酸。还有新生仔猪容易出现缺铁性贫血，所以应该给仔猪补充微量元素铁。

2. 适宜的添加量 为了准确地掌握添加剂的使用量，在《饲料和饲料添加剂管理条例》中用立法的形式来规定哪些原料可以当作饲料添加剂及其最大用量，其中一个目的就是纠正添加剂用量越多效果越好的错误认识。

对于非营养性饲料添加剂的使用量更是要严格按照说明书使用，有些养殖户为了急于追求动物的快速生长而超标使用促生长剂，造成禽畜产品中残留大量对人体有害的物质，从而引发了严重的食品安全事故。

3. 多种饲料添加剂不要混用 多种饲料添加剂混合除了有时互相会产生拮抗外，各种畜禽专用饲料添加剂只能适合相应的畜禽使用，不能挪作他用，否则不仅降低饲料利用率，还可能会导致某些副作用。

因此，在饲料中使用添加剂时一定要按规定剂量和畜禽的生长阶段科学使用，杜绝盲目配比，使添加剂发挥其应有的作用。

4. 务必同饲料搅拌均匀 添加剂在饲料中的添加量很小，直接加入配合饲料很难混匀。可将添加剂与少量饲料混合，搅拌均匀，逐级搅拌使添加剂至少扩大100倍后，再混合到全部饲料中。因此，要保证各种添加剂均匀分布在混合精料中，防止因动物采食不到添加剂或过量采食引起不良反应，对已加入添加剂的饲料，不宜加热或发酵，不得任意加酸加碱，否则会降低添加剂的作用。

5. 添加剂要妥善贮存 饲料添加剂贮存温度越高，其效价损失量越大。所以应贮存在干燥、低温和避光处，以免氧化受潮而失效。贮存期最多不超过半年。饲料添加剂混合于饲料中，最好随配随喂，一次搅拌混存放时间最好不要超过7天。添加剂长时间在空气中暴露将会受到空气中氧、水等的影响而失去效力。

同时使用微量元素与维生素时，最好当天饲喂当天配制。

第四节　全价配合饲料的安全使用与贮存

在动物饲养成本中，饲料费用占饲养成本的65%~75%，饲料质量均直接影响到动物产品的质量。配合饲料（亦称科学饲料）是动物营养和饲料科学研究成果的结晶，是根据动物营养需要标准规定的营养成分和动物利用饲料原料的不同特点，选择合适的饲料原料和饲料添加剂，按照互配原则，通过适宜加工调制而成的一种营养平衡的饲料。生产实践中，常把营养比较全面平衡的配合饲料叫作全价配合饲料或全价料。

一、全价配合饲料的优点

全价配合饲料含有猪生长需要的各种养分，不需要添加其他任何饲料或添加剂，可直接喂猪，具有以下几个优点：

（1）全价配合饲料是按照动物的不同种类、不同性别以及不同年龄和不同生产目的营养需要和消化生理特点而配制的。因此，能够完全满足动物的营养需要，最大限度地发挥动物的生产潜力。

（2）配合饲料远远优于单一品种的饲料。因为各种单一饲料原料中的营养价值都不是完全的。因此，饲喂单一饲料不但会影响动物的生长发育，也会因营养物质的不平衡而造成饲料浪费。因此，只有把各种饲料原料按科学的配比，使之各种养分之间产生互补作用，才能满足动物的营养需要。实践证明，用配合饲料代替单一饲料，饲料报酬可以提高20%~30%，猪的饲养周期可缩短2个月。

（3）随着营养科学和饲养科学的发展，配合饲料已进入了添加剂时代，各类饲料添加剂在饲料中已经发展到举足轻重的地位。因为在天然饲料中某些微量营养远不能满足动物的营养需要，必须科学地添加这类物质和抗生素、驱虫保健剂等，以促进动物更好地生长发育，避免营养性疾病的发生，并且有利于提高饲料转化率和提高动物产品质量。

（4）配合饲料是工业生产加工的新型产品，是采用先进的生产工艺加工而成的。能够保证饲料均匀一致性，质量标准化，饲用安全、高效、方便。由于配合饲料便于动物的工厂化饲养，因此，能大大提高饲养业的劳动生产率和经济效益。另外，还可能随时改变配方和工艺，及时吸收应用营养科学研究的最新成就和生产上的革新成果，使饲料能发挥最大的经济效益。

（5）配合饲料中添加抗氧化剂、抗黏结剂等各种饲料保藏添加剂，延长了饲料的保质期，提高配合饲料质量，营养完善，体积小，便于运输，降低保存、运输等费用。

二、安全使用全价配合饲料

猪的全价饲料是根据猪在不同生长阶段，对各种营养的不同需求选择不同的原料配制而成的营养全面的饲料。由于饲喂全价饲料能较好地发挥猪的生长性能，降低生产成本，提高养猪的经济效益，近几年来，猪的全价饲料在全国各地普遍推广。因此，如何正确使用全价饲料显得尤为重要。

1. 要按说明书使用 猪的不同生长阶段对各种营养物质的需求不同，饲料的内在品质也不同。因此，在使用时一定要严格按说明使用。仔猪料只能用于仔猪，而不能用于育肥猪，否则会造成营养浪费或营养缺乏，影响猪的生长和经济效益。

2. 按量饲喂 全价饲料养分浓度高，适口性好，在饲喂时应由少到多，循序渐进，一般要经过一周的过渡时间后再喂标准量。每日喂量要固定，防止饲喂过多引起消化不良和腹泻。

3. 直接使用 避免加热，全价饲料中含有丰富的维生素和其他营养物质，加热后一些营养物质会遭到破坏，饲喂时只需将饲料投入饲槽中生喂即可。

4. 及时供给饮水　由于给猪喂的是干料，猪会常感到口渴，如不及时供给洁净的饮水，猪会喝脏水，很容易下痢，影响生长。因此，必须增加饮水器和水槽，让猪及时喝到清洁的饮水。

5. 及时给猪驱虫　全价饲料虽在制作过程中经过消毒，杀灭了部分有害微生物和虫卵，但如果饲槽不洁净或猪舔食落地饲料时，易感染虫卵，为保证猪健康生长，要及时给猪驱虫。

三、饲料的安全贮存

饲料都有一个贮存过程，在贮存过程中，不管时间长短，品种如何，都易发生损耗和变质，如发热氧化、虫害鼠害、结块霉变等。为此，贮存饲料时，须考虑以下几方面：

1. 地点的选择及贮存预备工作　饲料贮存仓应选择在干燥、阴凉、通风的高势地方。贮存仓应具有防热性能，防止日光辐射热的透入，仓顶要加隔热层；墙壁涂成白色，以减少吸热；仓库周围可种树遮阴，以避日光照射，缩短日晒时间。存放前先进行封堵修补，以防漏、防晒、防鼠。盛装饲料用的包装袋要高温蒸汽消毒，缸罐木箱等容器可用80%浓度的敌敌畏，加水稀释一百倍喷洒消毒。饲料不能与地面、墙壁接触，须准备好木板木架，用来搁放饲料。

2. 控制好温度、湿度和通风　气温低于10℃，霉菌生长繁殖缓慢；高于30℃，霉菌迅速繁殖。低温、低湿和通风可防止饲料变质霉败，有利于饲料贮存。一般要求饲料贮存仓的相对湿度小于60%，保持良好通风，并尽可能降低室温。

3. 控制饲料及原料含水量　水分的高低直接影响饲料的贮存效果。水分高，饲料易氧化、发热、结块、霉变和虫害。据报道，害虫最适宜的含水量为13.5%，随着饲料水分的增加而加速繁殖；饲料含水量达15%时，最易发生霉变。因此贮存时应控制饲料含水量，北方为≤14%，南方为≤12%。

4. 杀虫灭鼠 虫害鼠害不仅消耗饲料，影响饲料品质，而且其活动消耗氧气。产生二氧化碳、水和热量，使饲料温度、湿度升高，引起发霉变质。为避免虫害和鼠害，在贮藏饲料前，应彻底清除仓库内壁、夹缝及死角，堵塞墙角漏洞，并进行密封熏蒸处理，以减少虫害和鼠害。若发现饲料生虫，要马上将饲料倒出，进行杀虫消毒。妥善利用灭鼠药、捕鼠器具进行灭鼠防害工作。

5. 应用饲料防霉剂 霉变是饲料中霉菌在适宜条件下大量生长繁殖、产生毒素的结果。霉菌种类很多，如曲霉菌属、青霉菌属、镰孢霉菌属等，产生的毒素也多，如黄曲霉毒素、棕曲霉毒素和镰刀霉毒素等，其中黄曲霉毒素毒性最大。防霉是饲料贮存最重要的工作。首要措施是加强饲料管理，消除霉菌生长的条件；其次是添加饲料防霉剂。理想的防霉剂要具有破坏病原微生物的作用，但不阻碍消化道中酶类的活动，也不影响消化道中有益的正常菌群活动。防霉剂的种类很多，用法也各异，如丙酸盐类、甲酸及甲酸钙、山梨酸、枸橼酸、富马酸二甲酯、大蒜等。日本科学家发明了一种防霉包装袋，不仅能防止饲料发霉，而且可改善饲料口味。使用防霉剂应严格按推荐比例使用，充分与饲料搅拌均匀，且注意不要与碱性物质混合。

下面是三个效果很好的防霉剂配方。

（1）混合防霉剂。由92%海藻物、4%碘酸钙和4%丙酸钙混合制成，按8%比例加入饲料中。

（2）用1份碳酸钠和2份醛酸混合，然后加入1%的山梨酸，充分拌匀并干燥后按1%加入饲料。

（3）用1份醋酸钠和2份醛酸混合，然后加入1%山梨酸，充分拌匀并干燥后按1%加入饲料。

6. 添加抗氧化剂 空气中的氧与饲料接触后，饲料中的脂肪、维生素 A、维生素 D、维生素 E、维生素 B 及胡萝卜素和部分氨基酸、蛋白质等会被氧化破坏，使饲料变质。因此，在高脂及维生素、氨基酸含量丰富的饲料原料及配合饲料中应添加抗氧化剂，如丁羟甲苯（BHT）、丁羟甲氧基苯（BHA）和乙氧基喹啉（山道喹），一般用量都在 150×10^{-6} 以下。用抗氧化剂时应注意安全性，充分混合均匀。最有效的抗氧化剂往往也是毒性最大的，因此，其在动物产品中必须无残留，对人畜健康无害，而且还要注意经济性。

7. 饲料堆放及翻凉要求 袋装贮存时，若气温大于 10℃时，堆码不应超过 12 包；若气温低于 10℃，堆码不超过 14 包。散装贮存时，若水分含量小于 13%，堆高应不大于 4 米，否则堆高不应大于 2.5 米。对贮存期长的饲料，应适当翻动、移凉，加强通风，摊开发热处，防止饲料自身发热。

另外，一次进料、配料不宜太多，饲料最好不要贮存太久，夏天以不超过 1 个月，冬天不超过 3 个月为宜。若需贮存很长时间，则应遵守“推陈贮新”的原则，先用旧料，不可新陈混存，贮新时应将旧料彻底清理干净，以免污染新料。

第五节 安全使用浓缩料与预混料

一、使用自配料的优劣势

目前养猪行业面临的问题越来越多，如猪病的复杂化、猪价低廉、食品安全问题等，导致养猪的利润降低。

猪场为了获得高的经济效益，开始从猪的饲料上下功夫了，因为饲料占了养猪成本的 70%，饲料成本的下降意味着养殖成本的降低，经济效益的提高。为此，一些集约化猪场不再使用全价料而开始使用自配料，那么下面比较下自配料的优劣势。

1. 自配饲料的优点

（1）解决了农户自有余粮，特别对于远离城镇、家里有大量余粮并且饲养有一定规模畜禽的农户，可就地转化，以解决养殖发展所需的饲料。

（2）降低了购买饲料的成本。据调查，由于使用自有余粮或预混料、浓缩料来配制饲料，每 50 千克平均成本只需 100～120 元，而全部购买配合饲料每 50 千克需 110～150 元。

（3）方便了养殖户。由于目前农村年轻人大多外出打工，留在家的主要是老人和儿童。随着村通院通工程的实施，农户只需一个电话，饲料经营者或代加工者就会将配制好的饲料送到农户家中。有些还可以赊销，待农户卖了畜禽后再偿还饲料款，大大方便了农户。

2. 自配饲料的缺点 尽管自配料具有上述优点，但是由于我国现行饲料管理法规对此缺乏有效的管理规则，在实际管理和发展中还存在许多问题。主要表现在以下几个方面：

（1）营养不全面。由于绝大多数农户、经营者或代加工者既不懂动物营养学等方面的知识和相关的营养标准，又缺乏必要的调制检验设备，在称量、配制、搅拌和加工过程中均不能按照正规饲料厂家的规范进行生产，从而导致了所配制的饲料营养不全面。农户对此是无法进行检测的。

（2）违法添加禁用药物或兽药，滥用乱加添加剂。现行的饲料法规对饲料的生产、经营和使用做出了规定，但是对农户、经营者或代加工者进行自配饲料的行为没有作任何规定。这就给农户、代加工者或经营者在配制过程中违法添加禁用药物、兽药及滥用添加剂造成了可乘之机，因而会出现诸如“红心蛋”“多宝鱼”以及“瘦肉精”事件。

（3）添加、使用过期变质饲料和原料。为降低配制加工成本，一些代加工者、经营者把过期或变质饲料和原料甚至非饲料原料混在其中进行加工销售。

（4）造成不平等竞争。从农户利用余粮和降低成本的角度自行配制饲料本无可厚非，但是代加工者、经营者配制加工的行为，不仅违反了市场经济公平、公正的原则，而且扰乱了饲料生产经营秩序。对于国家依法审批设立的合法饲料企业投入了大量资金、设备、人才并按规范进行生产造成了不平等的竞争环境。

（5）发生经济纠纷难以处理，影响社会稳定。自配料由于缺乏必要的质量标准和监管政策，农户使用饲料导致畜禽患病或死亡时，要找代加工或经营者索赔很难，往往被一推了之。对于政府监管部门来讲也无从下手解决，农户围攻代加工者或经营者门市的事件时有发生，影响了社会稳定。

（6）加大了政府监管难度和成本。自配料管理法规的不完整，加大了基层饲料管理部门的监管难度，特别是由自配料引发的“红心蛋”“瘦肉精”等畜产品质量安全问题，导致了基层饲料管理部门两难的境地，既无法规依据，又无设备和手段。

自配饲料是伴随中国畜牧业的迅速发展而发展的，是我国经济转型时期畜牧业低水平发展的必然过程，在这个过程中应加紧制定自配料的管理法规政策，从提升畜产品质量、确保食品安全和人民生命健康角度出发，合理使用自配料。

二、浓缩料的挑选和使用

浓缩饲料（或浓缩料）是由添加剂预混料、常量矿物质饲料和蛋白质饲料按一定比例混合而成的饲料。浓缩饲料不能单独作为饲料饲养动物。动物饲养中使用的浓缩饲料和饲料工业生产的浓缩饲料一般都是以提供粗蛋白质为主，并在一定程度上考虑添加了饲料添加剂，在配合饲料中的用量一般在10%~30%。在实际饲养中，若能量饲料丰富，蛋白质饲料比较缺乏，选用浓缩饲料生产全价配合饲料是一种行之有效的方法。

1. 浓缩饲料的选择 要选购产品质量可靠的厂家生产的浓缩饲料，同时应根据猪的品种、用途、生长阶段等选购相应的产品，不能把禽类、奶牛等其他动物用的浓缩饲料用于猪，也不能把种猪的浓缩饲料用于生长肥育猪。

根据国家对饲料产品质量监督管理的要求，凡质量可靠的合格浓缩饲料，一是要有产品标签，标签内容包括产品名称、饲用对象、产品登记号或批准文号、主要饲料原料类别、营养成分保证值（通常要求蛋白质含量35%以上、水分含量13%以下、粗纤维8%以下、赖氨酸15%以上、钙3%~5%、磷1.0%以上）、用法与用量、净重、生产日期、厂名、厂址和电话。二是要有产品说明书。内容包括浓缩饲料特点、营养成分、使用方法及注意事项等。三是必须有产品合格证，并加盖检定人员印章和检验日期。四是要有注册商标，并应标在产品标签、说明书和外包装上。只有掌握这些基本知识，才能选购到合格的浓缩饲料产品，才不会上当受骗。此外，一次购买的数量不宜过多，以保证其新鲜度和适口性。

2. 浓缩饲料的使用 浓缩饲料是由蛋白质饲料、矿物质饲料、微量元素、维生素、氨基酸和非营养性添加剂按一定比例配制而成的均匀混合物。若与一定比例的能量饲料配合，即成为营养基本平衡的配合饲料。猪用浓缩饲料，一般粗蛋白质含量在35%以上，矿物质和维生素含量也高于猪需要量的三倍以上。因此不能直接饲喂，而必须按一定比例与能量饲料相互配合后才可饲喂，才能发挥浓缩饲料真正的效果和作用。配合时不需要再添加任何添加剂，饲喂时要与粉碎后的能量饲料混合均匀，采用生干粉或用冷水拌湿饲喂，并供足清洁的饮水。

浓缩饲料与养猪户自产的饲料原料的配合比例一定要合理，才能达到配合后的饲料营养平衡。通常在浓缩饲料产品说明书中，也推荐有与常用饲料原料配合的比例，可以参照使用。但往往所推荐的常用饲料原料与养殖户自产饲料原料不相符，这就需要自己能够计算配合比例。

三、预混料的选择与使用

在现代配合饲料生产中，很多微量成分若混合不均匀，容易产生临床或亚临床中毒。采用预混合饲料（预混料）的形式能显著提高配合饲料的混合均匀度，预防饲料中某些饲料成分过量或局部过量中毒。预混料是一种或几种添加剂，如微量元素、维生素、氨基酸、抗生素等加上一定数量的载体或稀释剂，经充分混合而成的均匀混合物。预混料既可供养猪生产者用来配制猪的饲粮，又可供饲料厂生产浓缩饲料和全价配合饲料。市售的添加剂预混料多为复合添加剂预混料，一般添加量为全价饲粮的0.25%~3%，具体用量应根据实际需要或产品说明书确定，决不可以单独作饲料使用。

1. 利用复合预混料配制全价配合饲料　即能量饲料+蛋白质饲料+复合预混料=全价配合饲料。

根据本地区饲料资源，选择所购复合预混料提供的配方表，按表中规定的量加入能量饲料和蛋白质饲料即可。备料时，豆类要炒成八成熟，菜籽饼、棉籽饼需脱毒，将选定原料粉碎后混合均匀备用。

2. 饲喂方法以“先精后青，生饲湿拌，少喂勤添，饮水充足”为原则

（1）仔猪。每头每日按体重4%~6%投料，每日饲喂4~6次，每次按应喂配合饲料量与水1∶(2~4）调成糊状后，让猪采食。

（2）生长育肥猪饲喂。每头每日按体重3%~4%投料，每日饲喂3~4次，每次按应喂配合饲料量与水1∶(1~1.5）拌湿投喂。猪采食后，再供足清洁饮水，具有青饲料条件的应加喂青饲料，每日每次喂料量及间隔时间基本相同，每喂料一周期加量一次。

(3) 注意事项。复合预混料及其全价配合饲料切忌高温蒸煮，要求饲料和水的温度不高于 40℃。

第四章　生态养猪的品种繁育及饲养管理技术

第一节　生态养猪的品种及选择

一、主要引进品种

（一）长白猪

长白猪原名兰德瑞斯猪，原产于丹麦，是世界著名的瘦肉型猪种。按引入先后，长白猪可分为英瑞系（即老三系）和丹麦系（新三系）。目前是我国引入最多的国外猪种。

1. 体形外貌　长白猪全身被毛呈白色，头小清秀，颜面平直。耳向前倾平伸略下耷。大腿和整个后躯肌肉丰满，蹄质坚实，体躯前窄厉害呈流线型。体躯长，有 16 对肋骨，全身被毛白色。乳头 6~7 对。

2. 生产性能　长白猪生长速度快，屠宰率高，屠体较长，胴体瘦肉率高。据测定，体重 30.7~72.28 千克阶段，日增重 731 克，每千克增重耗混合料 3.38 千克，青料 0.97 千克；折合消化能 46.48 兆焦。屠宰率 71.66%。据丹麦测定，日增重 793 克，料重比 2.68：1，胴体瘦肉率 65.3%。各地用长白猪做父本与本地母猪开展二元或三元杂交，均有较好的杂交效果。日增重比本地猪提高 10%~26%，瘦肉率增加 5%~8%。长白猪性成熟较晚，6 月龄开始出现性行为，9~10 月龄体重达 120 千克左右开始配种。初产母猪产仔数 10~11 头，经产母猪产仔数 11~12 头。

（二）大约克夏猪（大白猪）

大约克夏猪又叫大白猪，于 18 世纪在英国育成，是世界著名的瘦肉型猪种。引入我国后，经过多年培育驯化，已有了较好的适应性。在杂交配套生产体系中主要用作母系，也可用作父系。

1. 体形特征 大约克夏猪体格大，体形匀称。耳直立，鼻直，背腰微弓，四肢较长，头颈较长，脸微凹，体躯长，全身被毛白色，故称大白猪。成年公猪体重 250~300 千克，成年母猪体重 230~250 千克。

2. 生产性能 增重速度快，省饲料，出生 6 月龄体重可以达 100 千克左右。营养良好、自由采食的条件下，日增重可达 700 克左右。每千克增重消耗配合饲料 3 千克左右。体重 90 千克时屠宰率 71%~73%，瘦肉率 60%~65%。经产母猪产仔数 11 头，乳头 7 对以上，8.5~10 月龄开始配种。

（三）汉普夏猪

汉普夏猪属瘦肉型猪品种，原产英国南部，由美国选育而成。汉普夏猪具有独特的毛色特征，在后和前腿部为白色，其他部位为黑色，有银带猪之称。

1. 体形外貌 全身主要为黑色，肩部到前肢有一条白带环绕，俗称白肩（带）猪。头大小适中，颜面直，耳向上直立，中躯较宽，背腰粗短，体躯紧凑，呈拱形。背最长肌和后躯肌肉发达。

2. 生产性能 从 25.6 千克到 97.6 千克日增重 697 克，饲料利用率 2.95∶1。体重 91.7 千克育肥猪 6 头，平均膘厚 1.76 厘米，眼肌面积 28.7 平方厘米，胴体瘦肉率 60.7%。胴体品质好。母猪平均产仔数 9 头，但仔猪壮硕而均匀，母性良好。胴体瘦肉率65%以上。杂交配套生产体系中可用作终端父本，也可作母本。

（四）皮特兰猪

皮特兰猪原产于比利时的布拉帮特省，是由法国的贝叶杂交猪与英国的巴克夏猪进行回交，然后再与英国的大白猪杂交育成的。

1. 体形外貌　皮特兰猪毛色呈灰白色并带有不规则的深黑色斑点，偶尔出现少量棕色毛。头部清秀，颜面平直，嘴大且直，双耳略微向前；体躯呈圆柱形，腹部平行于背部，肩部肌肉丰满，背直而宽大，体长1.5~1.6米。

2. 生产性能　在较好的饲养条件下，皮特兰猪生长迅速，6月龄体重可达90~100千克。日增重750克左右，每千克增重消耗配合饲料2.5~2.6千克，屠宰率76%，瘦肉率可高达70%。在繁殖性能方面，公猪一旦达到性成熟就有较强的性欲，采精调教一般一次就会成功，射精量250~300毫升，精子数每毫升达3亿个。母猪母性不亚于我国地方品种，仔猪育成率在92%~98%。母猪的初情期一般在190日龄，发情周期18~21天，每胎产崽数10头左右，产活崽数9头左右。

由于皮特兰猪产肉性能高，多用作父本进行二元或三元杂交。用皮特兰公猪配上海白猪（农系），其二元杂种猪育肥期的日增重可达650克，体重90千克屠宰，其胴体瘦肉率达65%；皮特兰公猪配梅山母猪，其二元杂种猪育肥期日增重685克，饲料利用率为2.88∶1，体重90千克屠宰，胴体瘦肉率可达54%左右。用皮特兰公猪配长×上（长白猪配上海白猪）杂交母猪，其三元杂种猪育肥期日增重730克左右，饲料利用率为2.99∶1，胴体瘦肉率65%左右。

（五）杜洛克猪

杜洛克猪原产于美国东部的新泽西州和纽约州等地。杜洛克最大特点是身体健壮、强悍，耐粗性能强，是一个极富生命力的品种。生长快，饲料利用率高。该品种的缺点是繁殖力不太高，母性差，胴体产肉量稍低，肌肉间脂肪含量偏高。

1. 体形外貌 全身被毛呈棕红色，体躯高大，粗壮结实，全身肌肉丰满平滑，后躯肌肉特别发达，头较小，颜面微凹，鼻长直，耳中等大小，向前倾，耳尖稍弯曲，胸宽而深，背腰略呈拱形，腹线平直，四肢强健，蹄黑色。

2. 生产性能 杜洛克是生长发育最快的猪种，肥育期平均日增重750克以上，料肉比（2.5~3.0）：1。胴体瘦肉率在60%以上，屠宰率为75%，成年公猪体重为340~450千克，母猪300~390千克。初产母猪产仔9头左右，经产母猪产仔10头左右。母性较强，育成率高。

由于杜洛克猪具有增重快，饲料报酬高［料肉比为（2.8~3.2）：1］，胴体品质好、眼肌面积大、瘦肉率高等优点，而在繁殖性能方面较差些，故在与其他猪种杂交时，经常作为父本，以达到增产瘦肉和提高产仔数的目的。

（六）巴克夏猪

巴克夏猪是原产英国的古老品种。巴克夏猪引入我国已有80多年的历史，经长期驯化表现出良好的适应性，生产性能有一定程度的提高。20世纪中期，该品种在国内养猪生产中杂交利用较广泛，对促进猪种的改良起过一定作用。但产仔数低，胴体含脂肪较多。

1. 体形外貌 巴克夏猪被毛黑色，头、尾和四肢末端有白毛而呈“六白”，头短小，嘴筒短，颜面稍凹，两耳竖立微前倾，颈粗短，胸深宽，背腰平直，四肢短而有力，躯体形似圆筒状。

2. 生产性能 育肥猪平均日增重476克左右，屠宰率73.85%，胴体中瘦肉占54.56%、脂肪占32.06%、皮占5.41%、骨占7.95%。腿臀比例26.84%，花板油比例5.06%，眼肌面积

26.16 平方米±1.44 平方米，胴体长 73.63 厘米±1.70 厘米，膘厚 3.86 厘米±0.25 厘米，皮厚 0.38 厘米±0.05 厘米。

在一般饲养管理条件下，公、母猪于 10 月龄、体重 100 千克左右开始配种。母猪平均产仔数 7 头左右。仔猪平均初生重为 1.33 千克，60 日龄仔猪断乳窝重 0.79 千克±26.73 千克。

（七）中约克夏猪

中约克夏猪原产于英国北部的约克郡及其邻近地区，在我国中部和南部的商品猪基地分布较广。

1. 体形外貌　中约克夏猪原来面部微凹，耳小直立，背稍呈弓形，腹线平直，四肢结实有力，全身白毛。据江苏省淮阴种猪场和泰兴种猪场的观察，由于饲喂青粗料多，中约克夏猪的嘴筒增长，鼻吻发达，鬃毛亦较原猪种长直，成年时皮肤上出现少量黑斑，主要见于眉尖和尾根附近，腹围增大，体格变小。

2. 生产性能　中约克夏猪成年公猪体重 216.52 千克，体长 158.53 厘米，胸围 149.95 厘米，体高 86.08 厘米；成年母猪相应为：148.97 千克，143.50 厘米，124.32 厘米，73.28 厘米。中约克夏猪引入我国已有很长历史，经长期地饲养和选育，已基本适应我国的条件，在猪种的杂交改良中起了一定的作用。但中约克夏猪的胴体瘦肉偏少，杂种优势率不很高。

二、国内地方品种

根据猪种来源、地域分布和生产性能等特点，我国地方猪种可划分为华北型、华南型、华中型、江海型、西南型和高原型 6 个类型。

（一）华北型

华北型猪分布于秦岭和淮河以北。主要特点是体格较大，头直嘴长，背腰狭窄，臀部倾斜，四肢粗壮；皮厚毛密，鬃毛发达，被毛多为黑色且冬季密生绒毛；母猪 3～4 月龄开始发情，繁殖力强，经产母猪产仔大多在 12 头以上。代表品种有东北地区的民猪、西北地区的八眉猪和淮河流域的淮猪等。

（二）华南型

华南型猪分布于中国南部。主要特点是体格偏小，头小面凹，耳竖立或向两侧平伸，躯体短宽，腿臀丰满，四肢较短；皮薄毛稀，鬃毛短小，被毛多为黑色或黑白花色；性成熟比华北型早，繁殖力低，平均产仔数8~10 头，乳头 5~6 对。代表品种有云南的滇南小耳猪、福建的槐猪、海南的海南猪等。

（三）华中型

华中型猪分布于长江以南、北回归线以北、大巴山和武陵山以东的大部分地区。主要特点是体形略大于华南型，头中等大小，耳向上或平向前伸，背腰较宽且多小凹，腹大下垂；毛色以黑白花为主，头尾多为黑色；繁殖力中等，每胎产仔数 10~13 头，乳头 6~8 对。代表品种有浙江的金华猪、广东的大花白猪、湖南的宁乡猪、广西的两头乌猪等。

（四）江海型

江海型猪分布于长江中下游及东南沿海的狭长地带，包括台湾省西部的沿海平原。主要特点是额宽，耳大下垂，背腰较宽，较平直或微凹，骨粗；皮厚而松软，且多褶皱，被毛有黑色或间有白斑；繁殖力高，经产母猪产仔数 13 头以上，乳头多在 8 对以上。代表品种有太湖流域的太湖猪、江苏的姜曲海猪、台湾省的桃园猪等。

（五）西南型

西南型猪分布于四川盆地，云南、贵州的大部分地区，以及湖南、湖北的西部地区，主要特点是体格稍大，头大，额面多横行皱纹且有旋毛，四肢粗壮；毛色多样，以全黑或“六白”为主，也有黑白花和少量红毛猪；繁殖力偏低，经产母猪产仔数 8~10 头，乳头 6~7 对。代表品种有四川的内江猪和荣昌猪、云南等地的乌金猪等。

（六）高原型

高原型猪主要分布于青藏高原，品种数和头数均较少，以藏猪为代表品种。主要特点是体形小，形似野猪，善奔跑，耐饥寒；繁殖力低，一般年产1胎，每胎5~6头；生长慢，较晚熟，胴体瘦肉率在52%左右。

三、配套系

（一）我国饲养的主要配套系种猪

1. 迪卡配系　迪卡配套系种猪是美国迪卡公司在20世纪70年代开始培育的品种。迪卡配套系种猪包括曾祖代（GGP）、祖代（GP）、父母代（PS）和商品杂优代（MK）。1991年5月，我国由美国引进迪卡配套系曾祖代种猪，由五个系组成，这五个系分别称为A、B、C、E、F。这五个系均为纯种猪，可利用进行商品肉猪生产，充分发挥专门化品系的遗传潜力，获得最大杂种优势。迪卡猪具有产仔数多、生长速度快、饲料转化率高、胴体瘦肉率高的突出特性，除此之外，还具有体质结实、群体整齐、采食能力强、肉质好、抗应激等一系列优点。初产母猪产仔数11.7头，经产母猪12.5头。达90千克体重日龄为150天，料肉比2.8∶1，胴体瘦肉率60%，屠宰率74%。

2. 斯格配套系　目前育成的4个专门化父系和3个专门化母系可供世界上不同地区选用。作为母系的12系、15系、36系三个纯系繁殖力高，配合力强，杂交后代品质均一。它们作为专门化母系已经稳定了近20年。作为父系的21系、23系、33系、43系则改变较大，其中21系产肉性能极佳，但因为含有纯合的氟烷基因利用受到限制。其他的三个父系都不含氟烷基因，23系的产肉性能极佳；33系在保持了一定的产肉性能的同时，生长速度很快；43系则是根据对肉质有特殊要求的美洲市场选育成功的。

3. PIC 配套系 从 20 世纪 70 年代起，PIC 公司开始了五元杂交实践，经过 80 年代，无论从理论上或实践上，PIC 已经积累了许多经验。同时早已经在美洲、欧洲成功地推行了五元杂交制种体系。目前，PIC 中国公司正在中国推广这一制种体系。PIC 中国公司于 1997 年 10 月从其英国公司遗传核心群直接进口了六个品系共 669 头种猪。这些品系均通过 PIC 公司遗传专家们的谨慎筛选和长期的试验而推荐的符合中国养猪生产国情的优良品系。PIC 五元杂交体系在中国的推广，将为中国现代养猪业带来经济利益和高科技的福音。

4. 达兰配套系 目前荷兰有 5 个配套系模式父系应用杜洛克、皮特兰、大白；母系应用大白、荷兰长白和芬兰长白合成。根据中国政府和荷兰政府协定，在北京西郊共同建立中荷农业部-北京畜牧示范培训中心，该中心所属一个种猪场，饲养荷兰达-斯坦勃公司育成的配套系种猪，属于四系配套的配套系种猪。

5. 光明配套系 经过几年的选育，培育出了适应高温高湿气候，独具特色的光明父系、光明母系。光明父系肉色鲜红，体形好，生长速度快；光明母系是我国大量进口的外国猪种中唯一能够经历近 20 年的闭锁选育、风土驯化，不但不退化而有较大提高的外来种群。斯格已成为我国重要的种质资源而推广到全国不同自然生态和畜牧经营方式的农场和地区，不但作为杂交利用的亲本，而且还被利用作为育种素材培育出新的品种，其中以哈白猪和斯格猪为基本素材培育的“军牧一号”已经通过国家审定，批准为猪新品种。

6. 华特配套系 华特猪配套系以数量遗传学理论为指导，对配套系的选育方法及繁育体系进行了大量的研究。它是在广泛收集原始素材，把保持遗传素材多样性作为配套系培育的基础上，按“同质性状结合体”的选择方向，采用多品种（系）杂交合成和品种（系）内分化的方法组建核心群，继代定向选育专门化品系；从四世代开始组织杂交试验，进行配合力测定，根据配合力测定信息，以性状同质为原则，进一步改造、定位专门化品系，最终筛选出DABC为杂优猪生产的最佳配套模式，同期化条件下其生产性能较洋三元突出。建立了由育种、制种和商品生产三个部分组成的配套系繁育体系，以单向单杂交方式生产父母本，单向双杂交合成华特杂优猪。在专门化品系的选择方法上，父本品系以个体选择为主，家系选择为辅，集中选择高、中等遗传力的胴体性状和肥育性状；母本品系采取家系选择结合杂交测定的选种方法，偏高选择繁殖性状。

7. 深农猪配套系 深圳市农牧实业有限公司经过八年时间通过建立完整的杂交繁育体系以及一系列猪育种措施培育深农猪配套系，于1998年正式经过科技鉴定、农业部审定并命名为“深农猪配套系”。

根据培育配套系的实践经验，从原始亲本的选定、建立完整的杂交繁育体系、配套系家系的建立、配套系的选种、肉质的改善、配套系生产性能的分析、配套系杂交效益的选择、配套系培育过程中近交方法的利用、外观选择、饲养科学对培育配套系的作用等十个方面，对猪配套系培育技术进行了研讨。

8. 罗牛山瘦肉猪配套系Ⅰ系 根据市场需求和实际条件，利用引进优良猪种资源，创建了罗牛山瘦肉猪配套系Ⅰ系，主要经济性状指标为，商品代肉猪162日龄达100千克体重，胴体瘦肉率67%，肉质优良，父母代产仔数、产活仔数10.35头、9.81头。比迪卡猪配套系初、经产仔数分别多1.09头和0.99头，差异极显著（$P<0.01$）；肉猪饲养缩短19天，差异极显著（$P<0.01$）；瘦肉率提高5.66个百分点，肉质良好。研究的同时在企业内建立塔式繁育体系，前后仅用三年多时间推广新配套系种猪15 000多头，年生产规模达20万头，取代了原迪卡配套系。

（二）配套系种猪优点

与我国现有的猪种相比，配套系猪具有较大的品种优势。传统优质猪种往往只能体现如瘦肉率高、生长速度快等优点。而配套系则可以集中体现多个优点。实践证明，配套系猪种有四大优势：一是瘦肉率更高。配套系瘦肉率在65%～70%，“洋三元”在60%～65%。二是繁殖能力更强。配套系一胎产仔12头以上，两年5胎；洋三元一胎8~9头，一年2胎。三是生长周期更短。配套系生长到90～100千克为160天左右，洋三元则需要170天左右。四是成本更低。配套系每长1公产肉消耗约2.8千克饲料，而洋三元为3.5千克左右。配套种猪有很多优点：①各品系只突出选择少数性状，而不是面面俱到，因而选择快，遗传进展大，时间短，降低了制种成本。②由于系内纯度高、群体整齐，便于工厂化流水线作业、全进全出等组织管理制度的实施。③充分利用各品系优点，商品猪杂交优势率显著高于品种间杂交，生长速度快，瘦肉率高。④商品猪一致性好，产品规格化程度高。⑤能使规模化养猪获得最大的经济效益，经济效益提高10%～20%。

（三）进一步理解配套系概念、理论与方法

养猪业从事配套繁殖体系的研究工作是在20世纪六七十年代开始，随着专门化品系的培育及其杂交利用，世界上许多国家相应出现了专门提供杂交亲本的育种公司。他们利用本国拥有的遗传资源进行闭锁繁殖与杂交，从事配套系研究工作。如美国迪卡公司利用其来自世界16个闭锁繁殖的猪群，组成育种素材，在纯系选育基础上，严格进行配合力测定，组装培育成迪卡配套系种猪，在生产中广泛应用。一些国外大的育种公司多采用定向培育方法，有目的地选育专门化父系和母系，根据生产性能确定其在配套系中的位置，把肥育性能好的汉普夏、杜洛克、皮特兰作为父系，在继代选育中多重视生长速度、瘦肉率和饲料效率，

而对于母系猪多重视产仔数、断奶成活数等繁殖性能好的品种（系），如长白猪。对于大白猪来讲，由于其具有较好的肥育性能和繁殖性能，在配套系中常用作母系中的父系，或将大白猪分离选择，形成不同特点的父系、母系，加入配套系的框架中，如迪卡配套系的C系和F系虽同属于大白猪，但C系作母系中的父系，F系则作母系中的母系。所谓配套系，是指在系统纯系选育基础上，通过配合力测定而形成的种猪繁育体系。在其培育过程中，各系突出选择某一方面能稳定遗传且能与其他系相配套产生最大显性效应的性状，因此，配套系培育是个复杂的系统工程，其技术水平较高，充分利用各系优点，能使规模化养猪获得最大的经济效益。一个成熟的配套系与杂交相比，具有如下优点：各系只突出某一性状的优秀而不是面面俱到，各系在配套体系框架中有固定的位置且不可互换。配套系种猪按系、按代分类繁殖，按头套推广，适合于组织工厂化养猪生产。

（四）推广配套系前景看好

在20世纪80年代至90年代初期，美、英等国主要以“洋三元”为种猪，配套系出现后，短短几年就占据了80%的市场份额。专家认为，配套系育种代表了世界生猪生产的发展趋势，我国养猪行业应及早制定对策，打破国外种猪公司的技术垄断。同时，由于猪种更新换代需要3~5年的时间，我国生猪生产区应尽快推广配套系猪种以增强抵御未来市场风险的能力，避免大的损失。

1. 配套系有利于养猪总体生产水平的提高　配套系种猪专门化品系内纯度较高，组装后杂种优势十分明显，商品代整齐、一致性好，整体生产水平明显提高。配套系育种过程是动态的，根据市场变化而变化，容易调头，灵活性好，对不同地区、不同消费者进行不同配套系组装，对一个地区和一个市场层面养猪生产水平容易提高。配套系育种是纯系内高度优化组合，具有较强的严密性，在商品代内变异较小，容易提高总体生产水平。

2. 配套系有利于养猪产业化的实现 配套系种猪各代体系比较清晰，适合不同层次生产水平饲养，形成明显的金字塔繁育体系，一级一级推广，分工比较明确。尤其生产商品猪饲养场只要按照固定饲养模式和饲料供给即可达到预期效果，减轻商品猪饲养者的技术要求，容易在一个地区进行推广和饲养，从而形成产业化生产，例如，迪卡配套系在东北地区分级推广，形成产业链。配套系不是一成不变的，要根据市场需求进行调整，满足市场需要。如甘肃农业大学刘孟州教授等开发的华特配套系在河西走廊地区，不断调整配套模式，满足市场需求，带动农民致富，形成产业化经营。

3. 配套系有利于集团化经营的开展 配套系最容易实现集团化经营，如重庆大正公司结合重庆 100 万头商品猪政府工程，带动所属区县进行推广，效果很好。由合川种猪场提供猪苗，一级一级推广，统一管理，统一饲料，统一服务，统一回收等严密组织管理系统，最后由大正公司统一屠宰、上市。形成系统内部的原种猪—祖代猪—父母代猪—商品猪—屠宰—加工的产业化生产格局。

第二节 种猪的选育与杂交优势的利用

一、猪场安全引种

新建的猪场进行生产经营，第一步首先要进行引种，引种是生产经营的前提。同样，一个规模化猪场，每年也都要淘汰一部分生产成绩不理想的种猪，引入部分种猪进行更新，通过品种改良来提高养猪效益。无论是从国外引种还是在国内引种，都要树立正确的引种理念。

（一）引种的目的

引种主要有从国外引进纯种祖代种猪，或从国内种猪场引进外来瘦肉型种猪以及中国地方品种种猪。目前国内的外来瘦肉型猪主要有：纯种猪、二元杂种猪及配套系猪等。引种时主要考虑本场的生产目的即生产种猪还是商品猪，是新建场还是更新血缘，不同的目的引进的品种、数量各不相同。

如果猪场是以生产种猪为目的，不管从国外还是国内引进种猪，都需要引进纯种，如大白猪、长白猪、杜洛克猪，可生产销售纯种猪或生产二元杂种猪。

如果猪场以生产商品猪为目的，小型猪场可直接引进二元杂种母猪，配套杜洛克公猪或二元杂种公猪繁殖三元或四元商品猪；大规模养猪场可同时引入纯种猪及二元母猪。纯种猪用于杂交生产二元母猪，可补充二元母猪的更新需求，避免重复引种，二元杂种猪直接用于生产商品猪，也可直接引入纯种猪进行二元杂交，二元猪群扩繁后再生产商品猪。这种模式的优点一是投资成本低，二是保证所有二元品种纯正，三是猪群整齐度高。缺点是见效慢，大批量生产周期长。

（二）制订引种计划

猪场应该结合自身的实际情况，根据种群更新计划，确定所需的品种和数量，有选择性地购进能提高本场种猪某生产性能，满足自身要求，并购买与自己的猪群健康状况相同的优良个体，如果是加入核心群进行育种的，则应购买经过生产性能测定的种公猪或种母猪，新建猪场应从新建猪场的规模、产品市场和猪场未来发展方向等方面进行计划，确定所引进种猪的数量品种和级别，是外来品种还是地方品种，是原种、祖代还是父母代。根据引种计划，选择质量高、信誉好的大型种猪场引种。

（三）选择猪场引种时，注意以下问题

1. 选择正规场家进行引种，并尽量从一个猪场引种　选择

适度规模、信誉度高、有《种畜禽生产经营许可证》的正规猪场。选择场家应把种猪的健康状况放在第一位，必要时在购种前进行采血化验，合格后再进行引种。应该尽量从一家猪场选购，否则会增加带病的可能性。选择场家应在间接了解或咨询后，再到场家与销售人员了解情况。值得注意的是，有人认为应该从多个猪场进行引种，这样种源多、血缘宽，有利于本场猪群生产性能的改善，但是每个猪场的病原谱差异较大，而且现在疾病多数都呈隐性感染，一旦不同猪场的猪混群后，某些疾病暴发的可能性很大，引种的猪场越多，带来的疫病风险越大。为了安全可靠，一些养猪场引进种猪时要进行实验室检测，要求场家提供免疫记录、免疫保健程序等，因为这样的工作技术性很强，一定要聘请有经验的专业人员把关，少走弯路而保证正确引种。从确保猪群健康的角度出发，引进的种猪必须进行一段时间的隔离饲养，一方面观察其健康状况，适时进行免疫接种，同时适应当地的饲养条件，容易获得成功。

2. 注意猪场的供种能力 规模猪场购买种猪，并不是一次全部购进，而是根据猪场规模和生产计划，进行多批次购进在标准上基本一致的种猪，这样有利于生产环节的安排。一般来说，如果大批量从一个种猪场购进种猪，要求猪场能够保证在 20 周内全部到场，所选猪均衡分布在 20 周龄段内，比如 200 头规模的猪场，算上后备母猪使用率 90%，实际需要 222 头，每周段内必须有 11~12 头猪。如果从 50~70 千克开始引种，即一般在小猪 13~17 周龄引入。同时，在引种时出售种猪的猪场应该有更多的种猪以便进行挑选。

3. 种猪的系谱要清楚，并符合所要引进品种的外貌特征 引种的同时，对引进种猪进行编号，可以根据猪的耳号和产仔记录找出母亲和父亲，并进一步找出系谱亲缘关系。同时要保证耳号和种猪编号对应。

4. 种猪的生产性能要达标　通过猪场的真实生产记录反映其真实的生产性能，如可以查看猪场的配种报表、分娩报表、饲料报酬报表等，同时还要查看猪场整体的总产子、健子数、死胎、木乃伊胎、初生重、断奶重、断奶数、首配月龄、发情率、流产率等。此外，还有公猪的精液量、活率、密度、畸形率情况。

标准：平均总产仔 10 头以上，健仔数 8 头以上，死胎木乃伊弱仔畸形少于1.5 头，初生均重大于1.2 千克，28 日龄断奶重大于7 千克，首配月龄不大于9 月龄，发情率大于90%。

5. 引种前的准备

（1）车辆的准备。一般国内购买种猪都是汽车运输，引种前所用汽车要先检查车况并事先装好猪栏，如果一次引种数量较多，最好使用有分格的猪栏，以免猪多互相挤压，造成不必要的损失。同时要带上苫布以备不时之需。装车前首先要用消毒液对车辆进行彻底消毒，一般用过氧乙酸或者氢氧化钠溶液喷洒，如果是经常用来运猪的车辆，应该在去种猪场前冲洗干净并消毒备用。装车前，需要把一切手续办好，包括货款、检疫证明、车辆消毒证明、免疫卡、系谱、免疫程序、饲料配方、饲养手册等一切带齐，以备查验。如果路途较远，应该在装猪前，将途中猪只饮水系统配好，必要时安装上自动饮水器及大水桶，猪一两天不吃可以，如果不饮水的话，对猪只很不利。同时准备一些矿物质及多维素，加入到饮水中，以防因长途运输给猪带来的负面影响。运输途中车最好走高速路，同时远离同样拉着牲畜的车辆，不要急刹车，起步要稳，过 3~4 小时下来看一看猪群情况，把每一头猪用棍赶起来。必要时在加油站给水，热天要冲水降温，冬天要透气。

（2）猪场内的准备工作。引种前准备好隔离饲养舍，种猪引进后先在隔离舍饲养一段时间，在引种前对隔离舍进行清扫、洗刷、消毒，然后晾干备用。引进的种猪要有活动场所，最好是土地面，因为猪天生喜欢拱地，有利于猪的运动，保证肢蹄的健壮。进猪前饮水器及主管道的存水应放干净，并且保证圈舍冬暖夏凉，夏天做好防暑降温工作，冬天要提前给猪舍升温，使舍内温度达到要求，猪舍内湿度控制在65%~75%。准备一些口服补液盐、电解多维、药物及饲料，药物以抗生素为主，预防由于环境及运输应激引起的呼吸系统及消化系统疾病。最好从引种猪场购买一些全价料或预混料，保证有一周的过渡期，有条件的可准备一些青绿多汁饲料，如胡萝卜、南瓜、白菜等。

6. 引种后的注意事项　种猪引进后，要单独饲养，不要与自己本场的猪放在一起，一般隔离30天左右。如果本场猪只健康状况不是很好，在隔离期间要对新引进的种猪打疫苗，或者将本场猪只的粪便放入新猪栏舍内一些，让其自然感染，以免进入生产群后给生产带来损失。隔离观察期间，要注意猪群的变化，如无异常再与原来猪只混群，转入后备猪舍。

二、种猪的选育

我国是一个养猪大国，却不是一个养猪强国，现代化遗传育种工作比较落后，核心种猪来源长期依赖进口，且长期处于“引种→维持→退化→再引种”的不良循环，在引种过程中不仅耗费大量的人力、财力，还会导致一些疾病的引入（如圆环病毒病、蓝耳病等），给我国养猪业带来严重的经济损失。因此，为了提高经济效益，猪场除了引进优良的纯种种猪进行品种改良以外，可以通过自己本场的种猪进行合理的选育达到猪种改良的效果。

猪育种就是从遗传上来改良种猪和商品猪，形成新的品种（系），主要包括纯种（系）的选育提高，新品种（系）的育成，杂种优势的利用等，从而提高养猪业的产量和质量。规模猪场应该重视育种工作，建立自己的核心猪群，进行科学选育，这样可以减少巨额的引种费用，同时还减少引入疾病的风险，降低生产成本。在猪场育种工作中要注意以下几个方面。

（一）建立核心群

首先要选择好用什么样的杂交组合来发展瘦肉型猪生产，这样才能确定组建哪个品种的核心群。现代瘦肉型猪中“杜长大”是最佳的杂交组合。资金雄厚的猪场可以同时建立杜洛克、长白和大约克三个品种的核心群，资金实力一般的猪场至少也要建立大约克种猪核心群。核心群必须符合以下条件：质量好，遗传基础广泛，规模适中。

（二）育种目标

育种目标应以最低的成本生产最多的产品，取得养猪生产最大的经济效益为准则，以在将来的生产条件及市场下获得最大的利润为目标。因此制定育种目标恰恰是利用核心群种猪有经济意义的生产性状，如父系的日增重、饲料转化率、瘦肉率和肉质性状，而不考虑繁殖性状；而母系不但包括上述生产性状，还要考虑繁殖性状，但不含肉质性状。育种的最终目标是定在生产群而不是核心群，因为大多数肥育猪是杂种猪，既存在基因型与环境因素的互作，又存在纯种与杂种性能的遗传相关。

（三）核心群的选育路线

由于核心群的选配是随机性的，故近交系数上升是不可避免的，单纯的闭锁选育，会造成近交退化，降低产仔数，这是育种工作中最头疼的。但闭锁能使基因纯合，利于选择优良基因，实际上由于核心群群体小，通常闭锁几代后，近交系数上升，遗传进展缓慢，这就需要导入外血，开放群体，然后再闭锁群体，形成闭锁与开放相结合的纯种选育方法。但在选育过程中发现性能较差的种猪要及早调整出核心群，否则会影响选育效果。

（四）确定选择性状

选择的性状必须遵循以下原则：首先，必须是活体易度量的；其次，必须有较高的遗传力，因为遗传力高的性状其表型值差异较接近育种值差异，表型的优劣几乎反映了遗传的优劣，因此对其选择的准确提高，效果好；最后，必须与改良性状有较高的遗传相关，因为这样对选择性状进行选择才能间接有效地使改良性状得到改良。猪主要经济性状的选择主要有以下几个方面。

1. 生长性状及胴体性状

（1）日增重。日增重是指单位时间内猪的平均日增重。

日增重=（末体重-初始体重）/天数

上式单位为千克/天或克/天。

（2）饲料利用率。饲料利用率是指单位增重所消耗的饲料量。

饲料利用率=饲料消耗量/猪增加的体重

饲料利用率的遗传力属于中等遗传力，靠表型选择或家系内选择，都有明显的遗传。

2. 胴体性状

（1）瘦肉率。用瘦肉率或瘦肉量表示。虽然瘦肉率是一个高遗传力性状，但因其在活体无法直接度量，因此一般是通过选择那些在活体易于度量而又与瘦肉率有较高遗传相关的性状（如活体背膘）来进行间接选择，或者是根据同胞等亲属的成绩来进行选择。

（2）脂肪。猪的脂肪包括皮下脂肪、腹内脂肪、肌间脂肪和肌内脂肪，不同部位的脂肪其脂肪酸的类型有所不同。对脂肪的选择目标是降低皮下脂肪和腹内脂肪，保持适量的肌间和肌内脂肪以保持良好的肉质。

（3）背膘厚度。背膘厚度的遗传力属于高遗传力。通过表型选择就能获得较大的遗传。向背膘厚或薄的方向选择种猪，每代可以获得 1 毫米的遗传进展。

背膘厚度与品种类型有关，与瘦肉率、饲料利用率呈负相关。实际测量时，常用肩部最厚处、胸腰椎结合处和腰椎结合处三点的皮下脂肪厚度的平均值来表示，但应注明其为平均膘厚。

（4）肉质与风味。猪的肉质包括 pH 值、肉色、系水力、嫩度、大理石纹、肌内脂肪含量等多项指标，遗传力一般为低到中等水平。肉的风味也是消费者一直关心的问题，尽管国内外有不少报道认为风味与某些化学物质有关，但关于风味的物质基础仍然没有明确的定论。对肉质的评定可分为客观评定和主观评定两类，前者如肉的理化特性和生物学指标，后者如对肉的风味进行品尝或评分。肉质性状改进的难点是目前还没有把评定的结果作为选种的依据。

3. 繁殖性状　繁殖性状是指与繁殖相关的性状。这些性状都是低遗传力的性状，主要受环境因素的影响，通过表型选择得到的遗传不会很大，需要进行家系内选择才能有明显的选择效果。

（1）产仔数。猪的产仔数包括总产仔数和产活仔数两个性状，是一个受排卵数、受胎率和胚胎成活率等多种因素影响的复合性状。由于产仔数的遗传力低，容易受母体效应及其他环境因素的影响，因而选择提高的效果差。

（2）仔猪的初生重。仔猪的初生重包括个体重和出生窝重，前者是指仔猪出生后 12 小时内未吃初乳前的重量，后者指各个个体重的总和。品种、类型、杂交、营养状况、妊娠母猪的饲养管理水平、产仔数等诸因素都能够影响到仔猪的初生重。从选种意义上讲，仔猪的出生窝重的价值高于仔猪的初生重价值。

（3）泌乳力。泌乳力是反映母猪泌乳能力的一个指标，是母猪母性的体现。现在常用 20 日龄仔猪的窝重表示母猪的泌乳力。品种、类型、杂交、营养状况、饲养管理水平、产仔数等诸因素都能够影响母猪的泌乳力。

（4）母性。母猪的母性对于哺乳仔猪的成活是相当重要的，一般用哺育仔猪的育成率来表示，主要决定于母猪的泌乳力和母猪护仔性。在对母猪的繁殖性能进行选择时，母性也是一个需要考虑的性状。

4. 外貌性状

（1）体长。体长对猪的胴体长度和产肉量都有一定的影响，产肉力高的猪往往具有较大的体长，猪体长的遗传力较高，因此参考体长进行选种，会取得较好的效果。

（2）肢蹄。肢蹄结实度是体质的一部分，是指猪四个肢蹄的生长发育与整个机体相协调的程度。肢蹄缺陷或肢蹄病会给养猪业造成很大的经济损失，肢蹄病不仅会影响繁殖公、母猪的繁殖性能，也会影响商品猪的生长速度和产品等级。

（3）腿臀。由于腿和臀是肢体中产瘦肉最多的部位，因此腿臀比例在评定胴体时具有重要的意义。对腿臀比例进行适当的选择，对提高猪的产肉力具有积极的意义。

（4）毛色、头形、耳形。猪的毛色、头形和耳形是品种特征的重要标志，均具有很强的遗传性，尽管其与经济性状的关系不大，但一直都受到人们的关注。

5. 性能测定

（1）不同亲属记录。性能测定的记录可以来源于后裔、同胞和本身。依据后裔记录进行选种是最准确的，因为选种就是为了获得更优秀的后代，但由于后裔测定会使世代间隔延长，而且测定的能力有限，因而也就影响性状的年遗传改进量。猪的许多肉用性状都是中、高遗传力性状，依据同胞或本身的成绩选择就能获得理想的效果。

（2）多种亲属记录的结合。与利用单个亲属信息相比，同时利用多种亲属的记录会提高育种值估计的准确性。BLUP 育种值估计方法正是由于它可以充分利用各种亲属的信息，能消除由于环境和选配等造成的偏差，能考虑不同群体不同世代的遗传差异，因而可以提高选种的准确性。

三、杂交优势的利用

（一）杂交概念及生物学效应

杂交一般是指不同品系、品种个体间的交配。所谓杂交育种，就是运用两个或两个以上的品种相杂交，创造出新的变异类型，然后通过育种手段将它们固定下来，以培育出新品种或改进品种的个别缺点。其原理是不同品种具有不同的遗传基础，通过杂交时的基因重组，能将各亲本的优良基因集中在一起；同时还由于基因互作，有可能产生超越亲本品种性状的优良个体，然后通过选种、选配等手段，使有益的基因得到相对纯合，从而使它们具有相当稳定的遗传能力。目前，杂交育种是改良现有品种和创造新品种的一条途径。

杂交在养猪生产中有着十分重要的作用，即杂交育种和杂种优势的利用，后者习惯上称为经济杂交。生产实践证明，猪经杂交利用后，其后代的生长速度、饲料效率和胴体品质可分别提高5%~10%、13%和2%；杂种母猪的产仔数、哺育率和断奶窝重分别提高8%~10%、25%~40%和45%。因此，杂交利用已成为发展现代养猪生产的重要途径。

（二）杂种优势及其度量

杂种一代（F1）与纯和亲代均值间的差数称为杂种优势值。生产中可以用杂种优势率来表示，即杂种优势值和纯和亲代均值的比值。

经过性能测定得到的个体记录可能受到三种效应的作用。例如：母猪的窝产仔数受到三个效应的影响：①父本效应：公猪配种能力以及精液的受精力；②母本效应：母猪的排卵数及子宫内环境；③子代效应：仔猪的抵抗力和生活力。父本效应直接作用到受精，母本效应对于评价繁殖力的各个指标都具有重要的意义，个体效应对于生长发育个体的一些性状的作用更为重要，如胴体性状。

对于杂种优势效应，根据不同动物的基因型可以进行相应类型的划分：

1. 父本杂种优势　父本杂种优势取决于公猪系的基因型，是指杂种代替纯种作父本时公猪性能所表现出的优势，表现出杂种公猪比纯种公猪性成熟早、睾丸较重、射精量较大、精液品质较好、受胎率高、年轻公猪的性欲强等特点。

2. 母本杂种优势　母本杂种优势取决于母猪系的基因型，是指杂种代替纯种作母本时母猪所表现出的优势，表现出杂种母猪产仔多、泌乳力强、体质健壮、易饲养、性成熟早、使用寿命长等特点。

3. 个体杂种优势　个体杂种优势也称子代杂种优势或直接杂种优势，取决于商品肉猪的基因型，指杂种仔猪本身所表现出的优势，主要表现在杂种仔猪的生活力提高、死亡率低、断奶窝重大、断奶后生长速度快等方面。

（三）杂种优势显现的一般规律

（1）遗传力低的性状表现出强的杂种优势，如健壮性（抗应激能力、四肢强健程度等）和繁殖性能。

（2）遗传力中等的性状表现出中等杂种优势，如生长速度快和饲料利用率高等。

（3）遗传力高的性状表现出弱的或不表现杂种优势，如胴体性状、背膘厚、胴体长、眼肌面积、肉的品质等改变不大。

需要说明的是，胴体瘦肉率没有杂种优势，杂种猪低于或等于双亲均值，但比母本（地方品种或培育的肉脂型品种）高，这对于我国目前开展猪经济杂交，提高瘦肉率有重要意义。

（四）杂交亲本的选择

所谓杂交亲本，即指猪进行杂交时选用的父本和母本（公猪和母猪）。

1. 杂交父本的选择　实践证明，要想使猪的经济杂交取得显著的饲养效果，一个重要的条件父本必须是高产瘦肉型良种公猪。如近几年我国从国外引进的长白猪、大约克夏猪、杜洛克猪、汉普夏猪、迪卡配套系猪等高产瘦肉型种公猪等是目前最受欢迎的父本。它们的共同特点是生长快、饲料利用率高，胴体品质好，同时性成熟早、精液品质好，适应当地环境条件等。凡是通过杂交选留的公猪，其遗传性能很不稳定，要坚决淘汰，绝对不能留作种用。三元杂交或多元杂交时，选择最后一个杂交父本（终端父本）尤其重要。

2. 杂交母本的选择　作为杂交母本，一般应该具备下列条件：数量多，分布广，适应性强；繁殖力强，母性好，泌乳力高；体格不宜过大，以减少能量维持需要。我国绝大多数地方品种和培育品种猪都具有作为杂交母本品种的条件，如太湖猪、内江猪、北京黑猪、里岔黑猪或者其他杂交母猪。由于地方母猪适应性强、母性好、产仔率高、泌乳力强、耐粗饲、抗病力强等，所以，利用良种公猪和地方母猪杂交后产生的后代，一是生长快，饲料报酬高；二是繁殖力强，产仔多而均匀，初生仔体重大，成活率高；三是生命力强，耐粗饲，抗病力强，胴体品质好。由此可知，亲本间的遗传差异是产生杂种优势的根本原因。不同经济类型（兼用型与瘦肉型）的猪杂交比同一经济类型的猪杂交效果好。因此，在选择和确定杂交组合时，应重视对亲本的选择。

（五）选择合理的杂交方式

根据实际饲养条件及模式，因地制宜，有计划地合理选择杂交方式，是养猪场（户）搞好猪经济杂交的前提。

1. 二元经济杂交　二元经济杂交又称简单经济杂交，是指两个纯种猪间的杂交。二元经济杂交的优点：简单易行，应用广泛；缺点：母系杂种优势得不到利用。简单经济杂交所产的杂种一代，一般全部用来育肥，这是目前养猪生产推广的“母猪本地化、公猪良种化、肥猪杂交一代化”，是应用最广泛、最简单的一种杂交方式。

2. 二元级进杂交 二元级进杂交模式，优点：可提高瘦肉率，在母猪瘦肉率太低时采用，还可以提高窝产仔数；缺点：杂种的生活力、健康水平有所下降，日增重和饲料利用率也较二元经济杂交的杂种商品猪差。

3. 三元杂交 是用甲品种母猪与乙品种公猪杂交的一代杂种猪群选育的母猪，再和丙品种公猪进行交配所产生的后代，全部育肥。这种杂交方式由于母本是二元杂种，能充分利用母本杂种优势。另外，三元杂交比二元杂交能更好地利用遗传互补性。因此，三元杂交在商品肉猪生产中已被逐步采用。

4. 轮回杂交 是用两个或两个以上不同品种猪进行杂交，以保持后代杂种优势。母本也可以从三元杂交猪群中直接选择，再和另一良种公猪进行杂交。采用轮回杂交方式，不仅能够保持杂种母猪的杂种优势，提供生产性能更高的杂种猪用来育肥，可以不从外地引进纯种母猪，以减少疫病传染的风险，而且由于猪场只养杂种母猪和少数不同品种良种公猪来轮回相配，在管理上和经济上都比二元杂交、三元杂交具有更多的优越性。这种杂交方式，不论是养猪场还是养猪户都可采用，不用保留纯种母猪繁殖群，只要有计划地引用几个肥育性能好和胴体品质好，特别是瘦肉率高的良种公猪作父本，实行固定轮回杂交，其杂交效果和经济效益都十分显著。

5. 顶交 顶交指近交程度很高的公猪与没有亲缘关系的非近交母猪交配，可充分发挥特定近交系公猪的长处，又因母猪为非近交个体而避免了近交衰退。缺点是母猪间变异大，所以杂交后代不一致。

（六）杂交利用措施

1. 杂交亲本的选优和提纯　杂种优势的显现受到许多因素的限制，开展杂种优势利用是一项复杂而又细致的工作。首先应从亲本的选优和提纯入手，这是杂种优势利用的主要环节。选优就是通过选择，使亲本群原有的优良、高产基因的频率尽可能增大。提纯就是通过选择和近交，使亲本群在主要性状上纯合子的基因型频率尽可能增加，个体间的差异尽可能减小。提纯的重要性不亚于选优。亲本纯度越高，才能使亲本基因频率之差加大，配合力测定的误差也就越低，可得到更好的杂种优势效益，杂种群体才能整齐，接近规范。

重视亲本群选育，一定要在纯繁阶段把可以选择提高的性状尽量提高；否则，盲目进行杂交，不可能得到好的效果。

2. 配合力测定和最优杂交组合的筛选　配合力就是种群间的杂交效果。配合力测定的目的是通过杂交试验，测定种群间的杂交效果，找出最优的杂交组合，以求最大限度提高肉猪的生产性能。

配合力分为一般配合力和特殊配合力，一般配合力是指一个种群与其他各种群杂交所能获得的平均效果。例如，内江猪与地方品种猪杂交都获得较好的效果，这就是内江猪的一般配合力好。特殊配合力则是两个特定种群之间的杂交所能获得的超过一般配合力的杂种优势。在杂种优势利用中，追求的是特殊配合力，它通过杂交组合的选择而获得。例如，用上海白猪与杜洛克、苏白猪、长白猪等品种进行配合力测定，其中，杜洛克和上海白猪的组合超过其他三个组合，表明上海白猪与杜洛克猪之间特殊配合力好，是一个值得推广应用的杂交组合。

3. 建立健全杂交繁育体系　所谓繁育体系，就是为了协调整个地区猪的经济杂交工作而建立的一整套合理的组织机构和各种类型的猪场。

（1）原种场。主要是杂交所用的父本和母本品种进行选育和提高，为繁殖场或商品场提供优良的杂交父本、母本；对母本的选育重点应放在繁殖性能上，对父本的选育重点应放在生长速度、饲料利用率和胴体品质上。

（2）繁殖场。主要任务是扩大繁殖杂交用的父本、母本种猪，提供给商品场，尤其是母本品种。母本种猪包括纯种和杂种母猪。选育重点还应放在繁殖性能上。

（3）商品场。从繁殖场得到的母本，从原种场或繁殖场得到的父本进行经济杂交，生产商品肥育猪。工作重点应立足于商场肥育猪的科学饲养管理方面。

4. 改善杂种的培育条件 通过配合力测定所确定的最优秀的杂交组合，奠定了杂交优势产生的遗传基础，这是获得高杂种优势率和高生产率的前提。但是，猪生产性能的表现是遗传基础和环境共同作用的结果，遗传潜力的发挥必须有相应的环境条件作保证。所以，对杂种饲养管理条件的好坏，直接影响杂种优势表现的程度。与以前农村散养户的养猪模式相比，当前规模猪场的饲养管理模式和生产条件有了很大的改善，但与先进国家相比还有很大的差距，为了更大地发挥我国杂交猪的生产潜能，提高猪场经济效益，必须采取科学的、先进的生产和管理模式。

第三节　种公猪的生产管理

一、种公猪的选择

种公猪生产成绩的好坏直接关系到猪场生产成绩的好坏，首先要选好种公猪，因“公猪好，好一坡；母猪好，好一窝”，公猪对其后代的各种性能影响很大，所以应特别重视种公猪的选留、培育、利用和饲养管理工作。公猪必须拥有提高后代生产性能的遗传潜力以及作为优良种畜必备的健康的身体。现阶段一般主要推广的良种猪有杜洛克、汉夏普、大约克、长白猪和皮兰特等瘦肉型品种。一般用作父本品种的，应以其生长速度、胴体性状表现为主。公猪到3~4个月龄后，根据系谱考察其父母代和祖代的优良性状，从体格大、健壮结实，具有该品种特定体形外貌的父母亲后代中选留。

（一）生产性能

生长率和胴体质量这些生产特征具有很高的遗传性，大多数种猪的优秀性能将在后代中表现出来。购买种公猪时，最好要求查看一下所出售种猪的生产性能的检测结果，另外，生产性能的不同可能由于非遗传性因素，如环境因素以及那些不能通过种公猪传给后代的因素造成。祖系的交叉群评估也是可行的。

（二）公猪本身要具有本品种特征，雄性特征明显

一般要求种公猪头大额宽、眼大有神、腮肉少、皮薄毛稀有光泽、身体健康，骨骼坚实、骨架较大；前躯开阔、体质紧凑、后躯丰满、四肢粗壮有力、蹄质坚实，睾丸较大、发育正常、两侧睾丸饱满、大小一致、排列对称，淘汰具有单睾、隐睾、阴囊疝、包皮积尿等缺陷公猪。

（三）肢体及繁殖方面的性状

要选择性情温顺和、有良好的繁殖性能的公猪，参考其父代或同胞的表现和记录，如要性欲旺盛、精子质量高等。乳房部分，要求乳头间隔均匀、乳头数目至少6对，并且没有瞎乳头、副乳头、闭塞乳头及乳头凹陷等缺陷。脚部和腿部要健全，确保公猪的脚趾和角质不能太长、太弱或畸形。在它们走路的时候，必须能自由走动，没有任何的僵直或者跛行的特征出现。公猪的脚和腿在配种期间易于扭伤，对它的形状和尺寸以及是否有其他缺陷等都要进行检测，且要求正常，早期的任何弱的性状表现都可能在后期出现严重的问题。不要选用具有一些遗传缺陷如隐睾

和配种能力弱的公猪，如公猪软鞭或阴茎短小等缺陷。

（四）体形结构性状

公猪包括体长、体深、体高及乳房部分，均有很高的遗传力，但是却表现出很低的杂交优势。这些性状经济重要性变异很大，在选择时要依照公猪本身的记录选拔。体形要求修长、胸宽且深、结构健全、骨骼强壮有力，这些性状遗传力较高，经济价值方面有较高的重要性，但其杂交优势不明显，在选择公猪时，以公猪本身的记录为基础，同时注意其同胞的记录及其他相关的记录。

（五）公猪的身体结构或胴体品质的评估

公猪的身体结构或胴体品质可以用背膘厚、眼肌面积及瘦肉率来确定。在这些测定之中，背膘厚是评定猪肥瘦程度最重要的指标。胴体性状具有相当高的遗传力，但是在杂交育种上却表现出很低的杂交优势。因此，在选择公猪的这些性状时，只需考察公猪本身记录即可。

二、种公猪的管理

（一）种公猪的营养供给

1. 营养水平　满足种公猪各种营养物质和正常生理需求，是养好种公猪的物质基础。营养水平过高、过低可使种公猪变得肥胖和消瘦而影响配种。饲养种公猪的日粮不仅要注意蛋白质的数量，更要注意蛋白质的质量。如日粮中缺乏蛋白质，氨基酸不平衡，对精液品质有不良影响；如长期饲喂含蛋白质过多的日粮，同样会使精子活力降低、密度小、畸形精子多。种公猪日粮中钙、磷不足或比例失调，会使精液品质显著降低，出现死精、发育不全或活力不强的精子。维生素 A、维生素 D、维生素 E 对精液品质也有很大影响，缺乏时，种公猪的性反射降低，精液品质下降。如长期严重缺乏，会使睾丸发生肿胀或干枯萎缩丧失繁殖能力。

2. 饲养方式

（1）“一贯加强”的饲养方式。在常年均衡产仔的猪场，种公猪长年担负配种任务。因此，全年都要均衡地保持种公猪配种所需的高营养水平。

（2）“季节加强”的饲养方式。实行季节性产仔的猪场，在配种季节开始前1个月，对种公猪逐渐增加营养，在配种季节保持较高的营养水平。配种季节过后，逐步降低营养水平，但需供给种公猪维持种用体况的营养需要。

（3）饲喂技术。种公猪日粮应以精料为主，体积不易过大，以免把种公猪喂成草腹影响配种。饲喂种公猪应定时定量，每日2.5千克，日喂2次，自由饮水，并根据品种、体重、配种（采精）次数增减料量。

（二）种公猪的饲养管理

1. 单栏饲养 种公猪一般实行单栏饲养。单栏饲养种公猪安静，减少外界的干扰，食欲正常，杜绝了爬跨其他公猪和养成自淫的恶习。

2. 适当运动 合理运动可促进食欲、帮助消化、增强体质、提高生殖机能。种公猪每天运动不少于1 000米，一般在早晚进行为宜，冬天在中午进行，运动不足会严重影响配种能力（图4-16）。

3. 刷拭、修蹄 经常刷拭猪体可保持皮肤清洁，促进血液循环，减少皮肤病和寄生虫病，并且还可使种公猪温驯听从管教。要经常修整种公猪的蹄子，以免在交配时擦伤母猪。

4. 防寒防暑 冬季要防寒保温，可减少饲料的消耗和疾病的发生；夏季要防暑降温，高温影响尤为严重，轻者食欲下降，性欲降低，重者精液品质下降，甚至会中暑死亡。防暑的措施有很多，如通风、洒水、洗澡、遮阴等方法，可因地制宜进行。

5. 精液检查　实行人工授精的种公猪每次采精都要检查精液品质，对于本交的种公猪每月也要检查 1~2 次精液品质。根据精液品质的好坏，调整营养、运动和配种次数，这是保证种公猪健壮和提高受胎率的重要措施之一。

三、种公猪的合理使用

种公猪配种能力及精液品质优劣和使用年限的长短，不仅与饲养管理有关，而且取决于初配年龄和利用强度。利用强度要根据年龄和体质强弱合理安排，如果利用过度就会出现体质虚弱，降低配种能力和缩短利用年限。相反，如果利用过少，会导致肥胖而影响配种。

适宜利用强度：本交时，青年种公猪每 2 天配种 1 次，成年公猪每天配种 1 次，连配 2 天，休息 1 天。人工授精时，青年种公猪每周采精 1~2 次，成年种公猪每周采精 2~3 次。

第四节　后备母猪的生产管理

一、后备母猪的选留

（一）本场选留

本场选留的后备母猪，可分三个阶段进行：

第一阶段，主要依据断奶窝重来确定，断奶窝重是一个综合性指标，它与仔猪的初生重、生长速度、抗病能力，与母猪的泌乳力、护仔性，与公猪的生产性能（日增重、料重比、胴体品质）有直接关系。将断奶窝重逐一排队，选断奶窝重大的为第一次选留对象，以后再从断奶窝重的里边，根据仔猪本身发育良好、乳头 6 对以上、排列整齐的作为第二次选留。在同一窝中，如发现有个别的仔猪有疝气（赫尔尼亚）、隐睾、销肛等遗传缺陷的，即使断奶窝重大，也不能从中选留。

第二阶段，主要根据后备母猪的生长发育和初情期来选留，4~5月龄的后备母猪表现为身体发育匀称、四肢健壮、中上等膘、毛色光泽。凡表现窄胸、扁肋、凹背、尖尻、不正姿势（X状后肢）、腿拐、卧系乳头凹陷、阴户小或上撅、毛长而粗糙等，不应选留。初情期是指后备母猪达第一个发情期的月龄。同一品种（含一代母猪），初情期越早，母性越好。进入初情期，表明母猪的生殖器官发育良好，具备做母猪的条件。初情期较晚（7月龄以上）的不应选留。

第三阶段，主要根据母猪第一次产仔后的表现，如产仔头数、泌乳情况和护仔等性能选留，淘汰那些产仔头数少、泌乳差、护仔性能不好的。母猪压死仔猪的行为具有高度遗传特性，比如母猪在分娩泌乳期间有压死仔猪情况发生，那么从同窝仔猪中选留的小母猪，长大后也会发生相同情况，而且遗传的比例高达20%以上。

（二）外购母猪的选留

1. 外购母猪的选留　可分为三个阶段：

第一阶段：购回后2~3周，隔离饲养，适应环境，可适当使用抗生素以增强机体抵抗力，缓解应激。

第二阶段：4~5周，进入种猪舍，适应本场的微生物群体，如果可能，尽量不使用抗生素。

第三阶段：6~7周，进入繁殖生产期，此阶段可进行一些配种前必要的免疫及保健措施。

2. 外购后备母猪应注意的事项

（1）要到经过国家鉴定验收，并持有种猪生产和销售许可证的原种猪场或祖代猪场去购买。

（2）购买前先了解该场是否是疫病暴发区，是否有某些特定疫病。

（3）在运猪过程中做好运猪车的消毒，夏天炎热季节的防暑降温和冬季严寒季节的保温工作。

（4）外购的猪到场后，放到经严格消毒过的猪舍隔离观察30天以上，并按计划做好疫病免疫。

（5）索取种猪系谱卡，并查对添写的项目是否完整及有误。系谱卡一般包括：耳号、出生时间、初生重、同窝仔数头数、左右乳头数、断奶天数、断奶窝重、血统关系表、出场日期以及疫病免疫项目等。

二、后备母猪的饲养管理

（一）营养需求与调控

实现后备母猪高产，延长母猪使用年限，在相当程度上与营养调节有密切关系。要实现后备母猪使用年限的延长和多胎高产，要分阶段采取营养调控措施。

1. 30~85千克阶段　后备母猪体重30千克时，每千克配合饲料应含消化能13兆焦，含粗蛋白质16%、赖氨酸0.8%、钙0.75%、磷0.65%，自由采食，不控制喂量，促进后备母猪尽快生长。从体重45千克开始，日粮中的钙、磷水平再增高0.1个百分点。后备母猪5月龄、体重85千克左右时开始限饲，同样喂上述日粮，每日采食量根据体况控制在2.3~2.8千克。

2. 110千克至分娩阶段　后备母猪8月龄、体重110千克时初配比较适宜。第一个发情期不要配种，此时母猪卵巢功能尚不完善。配种前两周开始补饲催情，饲喂量增加40%~50%，达到日喂3.8~4千克配合饲料。补饲催情可增加排卵量，每窝产仔数可增加2头。配种结束后，立即把饲喂量降到补饲催情前的水平，每天约2.2千克，日粮每千克含消化能12.1兆焦，含粗蛋白质13%、赖氨酸0.6%、钙0.75%、磷0.65%。从怀孕84天开始，日粮营养水平可提高到每千克含消化能12.5~13兆焦，含粗蛋白质 14%、赖氨酸 0.75%、钙 0.8%、磷 0.65%，日饲喂量 3.25~3.5 千克。分娩前 2~3 天，日饲喂量降到 1.8 千克左右，以免引起难产。

3. 产后及哺乳阶段　母猪产仔后 5~7 天，饲喂量要逐渐增加到最大。一是以日粮 1.5 千克为基础，每哺育一头仔猪增加 0.5 千克饲料，如哺育 10 头仔猪则日喂量为 6.5 千克。如果母猪采食量偏低，可以考虑在饲料中添加 2%~4% 的油脂，并相应提高日粮的蛋白质含量，以保证母猪泌乳充足。这一时期每千克日粮应含消化能 13~13.8 兆焦，含粗蛋白质 14%~16%、赖氨酸 0.7%~0.75%、钙 0.84%、磷 0.7%。

（二）饲养方式

后备母猪体重增长过快过慢都会影响到将来的繁殖能力和使用年限，可采用以下方式：

1. 生长期　5 月龄以前，即挑选期至 70 千克。为保证小母猪的身体得到充分生长发育，应采用自由采食的饲养方式。这个时期可以按照商品猪的饲养模式进行饲养，饲喂各个阶段的饲料，如保育料、生长料、育肥料等。

2. 培育期　5~6 月龄限量饲养，即 70~90 千克，换用含矿物质、维生素丰富的后备母猪料。保证小母猪具备良好的体况，料中要供给充足的氨基酸、钙、有效磷和维生素，适量添加含纤维素多的青绿饲料、麸皮等，但要限制能量的摄入，一般日给料 2~2.2 千克，日增重 500 克左右。

3. 诱情期　6~7 月龄，即 90 千克至第一次发情。这个时期应根据猪的体况进行饲喂，日饲喂量控制在 2.5 千克左右，生长速度过快过慢都会影响到后备母猪以后的繁殖性能，而且会影响母猪的第一次发情时间。这个时期注意体况与发情的调配，使后备母猪在第二次发情配种时的体重在 110~120 千克。注意母猪在 170 日龄以后要有计划地跟公猪接触，每天接触 0.5~1 小时，同时要加强运动，以诱导其发情。

4. 适配期 即配种前半月至配种120千克左右。7月龄以上视体况及发情表现调整饲喂量，配种前10~14天，应自由采食，进行短期优饲，日饲喂量在3.5千克以上，保持母猪中等以上膘情（P2点背膘厚17~20毫米），增加母猪排卵数。配种后饲喂量要降低至每头母猪每日2.0千克左右，以增加受胎率。后备母猪一般在第二或第三个情期配种比较合适。

（三）饲养密度

后备母猪应该进行分栏饲养，70千克以前可6~7头为一栏，70千克以后按体重大小分成3~4头一栏，直到配种前。大栏的饲养方式优于定位栏饲养，母猪间适当的追赶、爬跨能促进发情。但大栏饲养密度不宜过大，否则造成拥挤且打斗频繁，造成母猪受伤，不利于发情。

（四）温度和通风

温度对生产力有很大影响，温度需求取决于猪体重、采食量、猪群密度、地板类型和空气流速。后备母猪饲喂在水泥地面时的最低临界温度是14℃，最适温度为19~21℃。后备母猪在集约化条件下所需通风为最低16米^3/时，最高为100米^3/时。

（五）背膘

现在育种目标之一提高瘦肉率，从而导致体脂贮存水平降低，使繁殖性能下降。而背膘厚度是自繁体系中选育后备母猪的重要考量指标，后备母猪在培育时需要有一定的背膘厚度。体重100千克时的背膘厚度与其使用年限高度相关，P2点背膘厚度最少在18毫米以上。有人研究当背膘厚度在20毫米以上时，46%的母猪可利用到第四胎，而背膘厚在14毫米以下时，只有28%的母猪能利用到第四胎。

（六）疫苗保健措施

后备母猪在配种前要做好疫苗接种及驱虫保健工作，一般来说最少有5种疫苗需要接种，即猪瘟、伪狂犬、细小病毒、乙脑、喘气病等；建议接种2次，每次间隔5~7天，接种完最后一种疫苗15天后配种，因此理论上后备母猪应该在120~145日龄期间开始进行接种，才能高效优质地接种完疫苗。疫苗接种程序可以按照第十章推荐的参考程序执行，也可以根据自己本场的具体情况适当调整。注意在130日龄左右进行驱虫，可以选择伊维菌素拌料，连续饲喂7天，同时对粪便做发酵处理，有体外寄生虫的可以选择虱螨净等药物喷洒猪体和猪舍。

后备母猪的饲养要密切注意体况与日龄的关系，一方面，后备母猪各阶段如果保持高营养水平，会使因运动问题而被淘汰的概率增加；另一方面，后备母猪开始其繁殖生涯时如果脂肪储备不足，则繁殖性能降低。这两种情况都会缩短母猪使用年限。综合看来，应该给后备母猪提供充足的营养以满足其快速生长的需要，从而促使其进入初情期，进入初情期后，则应限制采食，以防止配种前过肥。

第五节　空怀母猪的生产管理

一、空怀母猪的饲养管理

哺乳母猪断奶赶离产房后，可以直接先赶至运动场，让母猪在运动场自由运动1~2天，不喂或少喂饲料，运动1~2天再赶至空怀母猪舍，这样可以促进母猪的再次发情。

空怀母猪的饲养方式应根据饲养规模而定，既可以进行单圈饲养，也可以小群饲养。每头母猪最小需要2平方米。小群饲养是将同期空怀母猪，每4~5头饲养在9平方米以上的栏圈内，使母猪能自由运动。实践证明小群饲养空怀母猪可促进发情排卵，特别是同群中有母猪出现发情以后，由于母猪间的相互爬跨和外激素的刺激，可诱导其他空怀母猪发情。群养还可便于观察和发现母猪发情。空怀母猪同样需要干燥、清洁、温湿度适宜、空气新鲜、阳光充足的环境。良好的管理条件有利于体力的恢复，可促进发情排卵。

经产母猪断奶后的再发情，因季节、天气、哺乳时间、哺乳仔猪头数、断奶时母猪的膘情、生殖器官恢复状态等不同，发情早晚也不同。特别是对母猪哺乳期间的饲养管理对断奶后的发情有着重要影响。观察母猪的发情是空怀母猪管理的重要方面，要时刻注意观察母猪的发情症状并及时配种。对超过 10 天不发情的母猪要采取一定的措施促进其发情，超过两个发情期仍不发情的空怀母猪要及时淘汰处理。

二、空怀母猪的发情与配种

（一）母猪的发情症状

母猪发情症状主要有神经症状、外阴变化、接受爬跨和压背呆立反射等。

1. 神经症状　母猪对外周环境敏感，东张西望，一有动静马上抬头，竖耳静听。母猪发情后常在圈内来回走动，或常站在圈门口。常常发出哼哼声，食欲减退，急躁不安，耳朵直立，咬圈栏杆，咬邻栏母猪，愿意接近公猪或爬跨其他母猪。

2. 外阴部变化　发情初期阴门潮红肿胀并逐渐增大，黏液稀薄、液体清亮。阴道黏膜颜色由浅红变深红再变浅红。

3. 接受公猪爬跨　母猪发情中期，接受公猪爬跨。

4. 压背反射　配种员用手按压母猪背腰部，发情母猪经常两后腿叉开，呆立不动，尾巴上翘，安静温顺。经产母猪的这些表现将持续 2~3 天。

母猪繁殖配种的关键在于母猪的发情鉴定，而发情鉴定的关键在于母猪的压背静立反应。因此每天至少两次检查静立发情

（在早晨和下午喂料后半小时内），用试情公猪进行试情。饲养技术人员做发情鉴定时，身体紧贴母猪左腹部，右手抚摸母猪右腹部，提拉腹股沟，此时，如果没有发情，则表现为鸣叫、挣扎、逃跑；如果母猪发情，表现为呆滞、安静、温顺、不出声。当母猪发情可以配种时静立反应明显，骑背试验时母猪两耳耸立，站立不动，这时的母猪正在发情，要及时配种。

（二）排卵规律

排卵一般发生在静立发情后 28～48 小时，卵子释放后 8～10 小时内受精都是可能的，正常情况下，新鲜的公猪精子在母猪生殖道中存活并保持受精能力时间 24～30 小时，精子进入生殖道后，2～3 小时进入输卵管。

（三）配种时间

输精的有效时间是在静立发情后 24 小时左右，在 12～36 小时。在有公猪存在的情况下第一次观察到母猪静立发情，第一次配种时间在 16 小时之后进行，然后在第一次配种后的第 12～14 小时再进行第二次交配。

如果公猪不在场的情况下检查出静立发情，若母猪已超过了输精的最适阶段，在这种情况下，应当尽快实施第一次输精，然后 12～14 小时候进行第二次输精。

就年龄来说，老母猪发情时间短，适宜的配种时间应提前；年轻母猪发情期长，一般多在发情开始后第二天下午或第三天上午配种。俗话说“老配早，少配晚，不老不少配中间”就是这个意思。

第六节　妊娠母猪的生产管理

一、判断母猪妊娠的方法

（一）看发情

配种后到下一次发情期（平均 21 天），不再出现发情症状，可推断母猪已经妊娠。

（二）观察行为

配种后妊娠的母猪表现安静、疲倦、贪睡不想动，性情温驯，动作稳，食量逐渐增大，即说明已妊娠。

（三）观察猪体

配种后妊娠的母猪容易上膘，皮毛发亮，尾巴自然下垂，阴户收缩，腹围逐渐增大，即说明已妊娠。

通过以上的观察，基本确定母猪是否妊娠，对于极个别不能确定是否妊娠的母猪，可用超声波鉴定。

二、妊娠母猪的饲养管理

妊娠母猪在管理上的中心任务是做好保胎促进胎儿正常发育，防止机械性流产。妊娠初期应适当运动，让母猪吃好睡好。30 天后，每天可运动 1~2 小时，促进食欲和血液循环，但转弯不急，防跌倒。妊娠后期减少运动，自己运动。临产半月停止运动，饲养人员经常对初产母猪刷试和乳房按摩，达到人畜亲和、便于分娩护产管理。妊娠母猪有三种饲养方式，但各有优缺点。

（一）定位栏饲养

一头母猪一个限位栏，整个妊娠期间一直让母猪待在限位栏中。优点：能根据猪体况、阶段合理供给日粮，能有效地保证胎儿生长发育，又能尽可能地节省饲料，降低成本。缺点：由于缺乏运动，会出现死胎比例大，难产率高，使用年限缩短等。

（二）小群圈养

3~5头母猪一栏，猪栏标准2.5米×3.6米。小群饲养的优点为便于活动，死胎比例降低，难产率低，使用年限长。缺点是无法控制每头猪的采食量，从而出现肥瘦不均，为保证瘦弱猪有足够的采食量，为不影响正常妊娠，只好加大群体喂料量，造成饲料浪费，增加饲料成本，甚至由于拥挤、争食及返情母猪爬跨等造成后期母猪流产。

（三）前期小群饲养，后期定位栏饲养

在妊娠前期，大约一个月，采用小群饲养的方式，这样可以让母猪多运动，恢复母猪体力，增强母猪体质，保持旺盛的食欲。一个月后转入限位栏中饲养，这样可以节省栏舍，节约饲料，精确控制母猪饲喂量，使母猪保持合理体况。此种方法前期仍然难避免前中期采食不均的问题，有人研究妊娠小群饲养时采用隔天饲喂方式，将两天的饲料一次性添加给母猪，让其自由采食，直到吃完为止，这一方法经试验验证是可行的，生产效果与定位栏相近。

在妊娠母猪饲养期间，除了控制母猪体况和增加运动外，要减少和防止各种有害刺激对妊娠母猪的影响，如粗暴、鞭打、强烈追赶、跨沟、咬架以及挤撞等容易造成母猪的机械性流产。做好防暑降温及防寒保温的工作，在气候炎热的夏季，应做好防暑降温工作，减少驱赶运动。冬季则应加强防寒保温工作，防止母猪感冒发烧引起胚胎的死亡或流产。在整个妊娠期间，要保持栏舍的卫生，注意栏舍的消毒。在分娩前1周要转入产房，转舍前如果气温合适，要用水将母猪体表洗净，并用合适的消毒液对猪体进行消毒，然后按照预产期顺序赶入产房。

（四）避免环境高温

高温对母猪的影响在配后3周和产前3周的影响最大，配后

3周高温会增加影响胚胎在子宫的附植，而产前3周，由于仔猪生长过快，猪为对抗热应激会减少子宫的血液供应，造成仔猪血液供应不足，衰弱甚至死亡。其他时期，母猪对高温有一定的抵抗能力，但任何时期的长时间高温都不利于妊娠，孕期降温是炎热季节必不可少的管理措施。

（五）怀孕检查

怀孕检查是一项细致而重要的工作，每一个空怀猪的出现，不仅仅是饲料浪费的问题，同时还会打乱产仔计划及畜群周转计划。如果空怀猪后期返情，还会由于发情猪的爬跨、乱拱引起其他母猪流产。

第七节　哺乳母猪的生产管理

一、哺乳母猪的饲养管理

（一）营养需要

日粮粗蛋白质不宜低于15%，且最好包括少量的动物性饲料，如鱼粉等。哺乳母猪的饲料中，每千克应有0.9%~1%的钙、0.7%~0.8%的磷。含维生素饲料对促进母猪泌乳和仔猪发育是十分有利的。

（二）饲喂量

严格按饲养标准和需要量饲喂哺乳母猪，防止乳汁过浓而造成猪下痢。母猪产后不宜立即投料过多，经3~5天逐渐增加投料量，至产后1周，母猪采食和消化正常，可放开饲喂。产后10~20天的日喂量应在4.5~5千克，20~30天母猪泌乳盛期应在5.5~6千克，断奶后应根据膘情酌情减料。

（三）饲喂次数

哺乳母猪一般日喂4次为好，时间为每天的6时、10时、14

时和22时为宜，最后一餐不可再提前。这样母猪有饱感，夜间不站立拱草寻食，减少压死、踩死仔猪概率，有利于母猪泌乳和母、仔猪安静休息。

（四）保证充足饮水

应保证饮水器出水量及速度，供给充足的清洁饮水，防止母猪便秘。

（五）猪舍环境

猪舍内和猪床上要保持温暖、干燥、卫生、空气新鲜，除每天清扫猪栏、冲洗排污道外，还必须坚持每2~3天用对猪无副作用的消毒剂喷雾消毒猪栏和走道。尽量减少噪声、大声吆喝、粗暴对待母猪等各种应激因素，保持安静的环境条件。

（六）舍外运动

在有条件的地方，特别是传统养猪，可让母猪带领仔猪在就近运动场上活动，能提高母猪泌乳量，改善乳质，促进仔猪发育。

（七）疫病防治

根据免疫程序，做好疫苗的接种免疫。要及时检查母猪的乳房，对发生乳腺炎的母猪应及时采取措施治疗。

二、哺乳母猪分娩过程的管理

（一）分娩母猪的接产

接产是分娩母猪管理的重要环节，一般分娩多在夜间，安静的环境对临产母猪非常重要，对分娩时的母猪更为重要。因此在整个接产过程中，要求安静，禁止喧哗和大声说笑，动作迅速准确，以免刺激母猪，引起母猪不安，影响正常分娩。接产人员必须将指甲剪短、磨光，洗净双手。

母猪临产前，用0.1%高锰酸钾溶液清洗母猪体表，尤其是乳房、外阴及臀部，检查乳头是否被“乳塞”堵住，并清除之。同时将所有乳头头几滴奶挤掉。胎儿娩出后，用左手握住胎儿，右手将连于胎盘的脐带在距离仔猪腹部 3~4 厘米处把脐带用手掐断或用剪刀剪断（一般为防止仔猪流血过多，不用剪刀），在断处涂抹碘伏消毒。断脐出血多时，可用手指掐住断头，直到不出血为止，或用线结扎。用洁净的毛巾、拭布或软草迅速擦去仔猪鼻端和口腔内的黏液，防止仔猪憋死或吸进液体呛死，然后用拭布或软草彻底擦干仔猪全身黏液。尤其在冬季，擦得越快越好，以促进血液循环和防止体热散失，并迅速将仔猪移至安全、保温的地方，如护仔箱内。留在腹部的脐带 3 天左右即可自行脱落。

（二）分娩持续时间和出生间隔

母猪分娩持续时间平均为 2.5 小时（40 分钟至 5 小时），超过 8 小时可能是难产。两仔猪分娩间隔平均为 16 分钟（5~30 分钟），如果母猪安静，仔猪相隔几分钟出生，说明产仔正常。相反，母猪十分烦躁不安，极度紧张，不断努责，显得十分吃力，并且产仔间隔在 45 分钟以上，可能是难产，就必须引起足够的重视。产仔间隔越长仔猪就越不健康，早期死亡的危险性就越大。为此，要准确记录两头相邻仔猪出生的间隔时间以确定是否存在难产现象。

（三）判断母猪难产及人工助产

母猪分娩过程中，胎儿不能顺利产出的称为难产。母猪分娩一般都很顺利，但有时也发生难产，发生难产时，若不及时采取措施，可能造成母仔双亡。

1. 母猪难产判断　首先看它是否烦躁、极度紧张、剧烈努责和出生间隔时间大于 45 分钟。还要看它的腹部饱满程度（是否还有仔猪）和它所产仔的数量来确定母猪分娩是否结束。如果出现以下三个方面的迹象可表明为难产。①已经顺利出生一头或几头仔猪，但母猪不再用力的时间已超过 45 分钟。②母猪羊水已经流出并不断努责，但是已超过 45 分钟还没有仔猪产出。③

所有出生仔猪的黏液都已经干了，但饲养员仍能确定母猪体内有仔猪。

2. 难产原因　母猪骨盆发育不全，产道狭窄（初产母猪多见）；死胎多或分娩缺乏持久力，宫缩弛缓（老龄母猪、过肥母猪、营养不良母猪和近亲交配母猪多见）；胎位异常；胎儿过大。

3. 救助方法　对于已经发育完善待产的胎儿来说，其生命的保障在于及时离开母体，分娩时间延长易造成胎儿窒息死亡。因此，发现分娩异常的母猪应尽早处理，具体救助方法取决于难产的原因及母猪本身的特点。难产处理方法常见有以下几种。首先，用力按压母猪乳房，然后用力按压腹部，帮助仔猪产出。若反复进行20~30分钟仍无效果，应采取其他方法。对老龄体弱、娩力不足的母猪，可肌内注射催产素，促进子宫收缩，必要时可注射强心剂。如半小时左右胎儿仍未产出，应进行人工助产。

人工助产具体操作方法：首先，将指甲剪短、磨光，以防损伤产道；手及手臂先用肥皂水洗净，然后用2%来苏儿液（或1%高锰酸钾液）消毒，再用75%医用乙醇消毒，最后在已消毒的手及手臂上涂抹清洁的润滑剂；母猪外阴部用上述消毒液消毒；将手指尖合拢呈圆锥状，手心向上，在子宫收缩间歇时将手及手臂慢慢伸入产道，如果母猪右侧卧，就用右手，反之用左手。握住胎儿的适当部位（眼窝、下颌、腿）后，随着母猪子宫收缩的频率，缓慢将胎儿拉出。注意，不要将胎盘和仔猪一起拉出。其次，对于母猪羊水排出过早、产道干燥、产道狭窄、胎儿过大等原因引起的难产，可先向母猪产道中灌注生理盐水或洁净的润滑剂，然后按上述方法将胎儿拉出。再次，对胎位异常引起的难产，可将手伸入产道内矫正胎位，待胎位正常后将胎儿拉出，有的异位胎儿经矫正后即可自然产出。如果无法矫正胎位或因其他原因拉出有困难时，可将胎儿的某些部分截除，分别取出。在整个助产过程中，必须小心谨慎，尽量防止产道损伤。助产后应给母猪注射抗生素，防止感染。

（四）“假死”仔猪救助

生产中常常遇到分娩出的仔猪，全身松软，不呼吸，但心脏及脐带基部仍在跳动，这样的仔猪称为假死仔猪。其原因是脐带在产道内即拉断；胎位不正，产时胎儿脐带受到压迫或扭转；或因产程过长，羊水呛到肺里，或黏液堵住鼻孔，无法正常喘气造成。为此，首先要用毛巾将口鼻部黏液擦干净，然后进行人工呼吸。人工呼吸有几种方法，一是左手倒提仔猪后腿，右手有节奏轻轻拍打其胸部，使黏液从肺中排出。二是让仔猪四肢朝上，一手托住肩部，一手托住臀部，一屈一伸，反复进行，直到出现叫声和呼吸为止，屈伸动作应与猪的呼吸频率相近，每分钟 50~60 次。

（五）胎衣处理

母猪在产后半小时左右排出胎衣，母猪排出胎衣，表明分娩已结束，此时应立即清除胎衣。若不及时清除胎衣，被母猪吃掉，可能会引起母猪食仔的恶习。污染的垫草等也应清除，换上新垫草，同时将母猪阴部、后躯等处血污清洗干净、擦干。胎衣也可利用，将其切碎煮汤，分数次喂给母猪，以利于母猪体力恢复和泌乳。

第八节　哺乳仔猪的生产管理

一、哺乳仔猪的饲养管理

（一）保温

初生仔猪在 0~3 日龄需要温度为 29~35℃，4~7 日龄为25~29℃，8~14 日龄为 22~25℃，15~21 日龄为 20~22℃。可在舍内放置恒温电热板、仔猪保温箱或红外线保温灯，根据仔猪对温度的要求来调节电热板的温度，保温效果较好。

（二）防压

仔猪出生后，母猪踩死、压死仔猪多有发生，一般占死亡总数的10%~30%，甚至高达50%，多发生在出生后一周之内。主要原因是母猪体弱或肥胖，反应迟钝，仔猪行动不灵活而又喜欢在温热地方休息，产圈窄小，特别是1~5天的仔猪易被踩压致死。在哺乳圈内设护仔栏，或对母猪实行栏内限位饲养，以防新生仔猪被踩、被压。

（三）固定乳头

初生的仔猪开始吃奶时，弱小仔猪吃不上奶而个别强壮仔猪抢吃几个奶头。所以要在仔猪初生1~3日龄内进行人工辅助固定乳头。固定乳头以仔猪自然选择为主，个别控制为辅，一是控制强壮仔猪抢奶，二是要辅助弱小仔猪吃奶。

（四）补铁、补硒与补料

1. 补铁　初生仔猪普遍存在缺铁性贫血，铁是造血和防止营养性贫血必需的元素，又是细胞色素酶类和多种氧化酶的成分。仔猪体内的铁贮量仅够维持6~7天，如不补充铁，一般10日龄左右即出现因缺铁而导致的食欲减退、被毛粗乱、皮肤苍白和生长停滞等。因此，仔猪出生后2~3天必须补铁。一般是用牲血素肌内注射1~2毫升，也可肌内注射右旋糖苷铁（葡聚糖铁）1~2毫升。

2. 补硒　缺硒时仔猪往往发生下痢、白肌病等，病猪多是营养中上等的或生长较快的仔猪，体温正常或偏低，叫声嘶哑，行走摇摆，进而后肢瘫痪。一般在仔猪出生后3~5天肌内注射0.1%亚硒酸钠或维生素E注射液0.5毫升，断奶前后再注射1毫升。在仔猪饲料中，按每千克饲料添加亚硒酸钠0.1毫克。

3. 补料　仔猪出生后5~7日龄开始训料，20日龄开食。训料时可采用强制性，将料发潮拌后，用手按入仔猪嘴内，当仔猪尝到饲料的香味后，就会寻找饲料，同时在补料间放一补发料，撒入少量诱食料，以便仔猪随时能寻到补料。当仔猪达 20 日龄时已开始能大口吞食饲料了，这时要按顿补饲，一天 4～6 次。全部湿拌料或饲喂糖化好的饲料及颗粒料。

补料时应注意的问题：一是饲料品质好、新鲜、不发霉、不变质，特别是潮拌的饲料要少喂勤添，防止发霉变质，同时也防止仔猪饥饱不匀；二是补料与补水同时进行，水要清洁；三是饲料变换要逐步过渡，不要突变。

（五）防疫和消毒

1. 防疫 根据猪场的实际情况制定科学的免疫程序及保健程序，防止仔猪黄白痢的发生，保持仔猪有较高的抗体水平，以保证仔猪的正常生长发育。

2. 消毒 认真做好消毒工作，圈舍、食槽等要定期消毒，一般冬、春季每隔 2～3 天消毒 1 次。要保持圈舍内清洁干燥，粪便、垃圾要及时清扫。

二、乳猪料的选择使用

一般来说，母猪 21 天左右的泌乳量最大，以后就逐渐下降，而此时乳猪对营养的要求越来越多，因此必须给乳猪提供除母乳以外的营养——乳猪料。但乳猪的生理特点为生长发育快、消化系统发育不全、免疫力低下、体温调节能力差等，限制了其对母乳以外的营养原料的选择。选择什么样的乳猪料对乳猪当前及后期的生长发育都至关重要。

（一）乳猪料的营养要求

要求每千克饲料含有的营养浓度为消化能 14.0～14.3 兆焦/千克，粗蛋白 19%～21%，赖氨酸 1.2%，蛋氨酸+胱氨酸 0.7%，钙 0.75%，磷 0.65%。

（二）乳猪料的特点

对乳猪料乳猪应表现出喜欢吃、消化好（通过粪便的观察）、采食量大，尤其是乳猪料结束过渡下一产品后的1周内；乳猪料要做到如下标准：营养性腹泻率低于20%，饲料转化率为1.2左右，日均增重250克以上，日均采食量300克以上。

（三）乳猪料的使用阶段

乳猪料的使用阶段根据本场条件与管理情况来划分，生产上把乳猪出生后至4周龄称为乳猪阶段。这一阶段的饲料产品俗称为“乳猪料”（也有人称人工乳、开口料等）。在国内猪场一般采用5~7天开始补料，28天断奶的管理模式较多，大型养猪企业断奶也有更早的，具体情况视每个猪场人员、技术、设备、生产、疾病防治等因素而不同。

（四）乳猪料的原料选择

因为乳猪料用量较小及乳猪的消化生理特点，应该选择高效优质易消化的原料做乳猪料。高档乳猪配合饲料通常由四五十种之多的原料组成，简要介绍如下：

（1）乳猪配合饲料应以易消化、高营养的原料为主。优质鱼粉、乳清粉、血浆蛋白质、膨化大豆、大豆浓缩蛋白等原料适于乳猪料。豆粕含有抗原性物质，易损伤小肠绒毛，引起腹泻，应尽量减少豆粕的使用量，一般在饲粮中不应超过25%。

（2）玉米是普通乳猪料中使用最多的原料，如能采用膨化玉米，效果更佳。

（3）乳清粉的乳糖含量很高，乳糖能直接被乳猪吸收，转化为能量供给乳猪生长发育。同时，乳糖分解产生的乳酸能提高乳猪胃液的酸度，进而提高饲料的消化能力，也可防止大肠杆菌的大量繁殖，有利于减少腹泻。乳猪料中可添加5%~30%的乳清粉，但添加量太高会造成制粒困难，而且成本增加。

（4）膨化大豆是大豆经高温短时熟化的产品，膨化提高了大豆养分的消化率，同时，也使大部分易引起乳猪腹泻的大豆抗原灭活，降低仔猪腹泻，膨化大豆既可提供蛋白质，又可提供脂肪。

(5) 血浆蛋白粉是近年在高档乳猪料中使用较多的原料，蛋白含量高且易消化，更可贵的是含有乳猪缺乏的免疫球蛋白，可增强乳猪的抵抗力。

(6) 石粉结合酸的能力强，可中和胃内的酸，乳猪料中不可大量使用。

(7) 仔猪抵抗疾病的能力弱，饲粮中应添加高效的药物组合。

(8) 乳猪料中添加酸化剂和酶制剂有利于提高饲料养分的消化率，降低腹泻率。

(五) 乳猪料的料型

目前养猪生产中使用的乳猪料料型主要有：颗粒、破碎、粉状、液态等四种，在生产中应用最多的是前三种，部分大型养猪企业也有尝试液态料饲喂，但液态料饲喂对猪场管理硬件与软件要求较高，目前中国猪场具体情况推广使用可能会有一段时间。

(六) 乳猪料的加工

饲料厂的品控和生产工艺对乳猪料的品质起决定作用，可惜有许多饲料企业品控能力不足或者还不够重视，这也是目前在乳猪料市场上优秀产品少的主要因素之一。一个好的乳猪料配方设计，要有好的原料与品质控制和加工工艺技术做保证。如加工乳猪料时制粒的温度、调质的时间，对颗粒硬度有很大影响，太硬影响适口性。另外原料的粉碎、膨化、混合、加水、喷油、蒸汽预调制工艺、制粒中模具的选择、冷却工艺等均会影响乳猪料的品质。粒度的大小、变异系数也对乳猪料的品质会有影响。因此规模化猪场在制备乳猪颗粒料时一定要控制好加工工艺。

（七）乳猪料的使用方法

1. 自由采食　一般定时添加（根据设备、环境、人员情况不同时间不一），每次添加要及时清除残余已污染的饲料。自由采食优点是省时、省功、省力，猪只采食均匀，乳猪发育相对均匀度好；缺点是饲料浪费较多，尤其是对补料设备要求高，否则饲料浪费严重。另外不容易及时观察乳猪采食情况。生产中常见到很多产床补料槽下面积累了很多被猪拱撒的饲料。

2. 分次饲喂　根据猪只日龄一般每日 4~6 餐，尽量少喂勤添，尤其是中、小猪场。优点是利用乳猪抢食行为刺激猪只食欲和采食量的增加。分次饲喂饲料新鲜度好，生长发育快，便于观察乳猪生长发育，缺点是人工成本相对较高，猪只均匀度稍差。另外时间把握不好也易造成一次过量的采食而发生消化不良性腹泻。所以无论是自由采食或是分次饲喂，都要有足够的料槽面积使一窝乳猪能同时采食到饲料。在补料期间要补充充足的清洁饮水。

（八）几种诱食方法介绍

（1）补料时间应选择仔猪精神活跃的时候，一般是在上午 8~11 时，下午 2~4 时。此时仔猪活动较频繁，利于诱食。

（2）将乳猪料调成糊状，在小猪开食前两天，饲养员将乳猪料涂在母猪乳房上，小猪吮奶时便接触到饲料，促进开食。或者将饲料塞到小猪嘴里，反复几次可以使小猪开食。

（3）少给勤添。仔猪具有“料少则抢，料多则厌”的特点。所以，少给勤添便会造成一个互相争食的气氛，有利进食。

（4）以大带小。仔猪有模仿和争食的习性，可让已会吃料的仔猪和不会吃料的仔猪放在一起吃料。仔猪经过模仿和争食，很快便能学会吃料。

（5）以母教子。在仔猪授有补饲间的情况下，可将母猪料槽放低，让仔猪在母猪采食，拣食饲料时训练仔猪开食。但母猪料槽内沿的高度不能超过 10 厘米，日粮中应搭配仔猪喜食的饲料。

（6）滚筒诱食。将炒熟的香甜粒料放在一个周身有孔两端封好的滚筒内，作为玩具，让仔猪拱着滚动，拣食从筒中落到地上的粒料，促进开食。

第九节　育肥猪的饲养管理

一、生长猪的育肥

提高肉猪的生产力，除了要选择优良的瘦生长育肥猪品种和杂交组合、提高仔猪初生重和断奶重、适宜的饲粮营养以外，还要重点关注以下饲养技术措施。

（一）选择适当的育肥方式

1. 一贯育肥法　就是从 25~100 千克均给予丰富营养，中期不减料，使之充分生长，以获得较高的日增重，要求在 4 个月龄体重达到 90~100 千克。

将生长育肥猪整个饲养期分成两个阶段，即前期 25~60 千克，后期 60~100 千克；或分成三个阶段，即前期 25~35 千克，中期 35~60 千克，后期 60~100 千克。各期采用不同营养水平和饲喂技术，但整个饲养期始终采用较高的营养水平，而在后期采用限量饲喂或降低日粮能量浓度方法，可达到增重速度快、饲养期短、生长育肥猪等级高、出栏率高和经济效益好的目的。

（1）肥育小猪一定是选择二品种或三品种杂交仔猪，要求发育正常，70 日龄转群体重达到 25 千克以上，身体健康、无病。

（2）肥育开始前 7~10 天，按品种、体重、强弱分栏，阉割、驱虫、防疫。

（3）正式肥育期 3~4 个月，要求日增重达 1.2~1.4 千克。

（4）日粮营养水平，要求前期（25~60 千克），每千克饲粮含粗蛋白质 15%~16%，消化能 13.0~13.5 兆焦/千克；后期（60~100 千克），粗蛋白质 13%~15%，消化能 12.2~12.9 兆焦/千克，同时注意饲料多种搭配和氨基酸、矿物质、维生素的补充。

（5）每天喂 2~3 餐，自由采食，前期每天喂料 1.2~2.0 千克，后期 2.1~3.0 千克。精料采用干湿喂，青料生喂，自由饮水，保持猪栏干燥、清洁，夏天要防暑、降温、驱蚊，冬天要关好门窗保暖，保持猪舍安静。

2. 前攻后限育肥法 过去养肉猪，多在出栏前 1~2 个月进行加料猛攻，结果使猪生产大量脂肪。这种育肥不能满足当今人们对瘦肉的需要。必须采用前攻后限的育肥法，以增加瘦肉生产。前攻后限的饲喂方法：仔猪在 60 千克前，采用高能量、高蛋白日粮，每千克混合料粗蛋白质 15%~17%，消化能 13.0~13.5 兆焦，日喂 2~3 餐，每餐自由采食，尽量发挥小猪早期生长快的优势，要求日增重达 1~1.2 千克以上。在 60~100 千克阶段，采用中能量、中蛋白，每千克饲料含粗蛋白质 13%~14%，消化能 2.2~12.9 兆焦，日喂两餐，采用限量饲喂，每天只吃 80%的营养量，以减少脂肪沉积，要求日增重 0.6~0.7 千克。为了不使猪挨饿，在饲料中可增加粗料比例，使猪既能吃饱，又不会过肥。

3. 生长育肥猪原窝饲养 猪是群居动物，来源不同的猪并群时，往往出现剧烈的咬斗，相互攻击，强行争食，分群躺卧，各据一方；这一行为严重影响了猪群生产性能的发挥，个体间增重差异可达 13%。而原窝猪在哺乳期就已经形成的群居秩序，生长育肥猪期仍保持不变，这对生长育肥猪生产极为有利。但在同窝猪整齐度稍差的情况下，难免出现些弱猪或体重轻的猪，可把来源、体重、体质、性格和吃食等方面相近似的猪合群饲养，同一群猪个体间体重差异不能过大，在小猪（前期）阶段群体内体重差异不宜超过 2~3 千克，分群后要保持群体的相对稳定。

（二）选择适当的喂法及餐数

1. 饲喂定时、定量、定质

（1）饲喂定时是指每天喂猪的时间和次数要固定，这样不仅使猪的生活有规律，而且有利于消化液的分泌，提高猪的食欲和饲料利用率。要根据具体饲料确定饲喂次数。精料为主时，每天喂 2~3 次即可，青粗饲料较多的猪场每天要增加 1~2 次。夏季昼长夜短，白天可增喂一次，冬季昼短夜长，应加喂一顿夜食。

（2）饲喂要定量，不要忽多忽少，以免影响食欲，降低饲料的消化率。要根据猪的食欲情况和生长阶段随时调整喂量，每次饲喂掌握在八九成饱为宜，使猪在每次饲喂时都能保持旺盛的食欲。

（3）饲料的种类和精、粗、青比例要保持相对稳定，不可变动太大，变换饲料时，要逐渐进行，使猪有个适应和习惯的过程，这样有利于增强猪的食欲以及饲料的消化利用率。为了减少因换料给仔猪造成的应激，转入生长育肥舍后由保育料换生长料时应该过渡。在转入生长育肥舍后第 1 天继续饲喂保育料，第 2 天开始过渡饲喂生长料，生长料：保育料为 7：3；第 3 天，生长料：保育料为 5：5，第四天，生长料：保育料为 3：7，第五天开始全部饲喂生长料。

2. 改熟料喂为生喂 青饲料、谷实类饲料、糠麸类饲料，含有维生素和有助于猪消化的酶，这些饲料煮熟后，破坏了维生素和酶，引起蛋白质变性，降低了赖氨酸的利用率，有人总结 26 个系统试验的结果，谷实饲料由于煮熟过程的耗损和营养物质的破坏，利用率比生喂的降低了 10%。同时熟喂还增加设备、增加投资、增加劳动强度、耗损燃料。所以一定要改熟喂为生喂。

3. 改稀喂为干湿喂　有些人以为稀喂料可以节约饲料，其实并非如此。猪快不快长，不是以猪肚子胀不胀为标准的，而是以猪吃了多少饲料，又主要是这些饲料中含有多少蛋白质、多少能量及其他利用率为标准的。

稀料喂猪缺点很多。第一，水分多，营养干物质少，特别是煮熟的饲料再加水，干物质更少，影响猪对营养的采食量，造成营养的缺乏，必然长得慢。第二，水不等于饲料，因它缺乏营养干物质，如在日粮中多加水，喝到肚子里，时间不久，几泡尿就排出体外，猪就感到很饿，但又吃不着东西，结果情绪不安、跳栏、撬墙、犁粪。第三，影响饲料营养的消化率。饲料的消化，依赖口腔、胃、肠、胰分泌的各种蛋白酶、淀粉酶、脂肪酶等酶系统，把营养物质消化、吸收。喂的饲料太稀，猪来不及嘴嚼，连水带料进入胃、肠，影响消化也影响胃、肠消化酶的活性，酶与饲料没有充分接触，即使接触，由于水把消化液冲淡，猪对饲料的利用率必然降低。第四，喂料过稀，易造成肚大下垂，屠宰率必然下降。

采用干湿喂是改善饲料的饲养效果的重要措施，应先喂干湿料，后喂青料，自由饮水。这样既可增加猪对营养物质的采食量，又可减少因屙尿多造成的能量损耗。

（三）合理饮水

水是调节体温、饲料营养的消化吸收和剩余物排泄过程不可缺少的物质，水质不良会带入许多病原体，因此既要保证水量充足，又要保证水质。实际生产中，切忌以稀料代替饮水，否则会造成不必要的饲料浪费。

生长育肥猪的饮水量随体重、环境温度、日粮性质和采食量等而变化。一般在冬季，生长育肥猪饮水量为采食风干饲料量的2~3倍或体重的10%左右；春秋季约为4倍或16%左右；夏季约为5倍或23%左右。饮水的设备以自动饮水器最佳。

二、育肥猪的管理

（一）栏舍准备

1. 清洗 首先将空出的猪舍或圈栏彻底清扫干净，确保冲洗到边到头，到顶到底，任何部位无粪迹、无污垢等。

2. 检修 检查饮水器是否被堵塞；围栏、料槽有无损坏；电灯、温度计是否完好，如有问题及时修理。

3. 消毒 对于多数消毒剂来说，如果不先将欲消毒表面清洗干净，消毒剂是无法起到消毒效果的。一般来说粪便通常会使消毒剂丧失活性，从而保护其中的细菌和病毒不被消毒剂杀死；消毒剂需要与病原亲密接触并有足够时间才有效果。

先用2%～3%的氢氧化钠溶液喷洒、冲洗，刷洗墙壁、料槽、地面、门窗。消毒2小时后，再用清水冲洗干净。舍内干燥后，再用其他消毒剂，如戊二醛、碘制剂等消毒液消毒1次。

4. 调温 将温度控制在20℃左右。夏季准备好风扇、湿帘等，采取相应的降温措施；冬季采用双层吊顶，北窗用塑料薄膜封好，生炉子、通暖气等方法升温，温度要大于18℃。

（二）转栏与分群调群

在仔猪11周龄始由保育舍转入生长育肥舍，可以采取大栏饲养，每圈18头左右。圈长7.8米，宽2.2米，栏高1米，每圈实用面积17平方米，每头生长育肥猪占用0.85平方米。为了提高仔猪的均匀整齐度，保证“全进全出”工艺流程的顺利运作，从仔猪转入开始根据其公母、体重、体质等进行合理组群，每栏中的仔猪体重要均匀，同时做到公母分开饲养。注意观察，以减少仔猪争斗现象的发生，对于个别病弱猪只要进行单独饲养特殊护理。

要根据猪的品种、性别、体重和吃食情况进行合理分群，以保证猪的生长发育均匀。分群时，一般应遵守“留弱不留强，拆多不拆少，夜并昼不并”的原则。分群后经过一段时间饲养，要随时进行调整分群。

刚转入猪与出栏猪使用同样的空间，会使猪舍利用率降低，而且猪在生长过程中出现的大小不均在出栏时会体现出来。采用不同阶段猪舍养猪数量不同，既合理利用了猪舍空间，又使每批猪出栏时体重接近。保育转育肥一个栏可放18~20头；换中料时，将栏内体重相对较小的两头挑出重新组群；换大料时，再将每栏挑出一头体重小的猪，重新组群。挑出来的猪要精心照顾。有利于做到全进全出。每天巡栏时发现病僵、脱肛、咬尾时，及时调出，放入隔离栏；有疑似传染病的，及时隔离或扑杀。

（三）调教

1. 限量饲喂要防止强夺弱食　当调入生长育肥猪时，要注意所有猪都能均匀采食，除了要有足够长度的料槽外，对喜争食的猪要勤赶，使不敢采食的猪能得到采食，帮助建立群居秩序，分开排列，同时采食。

2. 采食、睡觉、排便“三定位”，保持猪栏干燥清洁　从仔猪转入之日起就应加强卫生定位工作。此项工作一般在仔猪转入1~3天内完成，越早越好，训练猪群吃料、睡觉、排便的“三定位”。

通常运用守候、勤赶、积粪、垫草等方法单独或几种同时使用进行调教。例如，当小生长育肥猪调入新猪栏时，已消毒好的猪床铺上少量垫草，料槽放入饲料，并在指定排便处堆放少量粪便，然后将小生长育肥猪赶入新猪栏。发现有的猪不在指定地点排便，应将其散拉的粪便铲到粪堆上，并结合守候和勤赶，这样，很快就会养成“三定位”的习惯，这样能够保持猪圈清洁卫生，有利于垫土积肥，减轻饲养员的劳动强度。猪圈应每天打扫，猪体要经常刷拭，这样既减少猪病，又有利于提高猪的日增重和饲料利用率。做好调教工作，关键在于抓得早、抓得勤。

（四）去势、防疫和驱虫

1. 去势 我国猪种性成熟早，一般多在生后35日龄左右、体重5~7千克时进行去势。近年来提倡仔猪生后早期（7日龄左右）去势，以利于术后恢复。目前我国集约化养猪生产多数母猪不去势，公猪采用早期去势，这是有利生长育肥猪生产的措施。国外瘦肉型猪性成熟晚，幼母猪一般不去势生产生长育肥猪，但公猪因含有雄性激素，有难闻的膻气味，影响肉的品质，通常是将公猪去势用作生长育肥猪生产。

2. 防疫 预防猪瘟、猪丹毒、猪肺疫、仔猪副伤寒和病毒性痢疾等传染病，必须制定科学的免疫程序进行预防接种。

3. 驱虫 生长育肥猪的寄生虫主要有蛔虫、姜片吸虫、疥螨和虱子等体内外寄生虫，通常在90日龄进行第一次驱虫，必要时在135日龄左右时再进行第二次驱虫。服用驱虫药后，应注意观察，若出现副作用时要及时解救。驱虫后排出的粪便，要及时清除并堆制发酵，以杀死虫卵防再度感染。

（五）防止育肥猪过度运动和惊恐

生长猪在育肥过程中，应防止过度的运动，特别是激烈的争斗或追赶，过度运动不仅消耗体内能量，更严重的是容易使猪患上一种应激综合征，突然出现痉挛，四肢僵硬严重时会造成猪只死亡。

（六）巡棚

坚持每天两次巡棚。主要检查棚内温度、湿度、通风情况，细致观察每头猪只的各项活动，及时发现异常猪只。当猪安静时，听呼吸有无异常如喘、咳等；全部哄起时，听咳嗽判断有无深部咳嗽的现象，猪只采食时，有无异常如呕吐、采食量下降等，粪便有无异常如下痢或便秘，育肥舍采用自由采食的方法，无法确定猪只是否停食，可根据每头猪的精神状态判断猪只健康状况。

三、育肥猪的生产环境控制措施

（一）保温与通风

刚转入的猪需保温 2~3 天，保持 23℃，逐渐降低保持在 16~23℃，昼夜温差≤5℃。低于适宜温度会使猪增加采食量，降低日增重，高于适宜温度会使猪降低采食量而影响日增重，因此，冬天要做好防风保温，天冷时采用塑料暖棚和室内勤垫干草等方法给猪舍增温，减少猪体能量消耗。

集约化高密度饲养的生长育肥猪一年四季都需通风换气，通风可以排除猪舍中多余的水汽，降低舍内湿度，防止围护结构内表面结露，同时可排除空气中的尘埃、微生物、有毒有害气体（如氨气、硫化氢、二氧化碳等），改善猪舍空气的卫生状况。所以，猪舍在任何季节都需要通风，特别是冬季往往为防寒而关闭门窗，造成舍内潮湿和空气卫生状况恶化，必须注意适当通风。在冬季通风和保温是一对矛盾，有条件的企业可用在满足温度供应的情况下，根据猪舍的湿度要求控制通风量；为了降低成本，应该在保证猪舍环境温度基本得以满足的情况下采取通风措施，但在冬季一定要防止“贼风”的出现。猪舍内气流以 0.1~0.2 米/秒为宜，最大不要超过 0.25 米/秒。

（二）防寒与防暑

温度过低会增加育肥猪的维持消耗和采食量，拖长育肥期，影响增重，浪费了饲料，降低经济效益。反之，温度过高则育肥猪食欲下降，采食量减少，增重速度和饲料转换效率降低，使经济效益下降。育肥猪最适宜的温度为 16~21℃。为了提高育肥猪的肥育效果，要做好防寒保温和防暑降温工作。

在夏季，尤其是气温过高、湿度又大时，必须采取防暑降温措施。打开通气口和门窗，在猪舍地面喷洒凉水，给育肥猪淋浴、冲凉降温。在运动场内搭遮阳棚，并供给充足清凉的饮水。

必要时，用机械排风降温。

在冬季必须采取防寒保温措施。入冬前要维修好猪舍，使之更加严密。采取“卧满圈、挤着睡”，到舍外排放粪尿的高密度的饲养方法是行之有效的。此外，在寒冷冬夜，在人睡觉之前给育肥猪加喂一遍“夜食”，是增强育肥猪抗寒力、促进生长的好办法。若是简易敞圈，可罩上塑料大棚，夜间再放下草帘子，可以大大提高舍内尤其是夜间的温度。这样，可以减轻育肥猪不必要的热能消耗和损失，增强肥育效果，增加经济效益。

（三）密度

育肥猪大群饲养、同槽进食能提高食欲，促进生长，有效利用圈舍和设备条件，提高劳动生产率。但如分群不合理，又会因咬架、争食等而影响猪的增重。分群时一般把来源相同、体重接近、强弱和气质基本一致的猪合群喂养。每群猪的头数不宜太多，要依圈舍面积和饲养密度而定。实践证明，15~60 千克的生长育肥猪每头所需面积为 0.6~1.0 平方米，60 千克以上的育肥猪每头需 1.0~1.2 平方米，每 2 头育肥猪要有 20~30 厘米长的料槽。每圈头数以 10~20 头为宜。但具体数目可因不同环境条件而异，在我国北方，由于平均气温低且气候干燥，可适当增加饲养密度；南方的夏季气温较高，湿度大，则应适当降低饲养密度。

（四）湿度

湿度对猪的影响主要是通过影响机体的体热调节来影响猪的生产力和健康，它是与温度、气流、辐射等因素共同作用的结果。在适宜的湿度下，湿度对猪的生产力和健康影响不大。空气湿度过高使空气中带菌微粒沉降率提高，从而降低了咳嗽和肺炎的发病率，但是高湿度有利于病原微生物和寄生虫的滋生。容易患疥癣、湿疹等疾患，另外高湿常使饲料、垫草发霉，造成损失。猪舍内空气湿度过低，易引起皮肤和外露黏膜干裂，降低其防卫能力，使呼吸道及皮肤病发病率高。因此建议猪舍的相对湿度以60%~70%为宜。

（五）光照

适宜的太阳光能加强机体组织的代谢过程，提高猪的抗病能力。然而过强的光照会引起猪的兴奋，减少休息时间，增加甲状腺素的分泌，提高代谢率，影响增重和饲料转化率。育肥猪舍内的光照可暗淡些，只要便于猪采食和饲养管理工作即可，使猪得到充分休息。

（六）噪声

猪舍的噪声来自于外界传入、舍内机械和猪只争斗等方面。噪声会使猪的活动量增加而影响增重，还会引起猪的惊恐，降低食欲。因此，要尽量避免突发性的噪声，噪声强度以不超过85分贝为宜。而优美动听的音乐可以兴奋神经，刺激食欲，提高代谢功能，就像人听音乐心情舒畅一样。有条件的猪场可以放些轻音乐，对猪的生长是有利的。

（七）适时出栏

育肥猪饲喂到一定日龄和体重，就要适时出栏。中小型猪场一般在第22周154天后出栏，体重在100千克左右。每批肥猪出栏后，完善台账，做好总结、分析。

四、育肥猪的免疫与保健技术

当前在养猪生产中实施免疫预防与药物保健时，在技术实施上程序存在不科学、不合理的问题比较突出，严重地影响到猪病的防控与猪只的健康生长和肥育，也阻碍了养猪业的持续发展。

当前育肥猪常发的疾病主要有两大类：各种原因引起的腹泻（主要为回肠炎、结肠炎、猪痢疾、沙门氏菌性肠炎等）和呼吸道疾病综合征。另外，猪瘟、弓形虫病、萎缩性鼻炎等也经常暴发。在饲养管理不善的猪场，这些疾病暴发后往往造成严重的经济损失。

通过加强育肥猪的饲养管理，改善营养和合理使用药物，可以将损失降到最低。

（一）实行全进全出

全进全出是猪场和养殖户控制感染性疾病的重要流程之一。如果做不到全进全出，易造成猪舍的疾病循环。因为舍内留下的猪往往是病猪或病原携带猪，等下批猪进来后，这些猪可作为传染源感染新进的猪，而后者又有部分发病，生长缓慢，或成为僵猪，又留了下来，成为新的传染源。

全进全出可提前 10 天出栏，显著提高日增重和饲养转化率。

（二）防疫和用药

育肥阶段需要接种的疫苗不多，只在 60~80 日龄接种一次口蹄疫疫苗。自繁自养猪应在哺乳、保育阶段接种疫苗，特别是猪瘟、伪狂犬病和丹毒、肺疫、副伤寒等疫苗。

从保育舍转到育肥舍是一次比较严重的应激，会降低猪的采食量和抵抗力。在转群后 1 周左右即可见部分猪发生全身细菌感染，出现败血症，或者在 12 周龄以后呼吸道疾病发病率提高。实际上，无论是呼吸道疾病还是肠炎，都可以从保育后期一直延续到生长育肥阶段，只是从保育舍转群后有加重的趋势。

在育肥阶段可定期投入下列药物，每吨饲料中添加 80%支原净 125 克、10%多西环素 1.5 千克和饮水每 500 千克中加入 10%氟苯尼考 120 克、10%阿莫西林 100 克，可有效控制转群后感染引起的败血症或育肥猪的呼吸道疾病，还可预防甚至治疗肠炎和腹泻。

无论是呼吸道疾病还是肠炎、腹泻，都会引起育肥猪生长缓慢和饲料转化率降低，造成育肥猪的生长不均，出栏时间不一，难以做到全进全出，最终影响经济效益。

外购仔猪，购回后应依次注射完猪瘟、丹毒肺疫、副伤寒、口蹄疫和蓝耳病等疫苗。如果已经发生了呼吸道疾病或急性出血性肠炎，则最好通过饮水给药。因为发病后猪的采食量会降低，而饮水量降低不明显，所以通过饮水给药比通过饲料给药效果好。如果是在病猪栏，可通过饮水给药，也可通过注射给药。

第五章　猪病与兽药对生猪生态养殖的影响与控制

第一节　猪病与兽药对生猪生态养殖的影响

一、猪病的影响

我国是猪病流行大国，存在的猪传染病有 50～60 种，常见的有 30 种。当前猪病的流行状况越来越复杂，具体来说，表现在以下几个方面：新的疫病不断增多，病原变异加快，毒力增强；免疫抑制疾病逐渐加剧；多种病原感染越来越普遍，细菌之间、病毒之间、细菌与病毒以及寄生虫之间都有混合感染出现；细菌性疫病在猪群发病致死中扮演的角色越来越重要；细菌耐药性日趋严重，致使分离致病菌耐药谱广，无药可治；疾病的多发、暴发、群发已经没有明显的季节性；猪群长期带毒，基础免疫力低下等。

我国目前实行的生猪生态养殖就是利用良好的生态环境，或者运用生态技术措施，改善养殖生态环境，按照特定的养殖模式进行养殖，投放无公害饲料，目标是生产出无公害绿色猪肉。但在执行过程中由于受各种条件的限制，操作不规范，仍有许多病原微生物可侵害猪群，当按照某种生态养殖的顺序形成循环链时还会使其毒力增加或宿主发生改变，为猪病以及各种人畜共患传染病的流行创造了生态条件。单就禽流感来讲，不同来源的流感病毒在猪体内可以实现重组配对，产生新型流感病毒，引起新的流感特别是人流感的流行。而生态养殖中鸡粪喂猪的做法人为增加了这种重组的机会。这只是对流感病毒研究得出的结论，至于其他病原体是否具有同样的生物学特性，虽然没有更多明确肯定的结论，但更没有否定的研究报告。

二、药品、激素及药物添加剂的影响

为了有效地预防、治疗动物性疾病，促进动物生长，规模化养殖户通常在饲料里添加各类药品、激素及药物添加剂。这些都是生猪饲养必不可少的。但所有药物（包括抗生素）均需要一定的时间才能从动物的体内排除。不同的药物在动物体内停留的时间不同，动物的不同脏器（心、肝、肾等）、产品（肉、蛋、奶）药物残留量不同。动物体内药物残留在屠宰后作为人类食品被人体摄入会对人体健康带来严重危害，引发一些严重疾病，或者使人体对某些药物产生抗药性，给人体身心健康造成很大伤害。所以生猪的生态养殖必须正确、科学、合理地使用药物和药物添加剂。同时，严格使用影响生殖的激素、具有激素作用的物质、催眠镇静药、肾上腺素类药。

三、执法不严与检测手段滞后的影响

动检执法是《中华人民共和国动物防疫法》赋予动物防疫监督机构的神圣职责。但在长期的执法实践中，暴露出了执法不严、不作为或乱作为的情况，譬如不断曝光的注水肉、病死肉、三聚氰胺、回收奶等食品质量安全事件，使得人们到了“谈病色变”“不敢吃肉”“不敢喝奶”的地步。同时，也严重影响了生态养殖业的健康发展。因此，农业部发布了《农业部关于畜牧兽医行政执法六条禁令》的通知，针对目前畜牧兽医行政执法工作中 6 种不作为、乱作为情形做出了明确的禁止性规定，以进一步严明纪律，规范畜牧兽医行政执法队伍管理，确保动物防疫和畜禽产品质量安全，保护消费者健康。该禁令已于 2012 年 1 月 1 日正式实施。

目前的防控检测水平达不到畜牧业发展和人们日常生活要求。近年来，在上级业务部门的支持下，在动物疫病防控、畜产品质量检测工作中取得了可喜成绩。但与飞速发展的畜牧业相比，还存在相当大的差距。如对很多动物疫病不能尽快做出诊断，不能对兽药、饲料、畜产品开展社会化的检测，化验检测设备、设施达不到畜牧业发展要求，规模和技术层次不高等。现有的检测手段不能跟上实际生产需要，很多迫切需要的检测项目由于人员或者设备等条件的限制不能开展。

另外，检测用经费缺口很大。要加强防控检测，要有水平较高的专业技术人员，加大培训力度，注意培养和引进高科技人才。还要加强基础设施建设，加大资金投入力度，完善配套检测仪器设备，提高检测技术水平，从根本上强化动物疫病诊断和检测、兽药残留、饲料及添加剂质量检验等方面的能力。

第二节　生态猪场兽医卫生防疫体系建设

一、猪场免疫程序的制定

免疫接种是预防和控制传染病发生、保护猪只健康生长的一项极为重要的措施，清洁和消毒可以杀死一部分病原微生物，减少病原与猪体的接触量，而免疫接种的目的是提高猪对传染病的特异性抵抗力。

在一个猪场建立一套科学的免疫程序比较困难，因为各地和各个场家的疫病流行情况不同，其免疫程序亦有所不同。就同一家养猪场而言，因季节不同、地方疫病的流行情况和猪群健康状况的不同，也要随时调整免疫程序，因此免疫程序并不是一成不变的。科学的做法是对猪群的免疫水平进行监测，根据监测结果及时调整免疫程序。监测的内容包括2个方面：用临床微生物学方法检查本场存在哪些种类的致病微生物，确定使用哪些种类的疫苗，并制定净化方案；用血清学的方法监测所用各种疫苗的免疫抗体水平，对抗体效价已下降到临界点的疫苗，立即进行预防接种。但一般来讲，免疫的原则是猪场有某种传染病的危险时就对其进行预防接种，然后测定其抗体水平和消长规律，确定免疫程序即下次免疫时间。在国内一般猪场常见的疫病是猪瘟、猪丹毒、猪肺疫、猪口蹄疫、猪繁殖和呼吸综合征（蓝耳病）、猪圆环病毒感染（先天性颤抖和断奶乳猪多系统消瘦综合征）、猪细小病毒病、猪大肠杆菌病、猪乙型脑炎、仔猪红黄痢等，部分地方还有伪狂犬病、猪气喘病、猪萎缩性鼻炎、猪链球菌病、猪钩端螺旋体病等。

制定科学合理的免疫程序，应根据本场的实际情况，该打的疫苗不能漏下，可打可不打的疫苗尽量不用。本节推荐一套免疫程序，仅供参考。

1. 种公猪

（1）猪瘟、猪丹毒和猪肺疫。每年1次或春秋2次（4~5头份），以猪瘟为主。

（2）猪细小病毒。5~6月龄的后备公猪间隔10~15天连续注射2次。每次1头份，以后半年1次，注射到2周岁为止。

（3）伪狂犬。5~6月龄的后备公猪间隔10~15天连续注射2次，每次1头份，以后半年1次。

（4）乙脑。每年3~5月份注射1次，每次1头份。每年3~10月留种的后备公猪，应间隔10~15天连续注射2次。

（5）繁殖与呼吸综合征。后备公猪配种前1~2个月开始注射，间隔 20~25 天再注射 1 次，以后半年 1 次，每次 1 头份（提倡使用灭活苗）。

（6）口蹄疫。每年 2~3 次注射，按规定剂量。

（7）猪气喘病。右侧胸部第 5、6 肋间进针，胸腔或肺内注射 2 头份，每年 1~2 次。也可采用进口或国产的肌肉注射疫苗。

（8）衣原体。每年 2 次注射，每次 1 头份。

（9）猪萎缩性鼻炎。根据本地区流行情况，决定是否注射。每年注射 2 次，每次 1 头份。

2. 种母猪

（1）猪瘟、猪丹毒和猪肺疫。每年 1 次或春秋 2 次（4~5 头份）。

（2）猪细小病毒。5 月龄的后备母猪间隔 10~15 天连续注射 2 次，每次 1 头份。1 胎后再注射 1 次即可。

（3）伪狂犬。5~6 月龄的后备母猪间隔 10~15 天连续注射 2 次。每次 1 头份，以后半年 1 次（安排在 2~3 月和 8~9 月较好，如果本场有该病存在。应安排在每胎产前 20~30 天注射）。

（4）乙脑。同种公猪。即每年 3~5 月注射 1 次，每次 1 头份。每年 3~10 月留种的后备母猪，应间隔 10~15 天连续注射 2 次。

（5）繁殖与呼吸综合征。后备母猪在配种前 15 天左右注射第 1 针。间隔 20~25 天应注射第 2 针（即在怀孕 7 天左右），以后半年 1 次，每次 1 头份（提倡使用灭活苗）。

（6）口蹄疫。同种公猪。最好是安排在空怀期，怀孕 70 天左右也比较安全。

（7）猪气喘病。同种公猪。

（8）衣原体。同种公猪。

（9）猪萎缩性鼻炎。同种公猪。最好是安排在每胎产前15~20 天。

（10）链球菌。每年 3~4 次肌内注射，或每胎产前 15~20 天注射。

（11）传染性胃肠炎和流行性腹泻。每年10月至翌年3月期间注射，最好是产前20~30天后海穴注射，目的是预防仔猪肠胃疾病。

（12）仔猪黄白痢。产前45天和15天左右各注射1次大肠杆菌腹泻苗，以产前15天左右那次比较重要。

3. 仔猪

（1）伪狂犬。3日龄内滴鼻1/2头份，或2~5日龄肌内注射1/4头份。

（2）猪瘟。20~25日龄首免，或采用超前免疫，注射2头份。

（3）水肿病。14~20日龄肌内注射。

（4）气喘病。7~20日龄胸腔或肺内注射，7~9日龄时注射效果最好。

（5）链球菌。15~30日龄注射。

（6）副伤寒。30~40日龄注射。本病夏季发病率较低。

（7）猪瘟、猪丹毒和猪肺疫。55~70日龄注射。

（8）传染性胃肠炎和流行性腹泻。每年10月至翌年3月期间后海穴注射。

（9）口蹄疫。每年2~3次注射，按规定剂量。

（10）繁殖与呼吸综合征。按所用疫苗要求注射。

（11）确定为种用的公、母猪。配种前1个月左右注射1次猪瘟疫苗。每头4~5头份。

4. 疫苗注射注意事项

（1）两种灭活疫苗一般可以同时注射，两种弱毒疫苗不可以同时注射。

（2）多种疫苗要在短时间内注射时，应先注射灭活苗，后注射弱毒苗，间隔3~5天；否则应间隔7~10天。

（3）伪狂犬和繁殖与呼吸综合征的弱毒苗对其他疫苗的干

扰性比较大，应放在后面注射。

（4）当注射弱毒细菌苗时，注苗前2天和后3天不可使用抗生素。

（5）任何疫苗注射的前、后2天内，不要祛虫。

二、猪场安全保健方案与实施措施

2013年10月8日国务院公布的《畜禽规模养殖污染防治条例》，提出了动物疫病的防控要“坚持预防为主、防治结合的原则”，在畜禽饲养中严禁滥用抗生素等药物，大力发展健康养殖与生态养殖，以保障畜牧业的持续健康发展、保障动物性食品安全与公众的身体健康。在动物疫病防控中除了加强科学的饲养管理、认真落实好各项生物安全措施、控制好养猪的生态环境、搞好疫病的检疫与监测、合理地做好疫苗免疫预防之外，还应根据猪只出生后不同的生长阶段及当地疫病流行规律，结合养猪场的生产实际，有针对性选用药物进行保健预防，这也是动物疫病防控中贯彻“预防为主、防治结合”原则的一项重要而又有效的技术措施，应予以重视。

（一）猪场药物保健预防选用药物的基本要求

（1）猪场药物保健预防不提倡使用抗生素。养猪生产在饲料中添加抗生素的目的一是预防动物疾病发生，二是促进动物快速生长。其实抗生素没有明显的促生长作用，长期滥用抗生素会诱发耐药性，导致“超级细菌”的出现，使动物疾病更加难以控制。我国是全球最大的抗生素生产国和消费国，每年生产的21万吨抗生素将近一半用在畜牧业养殖上，严重威胁着动物性食品安全和人体健康。抗生素进入猪体内只有部分被内脏器官吸收利用，有60%~90%以原药或其代谢产物的形式，通过尿液和粪便排出体外直接污染环境、水源、土壤、食品等。当人们长期食用这些“有抗食品”时，这些耐药细菌的耐药基因可传给人体肠道内的细菌，致使它们也发生变异而成为耐药菌株。由于耐药细菌染色体发生变异，可垂直遗传给下一代，使后一代自然形成耐药性，而且这种耐药性还可以在不同的菌种之间传递，使细菌对多种抗生素产生交叉耐药，其后果十分严重。最终会使人类一些普通的疾病感染无法医治而成为不能治愈的疾病。为此，应严禁在猪的饲料及饮水中添加抗生素。可以提倡使用微生态制剂、酶制剂、酸化剂、植物提取物等。

（2）选用无毒副作用、无药物残留、无耐药性的药物。

（3）选用能调节动物机体免疫功能，提高非特异性免疫力；能调理动物机体各器官功能，解除免疫抑制，又能激活细胞再生系统的药物。

（4）选用具有抗病毒、细菌、真菌、螺旋体、支原体、衣原体及立克次体，抗氧化，抗应激以及能解除体内毒素作用的药物。

（5）选用防治效果好、作用确切、使用方便的药物。

（二）猪场药物保健预防应选用的药物

1. 细胞因子制剂 包括干扰素（IFN）、免疫核糖核酸（IR-NA）、免疫球蛋白（Ig）、转移因子（TF）、白细胞介素（IL）、聚肌胞（又称聚肌苷酸）、阿糖腺苷、MHC-Ⅱ类分子、抗菌肽、溶菌酶、细菌素等。

2. 中兽药制剂 包括黄芪多糖、灵芝多糖、香菇多糖、人参多糖、红花多糖、防风多糖、枸杞多糖、甘草多糖、茯苓多糖、猪苓多糖、板蓝根、柴胡、穿心莲、鱼腥草、双黄连、金银花、连翘、大青叶、野菊花、黄芩、黄连、黄柏、荆芥、大蒜素等。

以上药物的共同特点是：具有抗病毒、抗细菌、抗应激、抗过敏的作用；能提高动物机体非特异性免疫力，解除免疫抑制；无毒副作用、无药残、不产生耐药性；安全、防治效果好，使用方便。

3. 猪场药物保健预防要联合用药共同组方 当前我国猪群中发生的疫病种类越来越多，旧病重新复发，新病不断出现，并且病原体变异加快，临床病例90%以上是多病原共感染，使病情越来越复杂，增加了防控的难度。因此，药物保健预防用抗生素不可能解决问题。一定要联合用药，共同组方，发挥各种药物的协同作用，才能有效预防疫病的发生。

（1）联合用药共同组方的原则。①首先要针对猪场发生疫病的病原与病因选用同类药物联合组方，以消灭病原体和消除病因。比如猪场存在多种病毒与细菌共感染及继发感染，预防时要针对猪场的实际选用抗病毒与抗细菌的细胞因子制剂和中兽药制剂组方联合用药，才能取得最佳的防治效果。②第二要针对疫病发生引起的病理变化选择药物联合使用，以尽快修复病理损伤，恢复动物机体的生理功能，使其早日康复。如兽医临床上常将黄芪多糖、灵芝多糖、香菇多糖、枸杞多糖、甘草多糖等与干扰素、排疫肽、免疫核糖核酸、转移因子、MHC-Ⅱ类分子、抗菌肽等联合使用，防治效果尚佳。③第三要针对尽快提高动物机体非特异性免疫力和抗病力选用药物联合使用，使其尽快恢复健康。如选择增强免疫力、抗过敏、抗应激、改善生理功能与胃肠道功能的细胞因子制剂和中兽药制剂联合使用，可达到良好的防治效果。

（2）临床上联合用药共同组方的优势。①临床上联合用药，能充分发挥各种组方药物的协同作用和促进作用，提高药效。可有效地扩大抗病毒与抗细菌谱，增强药物协同杀灭病原体的能力，又可防止耐药菌株的产生，从而明显提高临床防治效果。②联合用药可以全面提高动物机体的非特异性免疫力与抗病力，提高防治效果。③中兽药制剂与细胞因子制剂联合使用，可明显提高中药的防治效果，加快中药药效的发挥，解决了中药药效慢的问题，达到标本兼治的目的。

4. 猪场药物保健预防使用时机 猪场的药物保健预防不是每日给猪打针、吃药，更不是在饲料中滥用抗生素，而是根据猪场生产中存在的疫病与健康问题，针对猪只生长发育的不同阶段及各个生产环节可能出现的健康问题，采取科学的预防方案进行投药，以达到预防疫病的发生、保障猪只健康生长的目的。

目前，许多规模化猪场在正常生产状态下，一般是仔猪出生后保健 7 天；仔猪断奶前后（到保育舍后）保健 7~12 天；肥育猪转群与肥育中期各保健 7 天；后备种猪配种前保健 7 天；生产母猪妊娠中期保健 7 天、产仔前后连续保健 14 天；种公猪根据实际情况而定。发生疫情时，受到威胁的猪群可连续保健 12 天，但由于各个猪场的管理水平不同，生物安全与生态环境不一样，药物保健预防也不能是一个模式。要一切从猪场的生产实际出发，实事求是，才能收到预期的药物保健预防效果。

5. 猪场药物保健预防的参考保健方案

（1）仔猪的药物保健预防。仔猪出生后由于肠道黏膜免疫系统发育不完全，消化功能不健全，其免疫力与抗病力较弱。为防止仔猪出生后发生细菌性或病毒性腹泻以及其他疾病，可围绕提高仔猪肠道黏膜免疫功能，提高胃肠道消化吸收功能，防止病原的入侵，实施药物保健预防，以维护仔猪胃肠道的健康。

方案 1：仔猪出生后，将体表的黏液用消毒纱布擦洗干净，放入 28~32℃的保温箱中 10 分钟，然后给每头仔猪口服杆诺肽口服液（含有芽孢杆菌和变形类毒素）2 毫升，同时每头仔猪肌内注射排疫肽（含 5 种高免疫球蛋白）0.25 毫升加转移因子（免疫增强剂）0.25 毫升，然后再放入保温箱中待 10 分钟后吃初乳；第 2 天每头仔猪再口服杆诺肽口服液 2 毫升；第 3 天每头仔猪肌内注射牲血素 1 毫升、0.1%亚硒酸钠-维生素 E 注射液 0.5 毫升，或者肌内注射铁制剂 1~2 毫升，以预防仔猪发生缺铁性贫血与缺硒性拉稀；第 4 天每头仔猪再肌内注射排疫肽 0.25

毫升加转移因子 0.25 毫升 1 次。

方案 2：仔猪出生后，放入保温箱中 10 分钟，每头口服止痢宝口服液（嗜酸乳杆菌、抗病毒抗体）2 毫升，同时每头肌内注射倍健（免疫核糖核酸）0.25 毫升、加倍康肽（白细胞介素-4）0.25 毫升 1 次，然后将仔猪放回保温箱中，待 10 分钟后再吃初乳；第 2 天每头仔猪再口服止痢宝口服液 2 毫升；第 3 天的补铁补硒方法和要求同方案 1；第 4 天每头仔猪再肌内注射倍健 0.25 毫升加倍康肽 0.25 毫升 1 次。

方案 3：仔猪出生后，放入保温箱中 10 分钟，每头口服 1 次腹泻停（微生态制剂、干扰素、免疫球蛋白、黄芪多糖、抗腹泻病毒结构蛋白）2 克兑温开水 20 毫升；第 2 天再口服 1 次即可；第 3 天补铁补硒方法和要求同方案 1。

方案 4：仔猪出生后 10 分钟，用英特富（黄芪多糖、细胞因子、翻译抑制蛋白）2 克，兑温开水 20 毫升完全溶化后喂 1 头仔猪，第 2 天再口服 1 次；或者用猪疫康（芽孢杆菌活菌制剂、活性蛋白、特殊佐剂等）2 克，兑温开水 20 毫升完全溶化后喂 1 头仔猪，第 2 天再口服 1 次。第 3 天的补铁补硒方法与要求同方案 1。

实施上述药物保健方案可有效预防仔猪出生后发生病毒性与细菌性腹泻，以及猪瘟和伪狂犬病等，同时又能提高仔猪的非特异性免疫力与抗病力，最终提高哺乳仔猪的成活率。

（2）保育仔猪的药物保健预防。仔猪出生后第 2 周，小肠内淋巴结才开始集结；2 周龄后小肠黏膜上 T 细胞开始集结，B 细胞开始出现，并分泌 IgM；5 周后肠道小窝内开始分泌 IgA；7 周后小肠的各种结构才能达到成年动物的水平。所以，当仔猪 25 日龄左右断奶时，由于断奶应激、饲料应激、营养应激、温度应激及环境应激等因素的影响，易引发仔猪断奶后发生腹泻、星状病毒感染、细环病毒病、博卡病毒感染、库布病毒感染、萨佩罗病毒感染、多系统衰竭综合征、蓝耳病、猪瘟、呼吸道病、链球菌病、副猪嗜血杆菌病、喘气病、水肿病、传染性胸膜肺炎等多种疾病。为此，这一阶段的药物保健预防，中心是增强仔猪的非特异性免疫力，提高其抗应激与抗病原侵袭的能力。可通过饮水或饲料中添加微生态制剂、益生素、免疫增强剂及中草药提取物等，维护肠道健康，提高抗病力。药物保健预防方案如下。

方案1：双黄连粉400克兑水1 200升、电解质多维500克、维生素C 200克、细菌素200克，兑水1吨，连续饮用7~12天。一年四季可用。

方案2：穿心莲粉800克、转移肽（转移因子）500克、电解质多维500克、葡萄糖粉500克，兑水1吨，连续饮用7~12天。多用于春夏季节。

方案3：止痢散（含有雄黄、藿香、滑石等提取物及其他抗腹泻病毒活性物质，具有清热解毒、化湿止痢、开胃止呕、健脾、通淋之功效）400克、抗菌肽300克，拌入1吨料中，连续饲喂12天。仔猪断奶前3天开始添加。一年四季均可使用。

方案4：仪健（益生菌、免疫因子、酶类等）100克兑水100升，电解质多维500克与维生素C 200克兑水1吨，混合后连续饮用7~12天。一年四季均可使用。

上述方案可于断奶前后连续使用7~12天，预防效果尚佳。

(3) 肥育猪与后备种猪的药物保健预防。

方案1：清热散（大青叶、石膏、大黄、板蓝根等）500克、副诸清（细菌素）400克、加立健（免疫增强剂）500克，拌入1吨料中，连续饲喂7天。常用于夏秋季节。

方案2：柴葛解肌散（柴胡、黄芩、葛根、甘草等）500克、细菌素300克，拌入1吨料中，连续饲喂7天。一年四季均可使用。

方案3：银翘散（金银花、连翘、甘草、桔梗、荆芥、薄荷等）500 克、倍康肽（白细胞介素-4）400 克、抗菌肽 300 克、口服排疫肽 500 克拌入 1 吨料中，连续饲喂 7 天。常用于秋冬春季节。

方案 4：黄连解毒散（黄连、黄芩、黄柏、栀子等提取物及抗病毒活性物质等）500 克、溶菌酶 300 克拌料 1 吨，连续饲喂 7~12 天。一年四季可使用。

以上方案可于肥育猪转群与后备猪购入时予以实施 1 次，肥育中期（上市出栏前 2 个月左右）再实施 1 次。可有效预防猪高热综合征、呼吸道病综合征、口蹄疫以及副猪嗜血杆菌病、链球菌病和弓形虫病等疾病，一年四季均可使用，安全有效。

（4）生产母猪的药物保健预防。母猪的药物保健预防重点是预防繁殖障碍疾病，便秘、高热综合征、呼吸道病综合征以及“三炎”症（子宫内膜炎、阴道炎、乳腺炎）。母猪也是病原体的携带者，可经胎盘、产道、初乳传播病毒，也可水平传播，对仔猪构成直接威胁。通过对母猪的药物保健预防，阻断母猪携带病原体，以保障仔猪出生后的健康。可选用下列药物保健预防方案。

方案 1：芪健粉（黄芪多糖）800 克、金富农（干扰素）2 000克、转移肽（转移因子）1 000 克、溶菌酶（水解酶）1 500 克，拌入 1 吨料中，连续饲喂 7~14 天。一年四季可使用。

方案 2：鱼腥草粉 1 500 克、猪疫康（活性蛋白质）300 克、加立健（免疫增强剂）500 克，拌入 1 吨料中，连续饲喂 7~14 天。一年四季可使用。

方案 3：小柴胡散（柴胡、黄芩、姜半夏、党参、甘草等提取物及抗病毒活性物质）500 克、抗菌肽 400 克、口服排疫肽 500 克，拌入 1 吨料中，连续饲喂 7~14 天。秋冬、早春季节以及天气多变时使用。

方案 4：清开灵粉 1 500 克、白细胞介素 4 500 克、细菌素

400 克，拌入 1 吨料中，连续饲喂 7~14 天。一年四季可使用。

上述方案可于母猪妊娠中期实施 1 次，连用 7 天；产仔前 7 天与产后 7 天实施 1 次，连续使用 14 天，发生疫情受到威胁时可立即使用，预防效果尚佳。一年四季均可使用。

（5）种公猪的药物保健预防。种公猪的药物保健预防实施程序可参照种母猪的方案实施。

6. 实施药物保健预防注意事项

（1）实施药物保健预防时，要避免接种弱毒活疫苗。因为保健预防用的中兽药制剂与细胞因子某些制剂对弱毒活疫苗（包括病毒苗与细菌苗）有抑制作用，会减少抗体的产生，影响疫苗的免疫效果。因此，接种弱毒活疫苗的前 3 天和后 3 天不要实施药物保健预防。接种灭活疫苗（死疫苗）时不会受其干扰，可实施药物保健预防。

（2）实施药物保健预防一定要有针对性、阶段性及计划性，不要盲目用药、长期用药、滥用药物，否则会引起不良后果，适得其反。

（3）保健预防用药一定要选用通过国家兽药 GMP 验收企业生产的优质安全产品，严禁使用无批准文号、无生产许可证、无产品质量标准的“三无产品”，否则会造成严重的不良后果。

（4）用药剂量要按规定的有效剂量添加，严禁盲目随意加减剂量。用量过大，易造成浪费，增加成本支出，甚至引发意外事故；用量不足，易诱发细菌产生耐药性，降低药物保健预防的作用。

（5）上文列出的中兽药制剂是当前兽医临床上使用效果好的产品，供养猪场结合实际选用。如果猪场生产中出现新问题，或者疫病的发生出现新情况，可针对出现的新问题与新情况改用其他中兽药制剂，并结合细胞因子制剂联合使用，同样可以获得较好的防治效果。

(6) 养猪场在生产中除了定期分阶段进行药物保健预防之外，其他生产阶段不实施药物保健预防时可以添加微生态制剂或者酶制剂、酸制剂、小肽制剂等。20 世纪是维生素世纪，21 世纪是微生态世纪，所以应大力提倡使用微生态制剂，如金唯肽、唯泰、仪康、母猪宝、仔猪宝、肽乐健及替抗素等微生态制剂，可拌料饲喂，也可经饮水服用，使用方便，可长期添加，能有效抑制肠道有害菌群的生长繁殖，保持肠道菌群平衡，防止腹泻与便秘；改善胃肠道的功能，提高猪只对饲料的利用率与营养成分的吸收率，促进生长，节约饲料，提前 12 天出栏；增强机体的非特异性免疫力与抗病力；减少氨气、硫化氢、腐胺、组胺及酚等有害气体的排出量，降低其浓度而除去臭味，优化养猪的生态环境，保障猪只健康生长。

此外，在使用药物保健的同时应增加猪群运动保健，很多猪场都曾有过这样的现象，当一些猪发病后用各种药物治疗无效时，索性任由其四处活动，不用任何药物治疗，最后竟然自愈。其原因很大程度在于适量的运动强健了猪的体质，进而增加了猪自身的抗病力。因此，猪场应坚持让种猪群定期进行户外运动，同时降低生长猪群饲养密度，满足动物与生俱来的运动天性。

第三节　生猪安全用药

一、生猪安全用药的方法

（一）确切诊断疾病，严禁不经确诊就盲目投药

猪群发病时应及时对已死亡或重症猪进行剖检、检验等，及时确诊，找出病因，制定合理的用药措施，切忌乱作主张或凭经验盲目用药。

（二）根据药物的使用范围来选择有效的治疗药物

如果有条件，可以定期对本场的病原菌分离后进行药敏试验，并根据药敏试验结果，选用高敏药物。在高敏药物中应首选价廉、易得、使用方便的抗菌药物。没有条件进行药敏试验时，应尽量选用本场甚至本地区不常使用的药物以达到治疗效果。对于病毒性疾病，一般抗菌药物都无效，目前应用的抗病毒药大多效果也不确实。应用疫苗预防仍是目前控制动物病毒性疾病最有效的方法。

（三）了解所选药物的有效成分和药物的有效含量

在动物使用抗菌药时，药物要用到适当的剂量才能在机体内产生有效浓度，发挥药物的治疗作用。药量过小，药物在体内达不到有效浓度，不仅起不到治疗疾病的作用，且易产生耐药菌株。或者超剂量使用，不仅不会增加疗效，还会造成猪体内菌群失调，发生内源和外源性感染，很有可能产生毒副作用。

合理的用药应当是在猪只严重感染时剂量可适当加大，但应注意药物的毒性。待病情稳定控制后，即可恢复常规用量。需注意的是磺胺药在首次用药时宜使用突击量以达到迅速抑菌的目的，然后使用正常有效量，待症状消失后再给以 2~3 次最小维持量。对容易中毒的药物应严格按说明书使用。其他药物应按推荐剂量使用。同时，应根据动物的年龄、怀孕、产蛋、病理状态以及对药物的敏感性（肝、肾功能状态）等因素，适当调整药物品种、剂量和疗程。

同时还需注意足够的治疗疗程，一般的感染性疾病可连续用药 3~5 天，症状消失后，巩固治疗 1~2 天。磺胺类药物治疗的疗程要长一些，但也不宜超过 7 天。切忌因停药过早而导致患畜疾病复发并产生耐药性，也不可长期使用同一种抗菌药物。

（四）选择适宜的给药途径

不同的给药途径不仅影响药物吸收的速度和数量，与药理作用的快慢和强弱有关，有时甚至会产生性质完全不同的作用。如硫酸镁溶液内服起泻下作用，若静脉注射则起镇静作用。猪群常用给药方法有内服给药、注射给药、直肠给药、皮肤给药等，由于不同药物的吸收途径和在体内分布浓度的差异，因此给药方法不同疗效也有所不同。

一般来说，危重病症应以肌内注射或静脉注射给药。消化道感染应以内服为主，严重消化道感染与并发败血症、菌血症应内服并配合注射给药。一些药物不能内服只能注射给药，如青霉素。肠道感染时，应选用肠道吸收率较低或不吸收的药物混饲或饮水；全身感染时，则应选用肠道吸收较高的药物混饲或饮水。猪群发病期间，食欲下降，饮水给药可获得有效药量。不溶于水或微溶于水的药物以及在水中易分解降效或不耐酸、不耐酶的药物则禁止以饮水方式给药；混饲给药多适宜长期预防性投药，饮水用药适宜短期投药及群体性紧急性治疗。直肠给药在治疗便秘、补充营养等方面能发挥较好的作用。皮肤给药特别适宜治疗体外寄生虫病，但脂溶性大的杀虫药可被皮肤吸收，应防中毒。

（五）药物合理配伍

配伍用药需利用药物的协同作用和拮抗作用，在临床上可利用协同作用叠加或增强药物之间的药效以提高疗效，而拮抗作用可用于减轻或避免某些药物的副作用或解除药物的毒性反应。但应注意药物的配伍禁忌：①碱性药物不能与酸性药物配合应用。碱性药物如小苏打、人工盐、健胃散、氨茶碱注射液和磺胺类钠盐注射液等，酸性药物如青霉素、硫酸链霉素注射液、硫酸庆大霉素注射液、硫酸卡那霉素注射液、维生素 C 注射液、葡萄糖酸钙注射液等，以上药物若配伍使用，易发生沉淀，若肌内注射易造成药物吸收不良，降低药效。若静脉注射则易造成血管栓塞及局部血液循环障碍。②杀菌剂不能与抑菌剂配合应用，如氟喹诺酮类药物（氧氟沙星、诺氟沙星、恩诺沙星、环丙沙星等）不能与甲砜霉素、氟苯尼考等药物配合使用。青霉素不能与四环素类药物等联合应用。

此外，卡那霉素、甲砜霉素、呋喃唑酮、磺胺类、糖皮质激素类（如地塞米松、氢化可的松等）可影响疫苗免疫效果，免疫前后 3~5 天应避免使用。

（六）严格执行猪常用内服药与注射药的休药期和允许残留量

休药期是指畜禽停止给药到许可屠宰或其产品（肉、乳、蛋）许可上市的时间间隔。严格执行休药期是控制兽药残留的重要措施。

动物性食品中的兽药残留越来越成为广受关注的公共卫生问题，不但会影响人们的身体健康，而且不利于养殖业的健康发展。做到合理、安全使用兽药，必须有效减少和控制药物的残留，定期对畜禽进行药物残留监测。目前，欧盟已制定了 118 种兽药最高残留限量标准。美国也发布了禁用药物清单，制定了兽药最高残留限量和休药期，实行兽药残留风险分析，制订并执行国家年度残留检测计划，建立了残留危害信息系统，应用全球食品动物避免残留数据库。我国的兽医行政管理部门负责发布兽药残留限量标准和残留检测方法，制订并组织实施国家动物及动物产品兽药残留监控计划。

二、猪病用药注意事项

根据猪场与本地区猪病发生流行的规律、特点及季节性，有针对性地选择高疗效、安全性好、抗菌谱广的药物用于治疗与预防方可收到良好的防治效果。用药物防治之前最好先做药敏试验以便选出高敏感性的药物用于治疗与预防，有利于提高防治效果。

（一）对疫病做出正确诊断后再用药，不要盲目用药

只有对疫病做出正确的诊断才能对症下药，采取有效的防治

方法。盲目乱用药往往会造成药物治疗的失败，也很难达到药物预防的目的。

（二）药物防治要保证用药的有效剂量

各种药物都有治疗剂量、预防剂量与中毒剂量。因此，在使用药物治疗与预防时，一定要按照药物规定的剂量实施，严禁任意改变用药剂量。用药量过大不仅会造成药物的浪费，增加经费支出，而且会引起毒副作用，造成猪只的死亡。如长期超量使用链霉素和庆大霉素可在体内造成蓄积引起中毒。卡那霉素和呋喃唑酮长期超量使用对猪体的 B 淋巴细胞有抑制作用，影响其疫苗免疫效果。新生霉素、磺胺类药和呋喃类药长期超量使用对猪的血液系统有损害作用。头孢菌素、青霉素、四环素及磺胺类药能引起肾脏毒性。四环素和磺胺类药物能引起肝脏毒性和胃肠炎，甚至引发二重感染。用药剂量不足、用药时间过长，不仅达不到药物的防治目的，而且能诱导细菌对药物产生耐药性。所以在实施药物防治时应定期更换不同的药物，防止耐药性菌株的出现。

（三）药物防治要保证规定的疗程

用于防治疫病的药物都有一定的疗程，如果用药的疗程不够，会使药物不能维持有效的抗菌浓度和作用时间。有的病原体可能暂被抑制并没有被杀灭，一旦停止用药，受到抑制的病原体会重新生长、繁殖，再次出现病症疫病复发，造成药物治疗的失败。兽医临床上用于防治的药物疗程除了有特殊规定的之外，一般疗程多为 3~5 天。临床治愈后还可考虑用药 1~2 天。巩固疗效防止疫病复发。药物预防时间要长一些，一般为 7~14 天。

（四）在疫病防治中要科学地联合用药

兽医临床上根据药物的特性与作用针对疫病的特征与发病规律科学地联台用药可有效提高防治效果，缩短用药时间，获得满意的结果。如青霉素加链霉素、卡那霉素加四环素、庆大霉素加四环素、磺胺类药加增效剂等联合用药，对多数阳性菌和阴性菌、支原体及螺旋体等均有良好的防治效果。红霉素加庆大霉素或卡那霉素，青霉素加庆大霉素或卡那霉素或头孢霉素、链霉素、卡那霉素、庆大霉素加四环素类或头孢霉素，磺胺甲噁唑加三甲氧苄啶或二甲氧苄啶等，对金色葡萄球菌、大肠杆菌及变形杆菌有很强的杀灭作用。多黏菌素 B 或多黏菌素 E 加四环素类或庆大霉素或青霉素，庆大霉素加四环素类等，对绿脓杆菌作用加强。抗病毒药物（包括中药制剂）与干扰素或抗菌药物联合作用，对病毒和细菌的防治，作用更为理想。

（五）要避免药物配伍禁忌

两种或两种以上的药物配合使用时如果配伍不当，有的会发生理化性质的改变使药物产生沉淀、分解、结块或变色，减弱防治效果，增加药物的毒性，造成不良后果。如磺胺类药物（钠盐）与抗生素（硫酸盐或盐酸盐）混合产生中和作用药效会降低。维生素 B_1、维生素 C 属酸性，遇碱性药物时即可分解失效。所以，在实施药物防治时，一定要避免药物的配伍禁忌，确保药物的应有疗效。

（六）注意鉴别真假兽药

用于防治猪病的各种兽药、生物制品、药物添加剂及微生态制剂等一定要从国家批准的生产厂家购买，并认定其批准文号、生产许可证生产日期、质量标准、保存期等，严禁购买无证的假劣兽药，以免贻误疫病的防治，造成更大的经济损失。

（七）按国家规定严格执行

兽医临床上使用的各类抗菌药物和抗寄生虫药物等多数都规定了休药期，用药物防治猪病时，必须严格按照国家颁布的《中华人民共和国兽药规范》《兽药质量标准》和《兽药管理条例》中有关规定的药物休药期，防止药物在动物体内残留，确保动物性食品的安全，以免影响公共卫生和人民的身体健康。兽医常用药物的休药期为青霉素类药物 6～15 天，氨基糖苷类抗生素 7～

40天，四环素抗生素为28天，大环内酯类抗生素7~14天，林可胺类抗生素7天，多肽类抗生素7天，喹诺酮类10~25天，磺胺类药5~7天，抗寄生虫药14~28天。

三、安全使用兽用生物制品

（1）要仔细阅读生物制品包装上的说明、使用方法、剂量、生产日期、有效期，并做好相应记录，以便查阅。

（2）使用前对畜禽进行认真检查、检疫，选择合适的生物制品及合理的使用方法，以便达到最佳的使用效果。

（3）对生物制品要检测效价。应根据实际情况到当地有关部门送检，采取相应程序进行检测，切不可根据经验盲目判断。

（4）使用生物制品的器皿、器械要进行严格的消毒清洗，应避免残留消毒液对生物制品产生不良影响，同时应避免继发性感染。

（5）用于注射的生物制品应根据其佐剂或混合液选择不同规格的针头，注射的顺序是从健康鸡到患病鸡。

（6）应该按实际需要量解冻生物制品，解冻后的生物制品应尽可能在2小时内用完；解冻后剩余的生物制品应该灭菌销毁，千万不可再次冻结后再用或反复冻融。

（7）使用生物制品实施免疫或注射时，最好在早晨或傍晚进行。在使用过程中应尽量避免生物制品接受阳光照射和高温高热。

（8）应用生物制品免疫的畜禽要认真清点，以免漏免和重复免疫。生物制品应用后，要注意观察畜禽情况并做好详细记录。

（9）用完后的瓶罐、器皿或包装要消毒或销毁，切忌在养畜禽场内乱扔乱放，特别是活疫苗瓶，往往会引起传染病的散发和流行。

（10）在养殖小区或畜禽场附近有其他场及养殖户的，一定要尽量同时、同步接种同一种疫苗，这样才能更好地达到免疫效果。

四、安全使用抗生素

在猪病防控中要避免使用易造成机体免疫抑制与产生耐药性的各类抗生素药物，特别是不要滥用或长期使用劣质的抗生素，如氯霉素、呋喃唑酮、链霉素、新霉素、四环素、土霉素、地塞米松、庆大霉素、卡那霉素、糖皮质激素、泼尼松、可的松、雄激素、睾丸激素，磺胺类药物等。这些药物不仅对机体具有免疫抑制作用，影响疫苗的免疫效果；而且易产生耐药性与药物残留，影响预防与治疗疫病的效果，威胁公共卫生的安全。因此，在猪病防控中，一定要根据病情科学合理地选择安全、优质、高效的抗生素对症使用。首先要对疾病做出正确的诊断，再对症选择药物，最好是先做药敏试验，再根据药物的性质与作用选用最敏感的抗生素进行对症治疗或预防，方可获得良好的效果。妊娠母猪禁止使用磺胺类药物及甲氧苄啶、四环素、红霉素、替米考星、新霉素、链霉素、卡那霉素、庆大霉素、诺氟沙量、环丙沙星、多黏菌素、制酶菌素、古霉素及硝基咪唑类等药物。

第四节 影响猪肉品质的常见病及防治

一、常见病毒病的防治

（一）猪瘟

猪瘟是由猪瘟病毒引起的一种高度传染性疾病。病猪和带毒猪是本病最主要传染源，病毒传播的主要方式是易感猪与病猪的直接接触。在本病的常发地区，因猪群产生一定的免疫力，发病率和病死率都较低；而在新疫区则发病率与死亡率都可达 90%以上。

1. 临床症状和剖检病变 急性型猪瘟病猪的体温升高到41℃以上，精神沉郁，停食，脓性结膜炎。病初发生便秘，随后腹泻。腹下、鼻端、耳根、四周内侧和外阴等部位的皮肤颜色，由病初的充血到后期变为发绀或出血。有些呕吐含有大量胆汁的深绿色液体。慢性型猪瘟的突出表现是精神时好时坏，体温忽高忽低，便秘与腹泻交替发生。病猪生长发育不良，很难完全康复，不死的猪常形成僵猪。温和型猪瘟又称为非典型猪瘟，症状较轻，病猪体温一般在40~41℃。发病率和病死率都较低，幼猪可致死，成年母猪常耐过。有时病猪耳、四肢末端、尾皮肤坏死。

急性型猪瘟至淋巴结肿大、出血，外观呈红黑色，切面周边出血，呈大理石样。肾皮质表面有针尖状出血点或大的出血斑，出血点多的呈雀斑肾外观。脾边缘有紫黑色的出血性梗死。喉头和咽部黏膜、会厌软骨及胃肠黏膜有不同程度的出血点。慢性型猪瘟出血现象不明显，在回肠末端、盲肠及结肠有纽扣状的坏死和溃疡。由于钙磷代谢紊乱，仔猪的肋骨末端与软骨交界部会发生钙化，呈黄白色骨化线。温和型猪瘟剖检病变比典型性猪瘟要轻，淋巴结水肿，脾稍肿，有1~2处梗死灶；回盲瓣出现纽扣状溃疡的病例很少；肾出血点不一致。

2. 诊断和防治 根据临床症状和剖检病变可对典型猪瘟做出诊断。温和型猪瘟必须通过实验室检测才能确诊。本病目前尚无有效的药物，必须采取预防为主的综合性措施。种猪群每年免疫2次。由于母源抗体的干扰，仔猪出生后未吃初乳前进行猪瘟免疫接种，2小时后再哺乳，65日龄二免，或者采用分别在20、65日龄进行猪瘟免疫。对发病猪应立即采取扑灭方法，污染物等就地深埋，污染的场地、用具等彻底消毒。暴发猪瘟疫情时，对受威胁猪群立即紧急接种。

（二）猪繁殖与呼吸综合征（PRRS）

猪繁殖与呼吸综合征是由猪繁殖与呼吸综合征病毒引起的一种繁殖障碍和呼吸系统的传染病，因部分病猪的耳部发紫，又称为“猪蓝耳病”。其症状主要为母猪繁殖障碍和仔猪呼吸道疾病。

1. 临床症状和剖检病变　受病毒毒力、猪群免疫状态、日龄、饲养管理和环境条件等因素的影响，临床症状不尽相同。母猪病初精神沉郁、发热、食欲减退或废绝，妊娠后期发生流产、早产、木乃伊胎、死胎、弱仔。少数猪耳部发绀，皮下出现一过性血斑。新生仔猪呼吸困难，运动失调，1 周内高达 80% 死亡，有时甚至 100%死亡。1 月龄内仔猪临床症状明显，食欲减退或废绝，体温升高，呼吸困难，共济失调，少数仔猪皮肤发绀，耳部发紫。育肥猪症状轻微。种公猪感染后精神倦怠、厌食、呼吸急促、精子质量降低、性欲减弱。本病无特征性剖检病变，只见弥散性间质性肺炎和淋巴结水肿，若有继发感染，可见到相应疾病的病变。

2. 诊断和防治　根据母猪妊娠后期流产、新生仔猪高死亡率和间质性肺炎能初步做出诊断。确诊还要依靠实验室诊断。本病目前尚无有效的药物，主要采取综合性防控措施及对症疗法。坚决避免引进带毒猪，新引进的猪必须隔离检查为阴性方可入场。该病毒感染猪后，易引起细菌的继发感染，应用药物控制猪群的细菌性继发感染。免疫接种常用弱毒疫苗，但无此病的猪场不建议用，因为该疫苗存在返强和散毒等问题。

（三）猪圆环病毒病

猪圆环病毒病是由猪圆环病毒病 2 型所引起的多种疾病的总称，包括断奶仔猪多系统衰竭综合征、猪皮炎肾病综合征、传染性仔猪先天性震颤、繁殖障碍等。

1. 临床症状和剖检病变

①断奶仔猪多系统衰竭综合征：消瘦，生长缓慢，呼吸困难，腹泻，黄疸，贫血，淋巴结肿大。②猪皮炎肾病综合征：皮肤上出现圆形、不规则形的红色或紫红色病变，病变的中央呈黑色，病变可融合成片状或大的斑块。病变通常发生在猪的四肢、腹部、体侧、耳等。病情严重的猪会出现跛行、厌食、体重下降等。③传染性仔猪先天性震颤：临床上震颤的程度从中度到严重不等，同窝仔猪的发病数量不定。表现为双侧震颤，可影响到骨骼肌，当仔猪休息或睡眠时震颤症状可缓和，但受到突然刺激时震颤可重新激发或加重。出生后第一周内严重震颤的仔猪可由于吃不到母乳而死亡，一周龄以上的仔猪常能耐过。

剖检见肺呈弥散性间质性肺炎，质度坚硬似橡皮，肺表面有大小不等的褐色实变区。全身淋巴结肿大，切面为灰黄色，或有出血点。肾苍白、肿大，皮质部可见坏死灶或出血。胃肠道也有不同程度的充血和出血变化。

2. 诊断和防治 根据临床症状和剖检病变，可做出初步诊断，确诊需依靠实验室检测。本病要采取多种综合性的措施来控制。坚持全进全出制度，减少猪群之间接触感染机会；加强猪群的饲养管理，提高猪群的抵抗力；完善药物预防方案，控制细菌继发感染，降低猪群的发病和死亡；做好猪场猪瘟、猪繁殖与呼吸综合征、气喘病等病的免疫接种工作。

（四）猪伪狂犬病

猪伪狂犬病是由猪伪狂犬病毒引起的一种急性传染病。仔猪主要表现为神经症状，妊娠母猪发生流产、死胎，公猪表现为繁殖障碍。

1. 临床症状和剖检病变 随着猪日龄的不同、感染病毒毒力的不同，临床症状有很大的不同。妊娠母猪发生流产、产死胎或木乃伊胎，流产率可达50%，产的弱仔，多数在2~3天死亡。仔猪精神委顿、厌食、呕吐、腹泻、体温升至41℃以上；随后出现神经症状，共济失调、全身发抖、角弓反张、倒地四肢划动，有的后躯麻痹，有的前进、后退或盲目转圈；最后衰竭而亡，病死率可达100%。生长育肥猪症状轻微，咳嗽、呼吸困难，有的出现腹泻，多在3~4天恢复。母猪感染后返情率升高，屡配不中；公猪睾丸肿胀、萎缩，失去种用价值。

剖检一般无特征性的病变。有明显的神经症状时，脑膜出血、脑脊髓液增多。肝、脾和扁桃体有散在的坏死点。流产胎儿肝、脾有灰白色坏死灶，脑和臀部皮肤有出血点。

2. 诊断和防治　根据临床症状和剖检病变可初步诊断，要确诊必须进行实验室诊断。尚无治疗本病的有效药物，免疫接种是防控本病的主要措施。目前有猪伪狂犬病弱毒疫苗、灭活苗和基因缺失苗（如缺失gE、gG、TK）可供使用，接种疫苗能减缓猪感染后的临床症状，但不能消灭本病。要彻底根除本病，必须把用基因缺失疫苗免疫接种和能区分疫苗免疫抗体与野毒感染抗体的实验室检测结合。由于不同基因缺失疫苗的毒株之间会发生基因重组，因此，一个猪场只准使用一种基因缺失疫苗。

（五）猪口蹄疫

口蹄疫是由口蹄疫病毒引起的偶蹄动物的一种急性热性高度接触性传染病。猪口蹄疫的临诊特征是口腔黏膜、蹄部和乳房等处皮肤形成水疱和烂斑。

1. 临床症状和剖检病变　病初体温升高至40~41℃，精神减退，食欲不振或废绝。蹄冠、蹄叉、蹄踵和鼻端等部位出现发红、微热、敏感，不久形成米粒到黄豆大的水疱，水疱破溃后，可见暗红色的糜烂，如无继发感染，很快会结痂愈合；发生继发感染，会影响蹄叶和蹄壳，严重的蹄匣脱落。病猪的口黏膜也会形成小水疱或烂斑。母猪感染后可能流产。母乳的乳房、乳头也可能出现水疱。病死猪的蹄部、口腔、咽喉、气管、支气管、胃黏膜和乳房可见水疱、烂斑和溃疡，溃疡面上盖有黑褐色的痂块。心包膜有弥漫性或点状出血，心肌松软似煮过的肉，心肌切面有灰白色或淡黄色斑点或条纹，称为“虎斑心”。

2. 诊断和防治　根据临床症状、剖检病变等可做出初步诊断，确诊需进行实验室诊断。平时应加强饲养管理，认真执行消毒制度，禁止从疫区引起猪或猪产品。疫区或受威胁区要免疫猪口蹄疫疫苗，疫苗选用与当地流行的相同血清型、亚型的疫苗。一旦暴发本病，立即向上级有关部门报告疫情，按“早、快、严、小”的原则，采取封锁、隔离、检疫、消毒等措施。对猪场或疫区内受威胁的猪群，立即进行紧急免疫接种。

（六）猪流行性腹泻

该病是由猪流行性腹泻病毒引起的猪的一种高度接触性肠道传染病，病猪以呕吐、腹泻和食欲下降为特征。临床上与猪传染性胃肠炎难以区别。

1. 临床症状和剖检病变　病猪表现为呕吐、腹泻和脱水。粪稀如水，灰黄色或灰色。呕吐多发生于吃食或吃奶后。日龄越小，症状越严重，1 周内的哺乳仔猪发生腹泻后 2~4 天内因脱水而亡，病死率可达 50%。断奶猪、育肥猪和母猪表现为沉郁、厌食，腹泻 4~7 天，逐步恢复。成年猪仅发生沉郁、厌食和呕吐，很少发生死亡。

剖检见病变主要在小肠，肠管膨胀，充满淡黄色内容物，肠壁变薄，肠系膜淋巴结始终，肠绒毛变短，严重的绒毛萎缩，甚至消失。

2. 诊断和防治　本病的临床症状、剖检病变与猪传染性胃肠炎十分相似，要确诊，必须进行实验室诊断。常用的方法是免疫荧光和 ELISA。目前本病无特效药物，采取对症治疗，小猪口服补液盐或腹腔注射葡萄糖生理盐水补液，口服抗菌药物，预防继发感染。为了缩短本病在场内的流行，可将病猪的粪便或小肠内容物喂给分娩前 3 周的怀孕母猪，使其产生抗体，从而保护新生仔猪，但该方法存在散毒的危险。平时应做好饲养管理、隔离消毒、全进全出等预防措施，免疫接种可用猪传染性胃肠炎—猪流行性腹泻二联疫苗。

（七）猪传染性胃肠炎

猪传染性胃肠炎是由猪传染性胃肠炎引起的猪的一种急性胃肠道传染病。临床特征表现为发热、呕吐、严重腹泻、脱水和2周龄以内仔猪高死亡率。

1. 临床症状和剖检病变　本病传播迅速，数日即可波及全群。仔猪突然呕吐，接着发生频繁水样腹泻，粪便呈黄色、绿色或白色，常夹有未消化的乳块。病猪委顿，极度口渴，严重脱水，日龄越小，病死率越高，治愈的仔猪生长发育受阻。随着日龄的增加，病死率逐步降低。育肥猪和成年公母猪主要表现是食欲减退或废绝，个别猪只出现呕吐、水样腹泻，粪呈黄绿色或褐色，很快腹泻停止，康复。

病死猪的尸体脱水，剖检见主要病变在胃和小肠。胃内充满未消化的凝乳块，胃底部黏膜充血。小肠肠管扩张呈半透明状，肠壁变薄，肠内充满白色或黄绿色肠液及未消化的凝乳块，肠系膜淋巴结轻度肿大。乳糜管中缺少乳糜。在低倍显微镜下观察空肠，可见肠绒毛明显缩短。

2. 诊断和防治　根据临床症状和剖检病变可以做出初步诊断，要确诊必须进行实验室诊断。常用的实验室诊断方法有血清学、免疫荧光和RT-PCR等。目前本病尚无有效的治疗药物。在发病时，供给易消化的饲料和清洁的饮水，加强护理，日龄大的猪会很快康复。小猪可口服补液盐或腹腔注射葡萄糖生理盐水。为防止继发感染，可口服抗菌药物。平时应做好猪场的消毒卫生工作和饲养管理，免疫预防是防制猪传染性胃肠炎的有效方法，市场上有猪传染性胃肠炎与猪流行性腹泻二联苗可供使用。

二、常见细菌病及防治

（一）猪丹毒

猪丹毒是由猪丹毒杆菌引起的一种急性、热性传染病。在临床上，急性表现为败血症，亚急性表现为皮肤上疹块，慢性表现为心内膜炎和关节炎。

1. 临床症状和剖检病变 根据临床症状分为急性败血型、亚急性疹块型和慢性型。

（1）急性败血型：流行初期，有一头或数头猪突然死亡，其他猪相继发病。体温升至42℃以上，稽留不退，不愿走动，躺卧不起，呼吸困难。耳后、颈部、胸腹侧等部位的皮肤上出现红斑，指压褪色。

（2）亚急性疹块型：初体温升至41℃以上，食欲减退，口渴，精神不振，喜卧，在胸腹背肩及四肢外侧等部位的皮肤有菱形或不规则疹块，初期指压褪色，后期淤血指压不褪色，俗称“打火印”。有的疹块颜色逐渐消褪色，有的坏死或脱落形成瘢痕。

（3）慢性型：慢性关节炎可见关节变形、肿胀、疼痛，病腿僵硬，跛行或卧地不起。心内膜炎者，可见精神萎靡，消瘦，喜卧，心脏有杂音，心跳加速，心律不齐，呼吸急促。皮肤坏死的可见背、肩、耳、蹄、尾等处皮肤肿胀、隆起、坏死、色黑、脱落。

剖检：①病变急性型：主要表现为全身淋巴结肿大，切面多汁或出血；肾肿大，暗红色，皮质有出血点；脾肿大，呈樱桃红色，质软，切面的髓质易于刮下；胃底部及小肠黏膜红肿，上覆黏液及出血；心内外内膜小点状出血，肺充血水肿。②亚急性型：以颈、背、腹侧部皮肤疹块为特征。③慢性型：慢性心内膜炎可见心脏瓣膜，多见左心的房室瓣上有菜花样赘生物。慢性关节炎可见关节肿大，囊内有多量浆液性纤维素性渗出液，时间长者，滑膜绒毛性增生变厚。

2. 诊断和防治　根据临床症状和剖检病例可以做出诊断，必要时进行血清学和病原学检查。发病后应尽早确诊、隔离，及时用药治疗。

（1）治疗。青霉素是首选药物，当病猪体温和食欲恢复正常后，不能立即停药，应再注射 2～3 次，巩固疗效，以防复发或转为慢性，也可用土霉素、链霉素、林可霉素等进行治疗。对病猪污染的猪舍环境、用具等应进行消毒。猪粪集中堆肥。病死猪应深埋或化制处理。

（2）预防。平时应加强饲养管理，搞好猪舍环境卫生的消毒工作，定期进行预防接种。预防接种的疫苗有猪丹毒弱毒疫苗、猪丹毒灭活苗、猪瘟、猪丹毒和猪肺疫三联活疫苗。

（二）猪肺疫

猪肺疫又称猪巴氏杆菌病，俗称“锁喉疯”或“肿脖子瘟”，是由多杀性巴氏杆菌引起的猪的一种传染病。

1. 临床症状和剖检病变

（1）最急性型：突然发病，迅速死亡。病程稍长的病猪表现为体温升至 41～42℃，食欲废绝，咽喉部发热、红肿、坚硬，呼吸困难，呈犬坐姿势，伸颈张口呼吸，可使黏膜发绀，耳根、颈部和腹部皮肤可见红斑。

（2）急性型：体温升至 40～41℃，初期痉挛性干咳，呼吸困难，后湿性痛咳，可视黏膜发绀。

（3）慢性型：食欲减退，持续性咳嗽，呼吸困难，鼻流少许黏脓性分泌物，常有腹泻发生，极度消瘦。

剖检：①最急性型：病变表现为败血症变化，全身黏膜、浆膜有大量出血点；咽喉及周围组织有黄红色胶冻样浸润；全身淋巴结急性肿大，切面红色；肺充血、水肿。胃肠黏膜有卡他性或出血性炎症。②急性型：肺有不同程度的肝变区，胸膜常附有纤维素性渗出物，胸腔和心包积液，胸腔淋巴结肿大、出血。③慢性型：尸体消瘦，肺肝变区扩大并有坏死灶，胸腔和心包积液，胸腔附有纤维素性渗出物。

2. 诊断和防治 根据临床症状和剖检病变做出初步诊断，确诊需进行病菌的分离鉴定。

确诊感染本病后，应隔离病猪，及时治疗。常用的药物有氨苄西林、四环素、链霉素和磺胺类药物。平时应加强饲养管理，做好消毒工作，消除各种不良诱因，定期免疫接种。常用的疫苗有猪肺疫氢氧化铝甲醛菌苗和猪肺疫弱毒冻干菌苗。

（三）猪支原体肺炎

猪支原体肺炎又称猪地方流行性肺炎，俗称猪气喘病，是由支原体引起的一种慢性接触性呼吸道病。其主要症状是咳嗽和气喘，特征性病变是肺的尖叶、心叶、中间叶和膈叶前缘呈“肉样”或“虾肉样”实变。

1. 临床症状和剖检病变 主要临床表现为咳嗽和气喘，据发病经过，可分为急性、慢性和隐性 3 个类型。

（1）急性型主要见于新感染的猪群。病猪精神不振，体温一般正常，呼吸困难，咳嗽次数少而低沉，呼吸次数可剧增到 60~120 次/分，严重者张口喘气，发出哮鸣声。

（2）慢性型常见于老疫区，清晨和傍晚气温低时或喂食和剧烈运动时，咳嗽最明显。常出现不同程度呼吸困难，呼吸次数增加和腹式呼吸。食欲变化不大，病情时轻时重。

（3）隐性型在良好的饲养管理条件下的猪群，感染后不表现临床症状，只有在屠宰或 X 线检查时发现肺炎病变。

剖检：两肺的心叶、尖叶和膈叶呈对称性肉样变或胰样变，中间叶实变，肺门和膈淋巴结肿大。若有细菌继发感染，可见到肺和胸膜的纤维素性、化脓性或坏死性的病变。

2. 诊断和防治　根据临床症状和剖检病变可做出初步诊断，用ELISA、免疫荧光试验和PCR确诊。各种治疗方法只能减轻症状、控制继发感染，但不能根除病原。常用来治疗猪气喘病的药物有土霉素、硫酸卡那霉素、泰妙菌素、林可霉素等。可通过自然分娩或剖腹取胎、人工哺乳，仔猪按窝隔离饲养，断奶仔猪、生长育肥猪分舍饲养，及时淘汰病猪和可疑猪，消毒切断传播途径、消灭传染源等措施，培养健康猪群。坚持自繁自养，必须从外面引猪时，要严格检疫和隔离。市场上有弱毒疫苗和灭活疫苗可供使用。

（四）仔猪副伤寒

仔猪副伤寒是由沙门杆菌引起的仔猪的一种传染病，急性病例表现为败血症，慢性病例表现为坏死性肠炎和肺炎。

1. 临床症状和剖检病变

（1）急性型：体温突然升高到41~42℃，沉郁，不食，后期腹泻，呼吸困难，耳根、胸前和腹部皮肤有紫红色斑点。病死率较高，一般2~4天内死亡。

（2）慢性型：此型较多见。体温升高到40.5~41.5℃，精神不振，上下眼睑被黏性或脓性分泌物粘连。食欲减退，病猪先便秘后腹泻，粪便恶臭、淡黄色或灰绿色，很快消瘦。有的猪腹部皮肤出现弥散性湿疹，揭开浆性覆盖物可见绿豆大的浅表溃疡。后期因极度消瘦，衰竭而亡。耐过的猪生长发生受阻，变成僵猪。

剖检：①急性病例主要为败血症变化；脾肿大，色暗发蓝，坚实；淋巴结肿大，切面呈大理石样；胃肠黏膜可见急性卡他性炎症；全身浆膜、黏膜有出血斑点。②慢性型的典型剖检病变为坏死性肠炎；盲肠、结肠，有时波及回肠后段，肠壁增厚，黏膜上覆盖一层糠麸状的坏死性和腐乳状物质，剥开后可见底部红色、边缘不规则的溃疡面。肝有灰黄色的小坏死点。

2. 诊断和防治 根据临床症状和剖检病变可以做出初步诊断，确诊需进行病原的分离鉴定。发病后，可用喹诺酮类、磺胺类药物进行治疗。对圈舍彻底清扫、消毒，粪便堆积发酵后才能利用。对尚未发病的猪群可在饲料中加入抗生素进行预防。预防本病应平时加强饲养管理，改善卫生条件，消除各种诱因。在常发病地区，用仔猪副伤寒冻干疫苗免疫接种。

（五）仔猪黄痢

仔猪黄痢又称为早发性大肠杆菌病，是由一定血清型大肠杆菌引起的初生仔猪的一种急性、高度致死性的传染病。以拉黄色稀粪和急性死亡为特征，剖检见肠炎和败血症变化，有的无明显病变。

1. 临床症状和剖检病变 仔猪刚出生时还健康，快的数小时突然发病和死亡。病初有 1~2 头仔猪全身衰竭，很快死亡。其他仔猪相继发生腹泻，粪便呈黄色水样，含有凝乳小片。仔猪挣扎和鸣叫时，从肛门冒出水样稀粪，很快脱水、迅速消瘦，昏迷而死。病死猪尸体明显脱水、消瘦。肠道内充满多量黄色液体内容物和气体，肠壁变薄、松弛。肠系膜淋巴结充血、肿大。胃黏膜红肿。肝、肾变性，有的有出血点。

2. 诊断和防治 根据临床症状和剖检病变可做出初步诊断，必要时可做细菌分离鉴定。开始发病时，要立即全窝给药，常用的药物有新霉素、金霉素、喹诺酮类药物。同时可通过腹腔注射 5%葡萄糖盐水或口服补液盐进行补液。平时应做好猪舍环境的消毒卫生工作，母猪进产房前、产前 3~5 天对母猪的乳房、腹部皮肤进行消毒，哺乳前再重复一次。常发病猪场，怀孕母猪产前 1 个月免疫接种大肠杆菌 K88、K99、987P 三价灭活苗或大肠杆菌 K88、K99 双价基因工程苗，仔猪可通过母源抗体获得被动保护。仔猪初生后未吃母乳前，口服抗菌药，连用 3 天。

（六）仔猪白痢

仔猪白痢又称为迟发性大肠杆菌病，10～30 日龄的仔猪常见，临床上以仔猪下痢、排出灰白色粥状粪便为特征，剖检病变为卡他性胃肠炎。

1. 临床症状和剖检病变　本病的主要症状是下痢，排出有腥臭味的白色、灰白色或黄白色的粪便，有时粪便中混有气泡。病猪体温一般不高，精神和食欲都比较好，及时治疗，常可治愈。剖检病变主要表现为卡他性胃肠炎，胃肠黏膜红肿，胃内有多量凝乳块，肠内容物酸臭呈糨糊状，肠管空虚或充满气体，肠壁变薄。

2. 诊断和防治　根据临床症状和剖检病理能做出初步判断，必要时可做细菌分离鉴定。在本病的发病早期及时进行治疗，同时改善饲养管理，能收到较好的效果。治疗采取抑菌消炎、收敛、止泻、助消化等措施，可用白龙散、大蒜甘草液、硅炭银、活性炭、促菌生等。该病的预防，必须采取综合性预防措施。例如，加强妊娠母猪和哺乳母猪的饲养管理；做好妊娠母猪产前、产后的清洁卫生和护理工作；做好仔猪的饲养管理工作；改善猪舍的环境卫生条件；必要时可以预防性给药。

（七）猪水肿病

猪水肿病是由溶血性大肠杆菌的毒素引起的断奶仔猪的一种急性散发性肠毒血症疾病。临诊上以突然发病、运动共济失调、惊厥、局部或全身麻痹及头部水肿为特征，剖检病变为头部皮下、胃壁和大肠间膜水肿。

1. 临床症状和剖检病变　本病多见于断奶后 5～10 天的仔猪，以营养良好、体格健壮的仔猪多发。本病的特征性症状是水肿，常见于脸部、眼睑，严重时波及颈部和腹部的皮下。发病时体温不高，沉郁，静卧一隅，肌肉震颤、抽搐，四肢泳动，共济失调，盲目前进或做圆圈运动。剖检主要病变是水肿。上下眼睑、颜面、下颌、头颈部皮下水肿，水肿为大量胶冻样渗出物。胃的大弯和贲门部水肿，黏膜层下有胶冻样渗出物。结肠肠间膜水肿。心包、胸腹腔积液，暴露于空气后则凝成胶冻样。肺水肿。全身淋巴结水肿。

2. 诊断和防治 根据本病的临床症状和剖检病变，可以做出诊断。治疗本病主要采用对症疗法。病初，投服适量缓泻盐类泻剂，促进胃肠蠕动，以排出肠内容物。使用敏感的抗菌药治疗。加强断奶前后的饲养管理，提早补料，不要突然改变饲料和饲养方式，逐步断奶，使仔猪有一个适应过程。饲喂量逐步增加，防止饲料过于单一或浓厚，增加维生素丰富的饲料。

（八）猪传染性胸膜肺炎

猪传染性胸膜肺炎是由胸膜肺炎放线杆菌引起的猪的一种急性呼吸道传染病，主要剖检病变是出血性纤维素性肺炎和慢性坏死性胸膜肺炎。

1. 临床症状和剖检病变

（1）最急性型：猪只突然发病，体温升至41.5℃，精神沉郁，食欲废绝，有短期的腹泻和呕吐。后期呼吸高度困难，常呈犬坐姿势，张口伸舌，从口鼻流出血色带泡沫分泌物，口、鼻、腹部、耳呈暗紫色。个别猪见不到明显症状就死亡。

（2）急性型：发病的猪较多，体温40~41.5℃，食欲废绝，咳嗽，呼吸极度困难。受饲养管理方式、环境气候等因素的影响，病程长短不一，有的转为慢性。

（3）慢性型：症状较轻，食欲减退，呈间歇性咳嗽，增重缓慢。

剖检病变主要是肺炎和胸膜炎。一般气管和支气管内有大量带血色的分泌物和纤维素，黏膜水肿、出血和增厚；肺肿大、充血、出血、水肿和肝变。病程长的肺表面有纤维素附着和有大小不等的坏死灶和脓肿，胸腔积液，胸膜表面覆有纤维素，严重者肺与胸膜发生粘连。

2. 诊断和防治　根据流行特点、临床症状和剖检病变能初步做出诊断，确诊需要进行细菌学和血清学检查。应注意与猪肺疫和猪气喘病区别。发病后及时治疗，常用的药物有青霉素、氨苄西林、卡那霉素、新霉素、泰乐菌素等。最好用药敏试验选择敏感药物，若出现耐药性要及时更换药物。引进猪时，防止引入慢性、隐性猪和带菌猪，否则，一旦传到猪场，很难从猪群中清除。感染的猪群，通过血清学检测，清除隐性和带菌猪，重建健康猪群。免疫预防是控制本病的有效措施之一，免疫接种时，选择与当地血清型相符的疫苗。

（九）副猪嗜血杆菌病

副猪嗜血杆菌病是由副猪嗜血杆菌引起的猪的多发性浆膜炎和关节炎，临床特征为关节肿胀，跛行、呼吸困难，胸膜心包、腹膜和四肢关节浆膜的纤维素性炎症。

1. 临床症状和剖检病变　临床症状主要有发热，食欲减退或厌食，反应迟钝，呼吸困难，咳嗽，疼痛尖叫，关节肿胀，跛行，共济失调，可视黏膜发绀，随后可能死亡。急性感染后可能导致母猪流产，公猪慢性跛行。剖检病变主要是在单个或多个浆膜面，即胸膜、心包膜、腹膜以及脑和关节表面（尤其是腕关节和跗关节）出现浆液性和化脓性纤维蛋白渗出物。

2. 诊断和防治　根据流行特点、临床症状和剖检病变可以做出初步诊断，确诊须进行病原学检查。猪群一旦发生本病，及早治疗才能取得较好的结果。常用的药物有青霉素、氨苄西林、头孢菌素、氟喹诺酮类、增效磺胺类药物等。预防本病的发生应加强饲养管理，严格执行消毒卫生制度，尽量避免应激因素的发生。由于疫苗不同血清型菌株之间的交叉保护率很低，疫苗应选择与当地流行菌株血清型相同的疫苗。

（十）猪增生性肠炎

猪增生性肠炎是由专性细胞内寄生的胞内劳森菌引起的猪的一种接触性传染病。临床上表现为拉血痢、脱水、生长缓慢，小肠和结肠黏膜增厚。

1. 临床症状和剖检病变　本病按病程可分为急性型和慢性型。

（1）急性型：多见于4~12周龄的猪，表现为腹泻，首先排黑色柏油样粪便，后期粪便变为黄色或血色，并发生突然死亡。有的病例无粪便异常而突然死亡。

（2）慢性型：发病猪多为6~12周龄，病猪精神沉郁，消瘦，背毛粗乱，食欲减退或废绝，间歇性下痢，有时粪便中混有血液或坏死组织屑片。

另外，猪群中还存在隐性感染，虽然猪体内有病原菌，但无明显的临床症状的，也可能有不易引起注意的轻微的下痢，猪群的生长缓慢，日增重和饲料利用率明显下降。

剖检病变：①急性型病例的回肠和结肠肠壁增厚、肿胀，黏膜表面有少量粗糙的损伤，肠腔中常含有一个或多个血块。②慢性型可见回肠和邻近的结肠肠壁增厚、肠管直径增加，黏膜上附有坏死的碎片。

2. 诊断和防治　根据临床症状和剖检病变可做出初步诊断，确诊须依靠实验室诊断，如用免疫荧光法、免疫组化法和PCR等。预防本病应加强饲养管理，严格消毒，搞好粪便管理等。治疗和预防的药物有泰妙菌素、红霉素、林可霉素等。

（十一）猪链球菌病

猪链球菌病是几种致病性链球菌引起的一种人畜共患传染病，临床上表现为败血症、脓性淋巴结炎、脑膜炎及关节炎。

1. 临床症状和剖检病变

（1）急性败血型：突然发病，体温升至40~42℃，沉郁，食欲下降，结膜潮红、流泪，大便干燥，呼吸急促。有的病猪见关节炎，跛行或不能站立。有的病猪出现神经症状如共济失调、磨牙或昏睡等。后期呼吸困难，1~4 天死亡。

（2）脑膜炎型：多见于哺乳仔猪和断奶仔猪，除了体温升高和不食等全身症状外，很快出现神经症状，如共济失调、转圈、磨牙、仰卧、后肢麻痹。有的病猪还出现关节炎。病程 1~5 天。

（3）关节炎型：一般由前两型转化而来，或开始发病就表现为关节炎症状。病猪一肢或几肢的关节肿胀、疼痛、跛行，严重的卧地不起。精神和食欲时好时坏，衰弱而亡，或逐渐康复。

（4）淋巴结脓肿型：颌下淋巴结多见，有时见于咽部和颈部淋巴结。淋巴结肿胀、热痛，会影响采食、咀嚼、吞咽和呼吸。淋巴结脓肿成熟后，中央变软，皮肤变薄，会自行破溃脓汁流出，以后全身症状好转。病程 2~3 周。

剖检病变：①急性败血型病例，鼻、气管、肺充血；全身淋巴结不同程度的肿大、出血，心包积液、心内膜有出血斑点，脾肿大暗红色或蓝紫色，肾肿大，胃肠黏膜充血、出血，关节囊内有胶冻样液体或纤维素脓性物。②脑膜炎型的脑膜充血、出血，脑脊髓白质和灰质有出血小点。③淋巴结脓肿型的可见淋巴结肿大、出血和化脓。

2. 诊断和防治　根据流行特点、临床症状和剖检变化可做出初步诊断，确诊需进行细菌学检查。对病猪及时治疗可以取得较好的效果。常用的药物有青霉素、头孢类和磺胺类等，可通过药敏试验选择敏感药物用于治疗。淋巴结脓肿的病猪，早期可用抗菌药物治疗，脓肿成熟后，切开脓肿，将脓汁排除，再按照外科方法处理。平时应做好饲养管理，严格落实猪舍环境的清洁卫生消毒，消除各种引起猪发病的应激因素。可用猪链球菌氢氧化铝苗免疫接种来预防。

三、常见寄生虫病及防治

（一）猪疥螨病

猪疥螨病是由节肢动物蜘蛛纲螨目的疥螨引起的一种皮肤病。

1. 临床症状 猪疥螨通常先发生于头部，以后蔓延到背部、四肢、腹下。患猪由于局部发痒，常在墙角、柱栏、料槽等处摩擦。经数日后，患部的皮肤上出现针头大小的丘疹，形成水疱或脓疱，水疱或脓疱破溃后，结成痂皮。严重时体毛脱落，皮肤增厚、粗糙，形成皱纹、龟裂。猪疥螨严重影响猪的采食和休息，导致生长停滞，逐渐消瘦，甚至死亡。

2. 诊断和防治 猪疥螨的诊断一般根据临床症状可做出初步诊断。

（1）预防：保持猪舍的光线充足，干燥、通风。定期进行驱虫，逐步净化猪场。

（2）治疗：治疗的药物有敌百虫、双甲脒、辛硫磷、蝇毒磷、伊维菌素、阿维菌素等，当病猪少、患部面积小和寒冷的季节采用涂药治疗，病猪多、患病面积大和温暖的季节采用药浴疗法。由于大多数药物对虫卵没有杀灭作用，必须治疗 2～3 次，每次间隔 5 天，以便杀死新孵出的幼虫。治疗期间应同时加强病猪的饲养管理，提高猪的抵抗力。

（二）猪蛔虫病

猪蛔虫病是由猪蛔虫寄生于猪的小肠引起，该病是造成养猪业损失最大的寄生虫病之一，呈世界性流行。

1. 临床症状和病变 由于成虫寄生时夺取宿主大量的营养，使猪表现为消瘦、贫血，营养不良。如果大量成虫寄生时，常凝集成团导致肠堵塞，引起腹痛。有时蛔虫进入胆管，引起胆道蛔虫病。幼虫移行至肝时，引起肝出血、变性、坏死，常出现云雾状的蛔虫斑。幼虫移行至肺时引起蛔虫性肺炎，临床表现为咳嗽，呼吸加快，食欲减退，体温升高。

2. 诊断和防治　诊断可用饱和盐水漂浮法检查虫卵。治疗可用左旋咪唑、阿苯达唑、伊维菌素和阿维菌素等。预防本病需制订合理的驱虫计划，如公猪每年春秋各驱虫 1 次，母猪产前驱虫 1 次，仔猪断奶时驱虫 1 次，以后每隔 2 个月再驱虫 1~2 次。同时对猪粪和垫料进行无害化处理。

（三）弓形虫病

弓形虫病又称弓形体病，是由刚地弓形虫引起的一种人畜共患的原虫病。

1. 临床症状和剖检病变　病猪体温升高到 40~42℃，呈稽留热，精神委顿，食欲减退，呼吸困难，肺肿大呈暗红色，间质增宽。耳、鼻、下肢、下腹等部位出现紫红斑间或有小点出血。肝表面有粟粒大或针尖大的出血点和灰白色病灶。全身淋巴结肿大，有小的坏死灶和出血点。怀孕母猪常发生流产。

2. 诊断和防治　由于本病的症状和病变与很多疾病相似，确诊必须靠实验室检查。

（1）治疗：早期用磺胺类药物治疗能收到较好效果，如磺胺嘧啶、磺胺间甲氧嘧啶等。如果用药较晚，虽能使病猪的临床症状消失，但不能抑制虫体进入组织形成包囊，使病猪成为带虫猪。

（2）预防：猪场内严禁养猫，禁止猫进入猪舍。做好灭鼠工作。

四、常见普通病及防治

（一）胃肠炎

胃肠炎是指胃肠黏膜表层和深层组织的重剧的炎症。以体温升高、剧烈腹泻及全身症状重剧为特征。

1. 发病原因 无论是原发性的或是继发性的胃肠炎，其病因都与消化不良的病因类似，只是作用更为剧烈，持续时间更长。主要由于喂给腐烂变质、发霉、不清洁、冰冻饲料，或误食有毒植物及酸、碱、砷等化学药物而发病。消化不良的经过中，由于治疗失时或用药不当等，而使胃肠壁遭受强烈刺激，胃肠血液循环和屏障功能紊乱，细菌大量繁殖，细菌毒素被吸收等，也可发展成胃肠炎。

2. 临床症状 病初精神萎靡，多呈现消化不良的症状，以后逐渐或迅速呈现胃肠炎的症状。食欲废绝，饮欲增加，鼻盘干燥，可视黏膜初暗红带黄色，以后则变为青紫。口腔干燥，气味恶臭，舌面皱缩，被覆多量黄腻或白色舌苔。体温升高，脉搏加快，呼吸增数，呕吐，腹痛。少见便秘，多数腹泻，粪便恶臭，混有黏液、血丝或气泡，重症时肛门失禁，呈现里急后重现象。出血性胃肠炎，可视黏膜苍白，粪便变黑呈柏油状。

3. 防治措施

（1）预防。加强饲养管理，不喂变质和有刺激性的饲料，定时定量喂食。猪圈保持清洁干燥。发现消化不良，及早治疗，以防加重转为胃肠炎。

（2）治疗。首先应除去病因，抑菌消炎，配合强心、补液、解毒及清理胃肠。可内服氨苄西林、小檗碱或庆大霉素。单纯性胃肠炎用磺胺脒 5~10 克、小苏打 20~30 千克，混合，1 次内服，每日 2 次；若久痢不止时，则用鞣酸蛋白、碱式硝酸铋各 0.05~0.06 千克，日服 2 次。对严重胃肠炎，以氨苄西林0.5~1.0 克，加于 5%葡萄糖液 500~1 000 毫升中，静脉注射，每日 1~2 次；同时，应用 0.1%高锰酸钾液 300~500 毫升内服或灌肠，效果良好。临床上常用 5%葡萄糖生理盐水 500 毫升、10%维生素 C 注射液 5 毫升、40%乌洛托品液 10 毫升，混合后 1 次静脉注射；或用复方氯化钠液 500 毫升、25%葡萄糖液 200 毫升、

20%安钠咖液10毫升、5%氯化钙液50毫升，混合后1次静脉注射（仔猪酌减药量）。

试验证明：白头翁根0.035千克、黄柏0.07千克，加适量水煎后灌服；或用紫皮大蒜1头，捣碎后加白酒50毫升内服，也有较好的治疗效果。

当病情缓解后可用健胃剂，仔猪可用胃蛋白酶、乳酶生各0.01千克、安钠咖粉0.02千克，混合后分3次内服，同时配用多酶片、酵母片等药物。大猪则用健胃散0.02千克，人工盐0.02千克，1日分3次内服。

（二）霉饲料中毒

霉饲料中毒是指猪采食了发霉的饲料而引起的中毒性疾病。以神经症状为特征。

1. 发病原因　自然环境中，含有许多霉菌，常寄生于含淀粉的饲料上，如果温度（28℃左右）和相对湿度（80%~100%）适宜，就会大量生长繁殖；有些霉菌在生长繁殖过程中，能产生有毒物质，目前，已知的霉菌毒素有上百种，最常见的有黄曲霉毒素、镰刀菌毒素和赤霉菌毒素等。这些霉菌毒素都可引起猪中毒。仔猪及妊娠母猪尤为敏感。

发霉饲料中毒的病例，临床上常难以肯定为何种霉菌毒素中毒，往往是几种霉菌毒素协同作用的结果。

2. 临床症状　仔猪和妊娠母猪对发霉饲料较为敏感。中毒仔猪常呈急性发作，出现中枢神经症状，头弯向一侧，头顶墙壁，数天内死亡。大猪病程较长，一般体温正常，初期食欲减退，后期废食，腹痛，下痢或便秘，粪便中混黏液或血液，被毛粗乱，迅速消瘦，生长迟缓。白猪的嘴、耳、四肢内侧和腹部皮肤出现红斑，妊娠母猪常引起流产及死胎等。剖解后的病理变化为：肝实质变性，颜色变淡黄，显著肿大，质地变脆；淋巴结水肿。病程较长者，皮下组织黄染，胸腹膜、肾、胃肠道出血。急性病例最突出的变化是胆囊黏膜下层严重水肿。

3. 防治措施

（1）预防。防止饲料发霉变质。严禁用发霉饲料喂猪。

（2）治疗。目前尚无特效药物。发病后应立即停喂发霉饲料，同时进行对症治疗。急性中毒，用0.1%高锰酸钾溶液、温生理盐水或2%碳酸氢钠液进行灌肠、洗胃后，内服盐类泻剂，如硫酸钠0.03~0.05千克，水1升，1次内服。静脉注射5%葡萄糖生理盐水300~500毫升、40%乌洛托品20毫升；同时皮下注射20%安钠咖5~10毫升。

（三）风湿病

风湿病是由于猪的背、腰、四肢的肌肉和关节等部位受风、湿、寒等因素的侵袭，使得肌肉、腱鞘或关节异常疼痛，引起的运动障碍疾病。

1. 临床症状和剖检病变

（1）四肢肌肉风湿：突然发病，先从后肢开始，逐步扩大到腰部乃至全身。病猪喜卧，驱赶时能勉强走动，患部疼痛而发生跛行或弓腰和步幅拘谨，随着运动时间延长，疼痛症状逐渐减轻。头颈部发生风湿时，病猪的头部活动不自如，出现斜颈或头颈伸直。

（2）关节风湿病多发生于肩、肘、髋、膝等活动性较大的关节，呈对称性发生。急性表现为急性滑膜炎的症状，关节肿大、温热、疼痛，关节腔积液；慢性表现为关节组织增生、肥厚、关节变粗，活动受到限制而发生跛行。

2. 诊断和防治　根据临床症状和剖检病变可以做出诊断。

（1）治疗：水杨酸钠注射液、保泰松、安乃近等药物都有较好作用。皮质激素有醋酸可的松、氢化可的松等。

（2）预防：冬季注意防寒保暖，防止猪舍有贼风，猪舍要保持干燥、通风。

（四）子宫内膜炎

子宫内膜炎是由于子宫局部受细菌感染，使子宫黏膜发生黏液性或化脓性炎症。

1. 临床症状

（1）急性子宫内膜炎：多发生于产后或流产数日后，病猪食欲减退或废绝，体温升高，时常有排尿动作，从阴道流出红色污秽有腥臭味的分泌物，常夹有胎衣碎片。若治疗不及时，可进一步发展为败血症、脓毒血症或转为慢性。

（2）慢性子宫内膜炎：全身症状不明显，站立时不见阴道有黏液流出，卧地时常从阴道中流出灰白色、黄色黏稠的分泌物。病猪发情不正常或屡配不孕。

2. 诊断和防治　根据临床症状能够做出初步诊断。

（1）治疗：出现全身症状时，用青霉素、链霉素或其他抗菌药物进行治疗。急性子宫内膜炎清除滞留在子宫内的炎性分泌物时，可用10%生理盐水、0.02%新洁尔灭溶液等冲洗子宫，将残液排净后，再向子宫内注入金霉素或青霉素等药物，有全身症状禁止使用冲洗法。慢性子宫内膜炎应在产后若干天内或发情时向子宫内投药或冲洗子宫。

（2）预防：平时应做好猪舍的清洁卫生工作，人工授精时严格消毒，本交时做好公猪生殖器的清洁，难产时助产要防止污染。

（五）乳腺炎

母猪乳腺炎是哺乳母猪的一种常见病，多发于一个或几个乳区，乳房红、肿、热、痛及泌乳减少。

1. 临床症状

（1）急性乳腺炎：患病乳房硬、红、肿、热、痛，母猪由于疼痛，拒绝仔猪吮乳。乳汁排出不畅或困难，泌乳减少或停止。乳汁稀薄，内含乳凝块或絮状物，有的混有血液或脓汁。严重时，有体温升高、食欲减退等全身症状。

（2）慢性乳腺炎：患病乳腺组织弹性降低，变硬，泌乳量减少，乳汁变稠发黄。一般无明显的全身症状。有的患病乳腺由于结缔组织增生变硬，而丧失泌乳能力。

2. 诊断和防治 根据临床症状可以做出诊断。

（1）治疗：全身疗法常用青霉素、链霉素、磺胺类等药物。局部疗法可将鱼石脂软膏、樟脑软膏涂抹于乳房患部，或将抗生素稀释后直接注入乳管。当患病乳房化脓时，应及时切开排脓，消毒洗净后，填充青霉素软膏。

（2）预防：加强母猪舍的卫生管理；母猪分娩时尽可能使其侧卧，助产时间要短；防止哺乳仔猪咬伤母猪乳头。

（六）胃溃疡

胃溃疡是胃黏膜局部组织糜烂、坏死或自体消化，从而形成圆形溃疡面，严重可导致胃穿孔。

1. 临床症状和剖检病变

（1）急性：不见临床症状猪即可死亡，剖检胃中新鲜血液。

（2）亚急性型：病猪体表苍白、贫血、衰弱、厌食、腹痛不安，有时出现呕吐，呼吸加快。

（3）慢性型：皮肤苍白，粪便发黑。有的伴发慢性腹膜炎的症状。胃中含有多量的液体内容物。幽门区及胃底部黏膜上有散在的大小、数量不等，界限分明、边缘整齐的圆形溃疡。

2. 诊断和防治 根据临床症状和剖检病变可以做出诊断。

（1）治疗：病猪应保持安静，给予富含营养易消化的饲料，减少应激反应。减轻疼痛和反射性刺激。口服鞣酸保护胃黏膜，用氧化镁或氢氧化铝硅酸镁等抗酸剂中和胃酸，为保护溃疡面投服碱式硝酸铋 2~6 克。对严重出血的猪，用维生素 K 制剂止血。

（2）预防：加强饲养管理，避免将饲料粉碎的过细或过粗，减少各种应激。

第六章　生态猪肉的安全控制技术

第一节　生猪屠宰检疫建设的标准化及监督规范化

做好生猪屠宰检疫是保障“放心肉”投入市场和让人们安全消费的重中之重，也是防止动物疫病传播和保护人民身体健康的重要手段，并且是《中华人民共和国动物防疫法》和相关法律法规赋予的动物卫生检疫监督职责。

一、组建合法的检疫监督工作机构

县级动物卫生监督所向辖区内的定点生猪屠宰场（食品站、场、公司）（以下简称场）派驻检疫监督工作机构，具体实施该场的检疫和动物卫生监督管理工作。

派驻生猪定点屠宰场的检疫监督工作机构统一名称，如某市动物卫生监督所驻××生猪定点屠宰场检疫监督组，以下简称驻场检疫监督组。

小型生猪屠宰场点设立动物检疫申报点，按申报点建设，检疫监督工作由所在地动物卫生监督机构派出的检疫人员负责实施。

县级动物卫生监督所负责辖区内驻场检疫监督组的建设与管理，对全市驻场检疫监督组的建设与管理工作进行指导和协调。

设立的驻场检疫监督组报上级市动物卫生监督所备案，并在政府网站上公布，接受社会监督。

驻场检疫监督组按照统一名称、统一标牌、统一管理制度、统一工作台账、统一工作服装、统一检疫器具配置的“六统一”要求进行规范化建设与管理。

二、明确驻场检疫监督组工作任务和职责

（一）应具有固定的工作室

驻场检疫监督组应具有固定办公场所，包括办公室、入场检疫室、检疫值班休息室、同步检疫准备室（更衣室）、旋毛虫检验室。

办公室应设在屠宰企业的办公楼，具体承担组织管理、工作衔接、案件办理、检疫记录统计与保存、回收的检疫证明保存、开出检疫证明的存根保存等工作。

入场检疫室应设在生猪入场大门处，并配套值班休息设施，具体承担入场检疫、宰前报检检疫、急宰检疫和病害生猪及其产品的无害化处理监督工作。

同步检疫准备室（更衣室）与旋毛虫检疫室应毗邻设在屠宰车间内，具体承担同步检疫工作，包括同步检疫人员更衣、出具检疫证明、检疫工具存放与消毒、旋毛虫样品的检验，并可开展“瘦肉精”快速检疫检测工作及其他农业部兽医主管部门规定的实验室检测项目。

（二）设置科学合理岗位

检疫监督组设置管理、宰前检疫、同步检疫和动物卫生监督四大类工作岗位。管理、宰后同步检疫和动物卫生监督岗位作息时间与屠宰场生产时间同步。宰前检疫岗位包括入场检疫、接受报检、待宰巡回检疫、急宰检疫等岗位，应 24 小时值班。同步检疫岗位包括第一岗（入场准备），第二岗（体表、下颌淋巴结

检查、咬肌检查），第三岗［肠系膜淋巴结检查、脾脏检查、腹股沟浅淋巴结、腹股沟深淋巴结（髂下淋巴结）的检查］，第四岗（肝脏检查、胃的检查、心脏检查、肺脏检查），第五岗（肾脏检查、腰肌检验、膈肌采样、体表检查、盖章）。实验室检测（旋毛虫检验、猪囊虫检验、“瘦肉精”快速检测及其他规定实验室检测项）。

（三）驻场检疫监督人员的要求

驻场检疫监督人员应取得官方兽医资格，上岗时应佩戴资格证胸牌。

驻场检疫监督人员应身体健康，保持良好的个人卫生，不得将与检疫无关的个人用品和饰物带入车间；进车间必须穿戴工作服、工作帽、工作鞋，头发不得外露，工作服和工作帽必须每天更换。

驻场检疫监督人员应按照岗位要求准时上班，认真履行岗位职责。

（四）建立规范化工作台账

驻场检疫监督组各检疫监督环节应使用统一的工作记录表，规范填写，每月25日前将月检疫监督数据统计后上报所在的动物卫生监督所。

入场检疫应对入场生猪逐车进行登记，填写《动物入场检疫台账》，并回收检疫证明。回收的检疫证明应按时间段分包保存，每包内顺序与记录表登记顺序一致。时间段长短依日屠宰量而定，原则上在1~10日区间。入场前6小时接受报检，规范填写检疫申报单，宰前2小时对每批次生猪逐圈进行最后一次的宰前检疫，分别出具《准宰通知书》。

入场检疫、待宰巡回检疫、宰前检疫、发现需要急宰的生猪，应填写生猪急宰通知单。

同步检疫应填写《动物宰后检疫及处理情况记录本》，同步检疫合格的生猪产品应出具检疫合格证明、加施检疫标志。生猪胴体应加盖肉检验讫针刺印章，位置在距胴体脊柱 10～15 厘米侧面部位，印迹颜色为蓝色，应使用食品级色素配制。

经分割加工并包装后出场的猪肉产品和其他生猪产品，应加施动物产品检疫包装标志。

检疫发现需要进行无害化处理的生猪及其产品，应填写检疫处理通知单，不合格的胴体还应加盖相应的处理印章，印迹为红色。

监督屠宰场做好无害化处理工作，同时填写《病害生猪及生猪产品无害化处理记录表》。

（五）备齐执法文书，主动开展监督工作

做好生猪入场的证物监督检查，每月开展一次动物防疫条件监督检查，每日开展屠宰过程动物卫生巡查，监督业主病害生猪及其产品的无害化处理过程，监督业主做好生猪卸后、生猪产品装前车辆消毒工作，每日生猪圈舍清空清洗和消毒工作，每日屠宰加工后的车间地面和设施消毒，每次生猪隔离后和急宰后的消毒工作。

（六）发现重大疫情应立即报告，采取先期应急处置措施

发现重大疫情，应立即停止屠宰场的生猪收购、屠宰加工等生产经营行为。限制场内的生猪和生猪产品流动。限制场内人员流动，其他无关人员不得进入。立即对可能被污染的人员、场所和器具进行紧急消毒，防止疫情扩散。

（七）分类妥善保存各项工作记录

驻场检疫监督组应分类妥善保存各项工作记录表、统计报表（底联）、检疫处理通知单存根、回收的检疫证明和出具检疫证明的存根，记录记载、回收的检疫证明和开出的检疫合格证明存根等检疫监督资料，保存时间在 12 个月以上。

驻场检疫监督组保存的各项工作台账、记录、记载等检疫监

督资料，保存时间在二年以上，需要销毁的要填写票据销毁登记表，领导同意签字，二人以上鉴证后方可销毁处理。

第二节 屠宰场肉品质量安全控制

一、屠宰场的总体布局

（一）选址

屠宰场应建在远离学校、幼儿园、村庄、居民区、地表水二级保护区、地下水源防护区、畜牧场和其他有动物防疫要求的场所500米以上，并位于居民区主要季风下风处和水源的下游。

（二）周围环境

屠宰场周围应有良好的环境卫生条件，有与屠宰规模相适应的充足水源，水质符合GB 5749—1995《生活饮用水卫生标准》的规定，并应避开产生有害气体、烟雾、粉尘等物质的工业、企业及其他产生污染源的地区和场所。

（三）场区划分与场内布局

屠宰场应划分为生产区和非生产区。生产区必须单独设置活猪、废弃物、产品和人员出的出入口，且产品与活猪、废弃物在场内不得共用一个通道。

生产区各车间的布局与设施必须满足生产工艺流程和卫生要求，必须遵循健康猪和疑病猪严格隔离的原则；原料、半成品、产品等加工应避免迂回运输，防止交叉污染。

设有与屠宰规模相适应的兽医检疫设施。

备有适用的消毒设施、消毒药品，建立健全消毒制度。

场区的路面、场地应平整无积水。主要道路及场地宜采用混凝土或沥青铺设。

活猪进场应设置与门同宽、长3米、深0.1~0.15米，且能排放消毒液的车轮消毒池。急宰间、不可食用肉处理间及隔离间的出入口处应设置便于手推车出入的消毒池。

场区内的室外厕所均应采用水冲式的，且有防蝇设施。

二、场内建筑

（1）屠宰与分割车间的地面应采用不渗水、防滑、易清洗、耐腐蚀的材料，其表面应平整无裂缝、无局部积水。车间的内墙面应光滑平整，并采用无毒、不渗水、耐冲洗的材料制作。

（2）车间内应设有防蚊蝇、昆虫、鼠类进入的设施。

（3）宰前建筑设施应设有卸猪台、赶猪道、验收间、待宰间、隔离间、兽医工作室与药品间、急宰间、不可食用肉处理间等。

（4）屠宰车间应包括车间内赶猪道、致昏放血间、烫毛脱毛剥皮间、通体加工间、副产品加工间、兽医工作室等，其建筑面积应符合国家有关规定。

（5）屠宰车间必须设置旋毛虫检验室，室内应配备相应的检验设备和清洗、消毒设施。

（6）分割车间应包括原料冷却间、分割剔骨间、包装间、包装材料间、磨刀清洗间及空调设备间等。

（7）原料预冷间设计温度为0～4℃，原料冷却间与产品冷却间设计温度为0℃。分割剔骨间的室温：胴体冷却后进入分割剔骨间时，室温为10～12℃，胴体预冷后进入分割车间时，室温为15℃。包装间的室温不应高于10℃。

三、屠宰与分割工艺

（一）宰前管理

（1）活猪进屠宰厂的待宰圈在卸车前，应索取产地动物防疫监督机构开具的合格证明，并临车观察，未见异常，证货相符后准予卸车。

（2）卸车后，检疫人员必须逐头观察活猪的健康状况，按检查的结果进行分圈、编号，合格健康的生猪赶入待宰圈休息；可疑病猪赶入隔离圈，继续观察；病猪和伤残猪送急宰间处理。

（3）对检出的可疑病猪，经过饮水和充分休息后，恢复正常的可以赶入待宰圈；症状不见缓解的，送往急宰间处理。

（4）待宰的生猪送宰前应停食静养12~24小时，以便消除运输途中的疲劳，恢复正常的生理状态，在静养期间检疫人员要定时观察，发现可疑病猪送隔离圈观察，确定有病的猪送急宰间处理，健康的生猪在屠宰前3小时停止饮水。

（5）生猪进屠宰车间之前，首先要进行淋浴，洗掉猪体上的污垢和微生物，同时也便于处分击晕；淋浴时要控制水压，不要过急以免造成猪过度紧张。

（6）淋浴后的生猪通过赶猪道赶入屠宰车间，赶猪道一般设计为“八”字形，开始赶猪道可供2~4头猪并排前进，逐渐只能供一头猪前进，并使猪体不能调头往回走，此时赶猪道宽度设计为380~400毫米。

（二）屠宰操作规程及操作要求

1. 麻电致昏　麻电操作人员应穿戴合格的绝缘靴、绝缘手套；麻电设备应配备安装电压表、电流表、调压器；按生猪品种和屠宰季节，适当调整电压和麻电时间，人工麻电器电压为70~90伏，电流0.5~1.0安，麻电时间1~3秒，盐水浓度5%；自动麻电器电压不超过90伏，电流应不大于1.5安，麻电时间1~2秒。

使用人工麻电器应在其两端分别蘸盐水（防止电源短路），操作时在猪头颞颥区（俗称太阳穴）额骨与枕骨附近（猪眼与耳根交界处）进行麻电：将电极的一端揿在颞颥区，另一端揿在肩胛骨附近；猪被麻电后应心脏跳动，呈昏迷状态，不得使其致死；麻电后用链钩套住猪左后脚跗骨节，将其提升上轨道（套脚提升）。

2. 刺杀放血　从麻电致昏至刺杀放血，不得超过30秒。刺杀放血刀口长度约5厘米。放血时间不得少于5分钟。

刺杀时操作人员一手抓住猪前脚，另一手握刀，刀尖向上，刀锋向前，对准第一肋骨咽喉正中偏右0.5~1厘米处向心脏方向刺入，再侧刀下托切断颈部动脉和静脉，不得刺破心脏。刺杀时不得使猪呛膈、淤血；放血后应消毒后轮换使用。

3. 浸烫脱毛　放血后的猪屠体应用喷淋水或清洗机冲淋，清洗血污、粪污及其他污物；应按猪屠体的大小、品种和季节差异，控制浸烫水温在58~63℃，浸烫时间为3~6分钟，不得使猪屠体沉底、烫老。浸烫池应有溢水口和补充净水的装置；经机械脱毛或人工刮毛后，应在清水池内洗刷浮毛、污垢，再将猪体提升悬挂、修割、冲淋；检验修刮、冲淋后猪屠体的头部和体表；在每头屠体的耳部和腿部外侧，用变色笔编号，字迹应清晰，不得漏编、重编。

4. 开膛、净腔

（1）带皮开膛、净腔时，按下列程序进行：

1）雕圈（沿肛门外围，将刀刺入雕成圆形）。刀刺入肛门外围，雕成圆圈，掏开大肠头垂直放入骨盆内。应使雕圈少带肉，肠头脱离括约肌，不得割破直肠。

2）挑胸（用刀刺入放血口，沿胸部正中挑开胸骨）、剖腹。自放血口沿胸部正中挑开胸骨，沿腹部正中线自上而下剖腹，将生殖器从脂肪中拉出，连同输尿管全部割除，不得刺伤内脏。放血口、挑胸、剖腹口应连成一线，不得出现三角肉。

3）拉直肠、割膀胱。一手抓住直肠，另一手持刀，将肠系膜及韧带割断，再将膀胱和输尿管割除，不得刺破直肠。

4）取肠、胃（肚）。一手抓住肠系膜及胃部大弯头处，另一手持刀在靠近肾脏处将系膜组织和肠、胃共割离猪体，并割断韧带及食道，不得刺破肠、胃、胆囊。

5）取心、肝、肺。一手抓住肝，另一手持刀，割开两边膈膜，取横膈膜肌脚备检。左手顺势将肝下揿，右手持刀将连接胸腔和颈部的韧带割断，并割断食管和气管，取出心、肺，不得使其破损。

6）冲洗胸、腹腔。取出内脏后，应及时用足够压力的净水冲洗胸腔和腹腔，洗净腔内淤血、浮毛、污物，并摘除两侧肾上腺。

7）摘除内脏各部位的同时，应由检验人员同步进行检验。

（2）去皮开膛、净腔时，按下列程序进行：

1）去皮。可采用机械剥皮或人工剥皮。

机械剥皮时，按剥皮机性能，预剥一面或二面，确定预剥面积。剥皮按以下程序操作：

挑腹皮：从颈部起沿腹部正中线切开皮层至肛门外。

剥前腿：挑开前腿腿档皮，剥至脖头骨脑顶处。

剥后腿：挑开后腿腿档皮，剥至肛门两侧。

剥臀皮：先从后臀部皮层尖端处割开一小块皮，用手拉紧，顺序下刀，再将两侧臀部皮和尾根皮剥下。

剥腹皮：左右两侧分别剥：剥右侧时，一手拉紧、拉平后档肚皮，按顺序剥下后腿皮、腹皮和前腿皮；剥左侧时，一手拉紧脖颈皮，按顺序剥下脖颈皮，前腿皮、腹皮和后腿皮。

2）夹皮：将预剥开的大面猪皮拉平、绷紧，放入剥皮机卡口、夹紧。

3）开剥：水冲淋与剥皮同步进行，按皮层厚度掌握进刀深度，不得划破皮面，少带肥膘。

人工剥皮时，将屠体放在操作台上，按顺序挑腹皮、剥臀皮、剥腹皮、剥脊背皮。剥皮时不得划破皮面，少带肥膘。开膛、净腔和机械剥皮一样操作。

5. 劈半（锯半） 将经检验合格的猪胴体去头、尾。可采用手工劈半或电锯劈半，手工劈半或手工电锯劈半时应“描脊”（沿脊背正中线，用刀切开皮层、皮下脂肪），使骨节对开，劈半均匀；采用桥式电锯劈半时，应使轨道、锯片、引进槽成直线，不得锯偏。

劈半后的片猪肉还应立即摘除肾脏（腰子），撕断腹腔板油，冲洗血污、浮毛、锯肉末。

6. 整修、复验 按顺序整修腹部，修割乳头、放血刀口、割除槽头、护心油、暗伤、脓疮、伤斑和遗漏病变腺体；整修后的片猪肉应进行复验，合格后割除前后蹄（爪），加盖检验印章，计量分级。

7. 整理副产品

（1）分离心、肝、肺。切除肝膈韧带和肺门结缔组织、摘除胆囊时不得残留；猪心上不得带护心油、横膈膜；猪肝上不得带水泡；猪肺上允许保留 5 厘米肺管。

（2）分离脾、胃（肚）。将胃底端脂肪割除，切断与十二指肠连接处和肝胃韧带。剥开网油，从网膜上割除脾脏，少带油脂。翻胃清洗时，一手抓住胃尖冲洗胃部污物，用刀在胃大弯处戳开约 10 厘米小口，再用洗胃机或长流水将胃翻转冲洗干净。

（3）扯大肠。摆正大肠，从结肠末端将花油撕至离盲肠与小肠连接处 15～20 厘米，割断，打结。不得使盲肠破损，残留油脂过多。翻洗大肠，一手抓住肠的一端，另一手自上而下挤出粪污，并将肠子翻出一小部分，用一手二指撑开肠口，另一手向大肠内灌水，使肠水下坠，自动翻转。经清洗、整理的大肠不得带粪污，不得断肠。

（4）扯小肠。将小肠从割离胃的断面拉出，一手抓住花油，另一手将小肠末梢挂于操作台上，自上而下排除粪污，操作时不得扯断、扯乱。扯出的小肠应及时采用机械或人工方法清除肠内污物。

(5) 摘胰脏。从肠系膜中将胰脏摘下，胰脏上应少带油脂。

(三) 其他要求

(1) 刺杀、放血、挑胸、剖腹、摘取内脏、劈半、整修各个工序，都要设立检验点；配备专职检验人员，按规定严格检验。

(2) 全部屠宰过程不得超过45分钟。从放血到摘取内脏，不得超过30分钟，从编号到复验、加盖检验印章，不得超过15分钟。

(3) 经检验不符合食用条件的肉品和副产品，应按GB 12694—90中的规定处理。

(4) 经检验不合格猪肉品和副产品，应按GB 12694—90中的规定处理。

四、屠宰加工过程的检验

(一) 宰后检验

同一屠体的肉尸、内脏、头和皮应编为同一号码，并进行下列各项检验：

1. 头部检验 检查口腔及咽喉黏膜。放血后入汤池前先剖检下淋巴结，检验肉尸时切开检查外咬肌。

2. 肉尸检验 检验皮肤和尸表、脂肪、肌肉、胸膜及腹膜等有无异状；主要剖检浅腹股沟淋巴结及深腹股沟淋巴结，必要时剖检腘淋巴结及深颈淋巴结。

3. 内脏检验 观察肺部外表色泽、大小、弹性（很必要时切开检查），并剖检支气管淋巴结和纵隔淋巴结；检查心包及心肌，并沿动脉管剖检心室及心内膜，同时注意血液的凝固状态；触检肝脏弹性，剖检肝门淋巴结，必要时切开检查并剖检胆囊；

检验脾脏有无肿胀、弹性，必要时切开检验；切开胃肠，检查胃淋巴结及肠系膜淋巴结，并观察胃、肠浆膜，很必要时剖检胃、肠黏膜；观察肾脏色泽、大小、弹性，必要时纵剖检验（须连在肉尸上一同检验）；触检乳房，并切开观察乳房淋巴结有无病变。必要时检验子宫、睾丸、膀胱等。

4. 寄生虫检验

（1）旋毛虫。在横膈膜肌脚各取一小块肉（内肉尸同一号码），先剥除肌膜肉眼观察，然后在肉样上剪取24个小片，进行镜检；如发现旋毛虫时应根据号码查对肉尸、头部及内脏。

（2）囊尾蚴。主要检验部位为咬肌、深腰肌和膈肌，其他可检部位为心肌、肩胛外侧肌和股部内侧肌等。

（3）住肉孢子虫。镜检横膈膜肌脚（与旋毛虫一同检查）。

（二）加盖印记

通过对内脏、胴体的检疫，做出综合判断和处理意见；检疫合格，确认无动物疫病的鲜肉可按照64/433/EEC规定的要求进行分割和贮存。经检疫合格的胴体或肉品应加盖统一的检疫合格印章，并签发检疫合格证。应用印染液加盖印章时，印章染色液应对人无害，盖后不流散，迅速干燥，附着牢固。

（三）宰后检验后处理

如宰后发现炭疽等恶性传染病或其疑似的病猪，应立即停止工作，封锁现场，采取防范措施，将可能被污染的场地、所有屠宰用的工具以及工作服（鞋、帽）等进行严格消毒。在保证消灭一切传染源后，方可恢复屠宰。患猪粪便、胃肠内容物以及流出的污水、残渣等应经消毒后移出场外。

宰后发现各种恶性传染病时，其同群未宰猪的处理办法同宰前。发现疑似炭疽等恶性传染病时，应将病变部分密封，送至化验室进行化验。宰后发现人畜共患传染病时，凡与病猪接触过的人员应立即采取防范措施。检验人员应将宰后检验结果及处理情况详细记录，以备统计查考。

第三节　猪肉的贮藏保鲜及加工方法

猪肉贮藏保鲜方法很多，传统方法主要有干燥法、盐腌法、熏烟法等；现代贮藏方法主要有低温冷藏法、罐藏法、照射处理法、化学保藏法等。

一、低温贮藏法

低温贮藏法是在冷库或冰箱中进行，是肉和肉制品贮藏中最为实用的一种方法。在低温条件下，尤其是当温度降到-10℃以下时，肉中的水分就结成冰，造成细菌不能生长发育的环境。但当肉被解冻复原时，由于温度升高和肉汁渗出，细菌又开始生长繁殖。所以，利用低温贮藏肉品时，必须保持一定的低温，直到食用或加工时为止，否则就不能保证肉的质量。肉的冷藏，可分为冷却肉和冷冻肉两种。

（一）冷却肉

冷却肉主要是指用于短时间存放的肉品，通常使肉中心温度降低到0～1℃。具体要求是，肉在放入冷库前，先将库（箱）温降到-4℃左右，放入肉后，保持-1～0℃，可保存5～7天。经过冷却的肉，表面形成一层干膜，从而阻止细菌生长，并减缓水分蒸发，延长保存时间。

（二）冷冻肉

将肉品进行快速、深度冷冻，使肉中大部分水冻结成冰，这种肉称为冷冻肉。冷冻肉比冷却肉更耐贮藏。冷冻肉一般采用-23℃以下的温度，并在-18℃左右贮藏。为提高冷冻肉的质量，使其在解冻后恢复原有的滋味和营养价值，也可采用速冻法，即将肉放入-40℃的速冻间，使肉温很快降到-18℃以下，然后移入冷藏室。冷藏温度越低，贮藏时间越长。在-18℃条件下，可保存4个月；在-30℃条件下，可保存10个月左右。

二、干燥法

干燥法也称脱水法，措施是减少肉内的水分或改变水分活性，阻碍微生物的生长发育，达到贮藏目的。各种微生物的生长繁殖，一般需要40%～50%的水分。如果没有适当的水分含量，微生物就不能生长繁殖。正常情况下猪肉的含水量>70%左右，只有使含水量降低到20%以下或降低水分活性，才能延长贮藏期。

（一）自然风干法

根据要求将肉切块，挂在通风处，进行自然干燥，使含水量降低。例如风干肉、风干肠等产品都要经过晾晒风干的过程。

（二）脱水干燥法

在加工肉干、肉松等产品时，常利用烘烤方法，除去肉中水分，使含水量降到20%以下，可以较长时间贮存。

（三）添加溶质法

这种方法是在肉品中加入食盐、砂糖等溶质，如加工火腿、腌肉等产品时，需用食盐、砂糖等对肉进行腌制，其结果可以降低肉中的水分活性，从而抑制微生物生长。

三、腌制法

腌制法历史悠久，许多年前人们就通过腌制方法在常温下保存肉类。盐腌法的贮藏作用主要是通过食盐提高肉品的渗透压，脱去部分水分，并使肉品中的含氧量减少，造成不利于细菌生长繁殖的环境条件。食盐是肉品中常用的一种腌制剂，它不仅是重要的调味料，且具有防腐作用。食盐可以使微生物脱水；对微生物有生理毒害作用；影响蛋白质分解酶的活性；降低微生物所处环境的水分活度，使微生物生长受到抑制。食盐能抑制微生物生长繁殖，但不能杀死微生物，而且有些细菌的耐盐性较强，单用食盐腌制不能达到长期保存目的。因此，要防腐必须结合其他方法使用。在生活中用食盐腌制肉类多在低温下进行，并常常将盐腌法与干燥法结合使用，制作各种风味的腊肉制品。

四、烟熏法

烟熏常与加热一起进行。当温度为 0℃时，浓度较淡的熏烟对细菌影响不大；温度达到 13℃以上，浓度较高的熏烟能显著地降低微生物的数量；温度为 60℃时，无论熏烟浓淡，熏烟均能将微生物的数量降低到原数量的 0.1‰。熏烟的成分很复杂，有 200 多种，主要是一些酸类、醛类和酚类物质，这些物质具有抑菌防腐和防止肉品氧化的作用。经过烟熏的肉类制品均有较好的耐保藏性，烟熏还可使肉制品表面形成稳定的腌肉色泽。由于熏烟中还含有某些有害成分，有使人体致癌的危险性。因此，现在人们将熏烟中的大部分多环烃类化合物除去，仅保留能赋予熏烟制品特殊风味、有保藏作用的酸、酚、醇、碳类化合物，研制成熏烟溶液，对肉制品进行烟熏，取得了很好的效果。

第四节　建立猪的可追溯系统

近年来，伴随着经济全球化和动物源性食品国际贸易的持续、快速增长，动物及动物产品的流通范围不断加大，动物疫病传播的风险也越来越大，由于禽流感、疯牛病等重大动物疫病的不断暴发和食品安全事件的频繁发生，引发了世界范围内的食品安全“恐慌”，动物源性食品安全问题成为全球共同关注的热点问题，特别是各国政府对动物及动物源性产品可追溯性的要求已引起国际社会的充分重视。

我国养猪业持续快速发展，猪肉生产总量已位居世界第一，几乎占到世界总产量的一半，是名副其实的养猪大国，但是由于我国养猪业疫病复杂且多发，猪肉产品卫生质量低，有关法律法规、标准、技术贸易措施不完善，猪及其产品出口量却微乎其微。尤其是近年来，欧盟、美国等许多国家开始实施进口动物及肉类产品必须具有可追溯性的市场准入制度，而我国养猪业还没有完善的可追溯系统，猪及其产品还无法满足国际上对可追溯性的要求，且我国加入 WTO 的过渡期已结束，这就意味着我们要严格按照国际规则行事，这样我国猪肉产品的市场形势将更加严峻，不仅在国际贸易中的竞争优势减弱，出口困难，而且由于国外优质产品的大量涌入，将严重影响到国内市场。

因此，实行动物及动物产品可追溯制度，尽快建立完善的养猪业可追溯系统，以适应国际国内两个市场的需要，是养猪业发展的迫切要求。

一、可追溯的概念与意义

（一）可追溯性定义

所谓可追溯性概念，是引自用于质量保证的 ISO8042 标准，在 1987 年的 NF EN ISO8402 中可追溯性定义为："The ability to re-trace the history, use or location of an entity by means of recorded identification"，即通过记录的标识追溯某个实体的历史、用途或位置的能力。这里的"实体"可以是一项活动或过程、一项产品、一个机构或一个人。一些研究人员解释为，对于产品而言，"可追溯性"一词指的是：原料或部件的来源、产品的加工历史、产品配送过程中的流通和位置。从用户的观点，可追溯性可以定义为：在时间和空间范围内采用定性和定量方式跟踪产品。从信息管理的角度，在供应链中实施跟踪与追溯可以将信息流与实物流系统地联系起来。

在食品追溯方面，这一概念最早是由法国等部分欧盟国家在国际食品法典委员会生物技术食品政府间特别工作组会议上提出的，旨在作为危险管理的措施，这一概念的引入，立即引起与会各方的广泛关注，许多国家，尤其是欧盟成员国及部分发展中国家均认为，可追溯性应该是危险管理的重要措施。欧盟委员会在EC178/2002条例中将食品可追溯性解释为在生产、加工及销售的各个环节中，对食品、饲料、食用性动物及有可能成为食品或饲料组成成分的所有物质的追溯或追踪能力。

在动物健康和食品安全领域，有些专家如 J. D. Mckean 在《可追溯性对公众健康和消费者保护的重要性》中指出，可追溯性是指动物及动物产品从农场到零售者的食物链中各个环节始终维持信用监管和鉴定识别的能力。

（二）追溯系统的定义

可追溯系统范围很广，目的是记录从原始材料至最终消费品的整个产品生产链的过程，该系统的范围不仅仅局限于检测和追溯一批高风险动物或产品的能力，提供动物或动物产品的质量保证程序。质量的定义是“决定产品满足其声明和指明要求的全部实体特性”。

食品安全信息传递，控制食源性疾病危害和保障消费者利益的食品安全信息管理体系——食品可追溯系统。食品法典委员会的一个特别委员会对可追溯系统的定义表述为“食品市场的各个阶段的信息流的连续性保障体系”。现在普遍认为，食品可追溯系统的基本含义是一种以风险管理为基础的安全保障体系，即一旦危害健康的问题发生后，可按照原料生产至成品最终消费过程中的各个环节所必须记载的信息，追踪流向，回收存在危害的尚未被消费的食品，撤销其上市许可，切断源头，消除危害，减少损失的保障体系。

（三）近现代动物标识及溯源系统的发展

当标记系统从最初的畜牧社会系统中形成时还是一个部分存在的标志符，在社会环境和经济环境压力下，标记系统常做出一些调整，使其更加人性化和更适用。这种一致性的调整使畜牧业群体逐渐融入更大的社会中去。就像牧民条约中证明的，牧民具体的标记意图已逐渐被不具体的目的或纯外因的目的所替代，像现代化国家中为了便于政府管理畜牧业而采取的现代化手段来区分动物，即是法律章程。随着畜牧业的发展，动物标识和登记的目的有很多，包括饲养、动物管理和疫病预防等。在动物流行病影响人类时，个体或群体标识相对简单，在中世纪时期，尽管活动物早已使用标识，但是在很长时间后，卫生主管机构才开始关注动物产品的标识。从 14 世纪起，在人类瘟疫主要流行时期，由于卫生原因，人们就开始关注动物产品的来源情况。在后期主要流行病或动物流行病期间，用于卫生目的的标记得到了发展，并伴有非常实际的措施，对违规者实行了与今天相比更严厉的处罚。尽管我们的祖先没有使用现代追溯技术，但是早在 17 世纪，就使用了不易去除的标记，并执行了严格的卫生证书措施。对动物实行烙印技术标记以及为这些被打上烙印的动物建立书面记录的历史已有 2 000 多年。而随着科技的日新月异，电子标识，计算机档案，数据库网络、基因标记等，很多现代的电子信息技术及电子产品逐渐应用于动物标识及溯源系统，使动物标识溯源系统得到进一步发展。简单的历史回顾证明，牲畜牧场主、所有者及那些负责动物生产和卫生的人很早就关注动物及动物产品的可追溯性。并在标识与溯源系统目的不断变化的情况下，逐步改进标识与溯源的技术和方法，以保护人类和动物的卫生健康及保障动物源性产品的安全。

二、建立可追溯系统的必然性

今天，与食品安全有关的问题从很大程度上受制于最近四十年来的社会和经济变化，畜产品的生产模式、销售加工和消费方式的变化，养殖和动物饲料生产的强化和工业化，新的疾病的出现，以及对经过食物传染的疾病的了解，消费者了解了更多的信息，对产品的卫生质量要求也越来越高，流通的跟踪管理也越来越复杂。所有这些新的因素都需要我们对食品的卫生安全进行综合性的管理。有关企业机构及管理部门应当采取必要的措施为消费者提供尽可能全面的信息，以保护消费者的健康。而建立可追溯系统就是其中的必要措施之一。

（一）可追溯系统是疫病防控的需要

现在，动物溯源系统的主要目的是为保护人类和动物健康、保障动物源性食品安全服务，作为监督工作的一部分，提供针对疾病采取的控制措施所要求的信息。

动物溯源系统最初的目的是提供传染源或所禁止的添加剂的信息，这样可以采取预防和控制措施从而避免引起污染。为达到兽医卫生目的，在动物群体中实行传染病控制计划的同时，提出了追溯动物起源的需要。很多情况下，传染病控制计划的成功实施与追溯起源感染动物的能力是相关的。19 世纪 50 年代美国首先启用的市场牛标识计划是一个早期的溯源案例，该计划是建立在对市场交易中的牛进行标识和登记基础之上，这样如果屠宰牛疾病检验为阳性的话，可以通过该计划追溯到源头的感染养殖场。

动物溯源系统对于动物疾病的控制和消灭以及消除污染的动物产品是必要的。仅靠完善的动物标识系统不能降低动物疫病的发病风险，但是它能直接降低由此导致的后果。动物标识系统能减少查找感染动物所在位置而需的时间，因此就减少了其他疑似动物感染的机会以及由此引发的后果。由于最近技术的提高，溯源系统变得更完善了。目前许多系统包括个体动物标识。

溯源系统在疾病预防和控制方面的基本目的是识别其他接触病原的动物。它是通过收集有关动物移动、动物场所以及与其他动物及人类接触情况方面的可靠的最新信息来完成的。快速追溯潜在的感染动物、牧群或污染的产品对快速控制和消灭动物疫病暴发是一项非常必要的措施。动物标识系统在有效和适当工作情况下可以对上述活动给予帮助。动物标识系统还有助于鼓励生产者或企业机构参与流行性疾病的消灭工作。

这些系统可重塑消费者对动物产品从开始就安全的信心，并且可打消对食品安全威胁的顾虑。

（二）可追溯系统是提高消费信心保障畜产品质量安全的要求

建立完善的可追溯系统可提高畜产品安全性监控水平，减少食源性疾病的发生。目前我国的肉类生产事故发生频繁，现状不容乐观，这体现在从畜禽养殖到屠宰加工及最终消费的整个食品生产供应链条中。从口蹄疫、禽流感，到“瘦肉精”事件，从加工生产病死畜禽，到“注水肉”和“毒火腿”事件，肉类产品质量安全问题时有发生，而我国畜禽及其产品的生产加工没有有效的可追溯信息档案及完善的追溯系统，因而不能快速准确地找到问题的根源，以及时有效地控制疫情或实行产品召回或撤销制度，从而导致消费者对肉类产品的信心明显不足。

统计数据表明，世界上每年约有 700 万人感染食源性疾病，这足以引起人们对食品安全性的担忧，甚至失去信心。因此，畜产品生产者应该清晰地提供食品生产加工的详尽信息来消除消费者的疑虑，尤其是消费者愿意为此付出更高价格消费此类食品的时候，更应该提供该商品的详尽信息。一方面，生产者需要对与产品安全性有关的生产加工信息进行记录、归类和整理，利用网络信息技术提供给消费者，以增强其消费信心；另一方面，可追溯系统在畜牧生产中的应用与推广，能够促进生产者改进生产工艺，不断提高产品质量，进而承担起食品安全的责任。当前，食品供应链中产品的可追溯性是确保食品安全的重要措施。首先，可追溯性要求现代的动物饲养管理，对食源性疾病的有效控制。近年来，公众要求对动物及其产品的标识，尤其关注肉制品。与其他动物性产品类似，对于猪肉产品，消费者要求了解猪肉生产加工过程中的更多信息，尤其是在北欧国家，对猪饲养过程中的福利问题与猪肉的食品安全问题特别关注。在这些国家，猪瘟、疯牛病与口蹄疫等动物传染病的频繁发生，可能进一步强化了公众对动物及动物源性产品可追溯性的要求。

随着科学技术的发展，食品供应链中的环节和因素不断增加。从农场、牧场的原料生产到食品企业的加工、包装、贮藏、运输和销售，食品不安全因素贯穿于食品供应的全过程，各大类食品均存在安全隐患，重大食品安全事故屡有发生；食品安全管理体制、食品安全标准体系等方面还存在明显的不适应；食品安全法律法规体系有待完善；我国食品安全科技成果和技术贮备不足。因此食品安全管理与控制应该涵盖“从农田到餐桌”食品供应链的所有方面，在发展畜产品从生产、屠宰、加工、储运、包装等各环节的安全技术的同时，建立健全标识与档案管理体系，运用现代化的网络技术增强相关信息的交流，利用完善的可追溯系统实现对食品安全的全程监控，从而保障产品的质量安全。

因此，可追溯系统不仅是有效提高消费者消费信心的要求，而且也是促使生产者、企业等不断提高产品的卫生质量安全状况，达到从源头控制畜产品质量安全的必然要求。

（三）可追溯系统是畜产品国际贸易的要求

食品出口是重要的外汇来源。根据世界贸易组织统计，食品贸易在世界贸易中所占的比重为9%左右，每年的贸易值为4 000亿~5 000亿美元，每年有4.6亿吨食物在100多个国家之间流动，任何一个国家的食物出现问题都有可能影响到其他国家消费者的健康，甚至发展成为国际性食品安全事件，如英国的疯牛病，法国的污染饲料事件，多国的禽流感暴发，马来西亚“日本脑炎”瘟疫和可口可乐污染事件，欧洲的口蹄疫，以及具有多重抗药性的鼠伤寒沙门杆菌病在多国的流行等，都涉及几个甚至数十个国家，给有关国家经济造成损害，成为影响国际贸易的重要因素。发生了食品安全问题，消费者拒绝并抵制有害食品的行为必将会给食品生产链上的个体、企业甚至国家形成影响，不仅可能带来巨大的经济损失，可能波及国家形象，甚至影响国家之间的外交关系。因此，在畜产品国际贸易中对可追溯性的要求成为人们所关注的焦点。

作为WTO的成员，各国产品进入国际贸易市场的门槛平等，关税和配额的调控作用将越来越小。因此，在当前国际贸易中，滥用技术性贸易措施的趋势不断强化，市场准入条件也越来越苛刻。其中，提高食品卫生检测标准，把食品安全及可追溯性作为“关口瓶颈”，已成为制约国际贸易的寻常策略。

我国的猪肉产品不仅卫生质量较低，不符合国际标准的要求，而且不能满足近年来各国对动物及动物产品可追溯的要求，再加上我国已成为WTO成员，要遵守入世承诺，按照国际规则行事，这样，许多国家如欧盟、美国等一些发达国家实施进口动物及肉类产品必须具有可追溯性的市场准入制度这一措施，更加限制了我国猪肉产品的外销。加之国际上对一些影响较大的疫病有严格的要求，使我国的生猪及猪肉产品大部分转为内销，造成很大的经济损失。如果能够提供生猪或猪肉产品准确可靠的可追溯信息，将大大增加广大消费者的消费信心，同时也增加出口产品的一大质量安全保障，进而满足国际上一些国家在现行市场准入方面对食品安全跟踪与追溯的基本要求，从而促进猪及其产品的国际贸易。

因此，可追溯系统的建立是畜产品国际贸易中保证产品能够进行跟踪与追溯的必然要求，也是消除这一新的贸易壁垒的必然要求。

三、我国养猪业追溯系统现状

猪及其产品可追溯制度建设是我国动物卫生及食品安全工作的一项重任，各级兽医管理部门高度重视。随着《中华人民共和国畜牧法》和《畜禽标识和养殖档案管理办法》的出台，进一步推动了养猪业可追溯系统建设，猪及其产品的可追溯性工作取得了一定成绩，但是由于现有方法和技术尚不完善，标识方法和设施设备还有待进一步考证，以及受经济承受能力的限制，可追溯制度的实施还存在许多不足。

（一）饲养环节

通过对大规模养殖企业和中小型养殖场、养殖小区的走访调查，我们发现由于各地发展水平不同，生产模式不同，可追溯系统建设参差不齐。所调研的饲养场中，大型的规模化养殖企业，可追溯系统雏形已基本形成，已具备可追溯功能，而大部分中小规模的养殖场及养殖小区，由于缺乏追溯的基本要件，出场的生猪根本无法追溯。

（1）目前各种猪场基本都有自己的可追溯系统。如吉林省某原种猪场就已在本企业内部建立起较成熟的系统，每头种猪从一出生就建立档案，并进行标识，各种猪场基本都有自己的养殖档案，记录非常详细，且每头种猪的相关信息都录入电脑，可以快速查询相关信息，但只限于企业内部人员使用，售出的种猪可以通过谱系档案追溯到原种猪场。因为还没有建立起国家级或省一级的种猪数据库，因此商家无法通过网络快速查询有关信息。

（2）在大型的商品猪养殖场或龙头企业带动的养殖场和合作养殖户中，可追溯制度的雏形基本形成。如四川省邛崃市的金利公司养猪场在追溯系统建设方面做得很好，该场现已推出“电脑猪”，在该公司专门的电脑猪养殖基地或养殖户，生猪出生后都带有专门的电子耳标，并通过这个电子芯片记录了生猪饲养过程中从购进、喂养、防疫、消毒、治疗到出售等所有相关的信息，并录入一个电脑猪管理系统，也就是建立起每头猪的编号与生猪生长过程中各类信息的对应关系，最终能根据一头猪的耳标查到它生长过程的饲养、防疫、饲料及用药等信息。

其他这类商品猪场养殖档案记录比较全面，但对猪群的生产记录只局限于每一批次，生产记录还不能够达到与每一头猪相对应。这些养殖信息目前还没有进行数字化、网络化管理，最多只有完整的纸质档案。

（3）中小型的养殖场，只佩戴免疫耳标，没有全面完整的养殖档案，且记录信息没有可追溯性。有些养殖小区管理混乱，没有任何记录档案，甚至不佩戴耳标，出场后根本无法追溯。

（4）实施难度大。由于我国生猪养殖还是以大面积的散养为主，对大量的散养猪进行标识和统一的档案管理，受人力、物力、财力等方面的限制，使得建立生猪质量可追溯制度有很大的难度。

（5）快速追查准确定位难度大。动物卫生监督管理部门，没有掌握养殖场的数量、分布以及相关数据，发生疫情或食品安全事件时不能对养殖场快速追查准确定位。这也是影响可追溯系统建设的一个重要的因素。

总体上，各类养殖场对生猪的标识仍为免疫耳标，各地牲畜标识还没有落实；部分企业开始应用电子标识和 RFID 射频标识；养殖场的信息化管理不完善；养殖档案不全面、可追溯信息数据化管理工作还不到位。因此对生猪及其产品进行快速有效的跟踪与追溯还难以实现。

（二）屠宰环节

在猪产品生产链条中，屠宰加工厂与饲养场主之间的信息链接通常是实现全程追溯的瓶颈。目前，基本所有的国家定点屠宰场都非常重视可追溯系统的建设，在采用 HACCP 计划进行过程管理的同时，也为可追溯系统建设奠定了基础。

1. 实现屠宰猪与原饲养场的信息链接　生猪进入屠宰场后都要拿掉免疫耳标，然后重新标识，以实现屠宰猪与原饲养场的信息链接。在某些大型屠宰企业已开始采用电子标识或 RFID 射频卡进行重新标识，新的标识将在原来标识信息的基础上添加屠宰场相关的生产信息，以便通过新的标识直接查询屠宰加工及饲养环节的相关信息，如四川某猪场的“电脑猪”，带有电子芯片的生猪进入屠宰场后可直接在这个芯片上输入新的信息，在其分割后根据生猪电子芯片的号码，再添加上分割产品的名称、部位等信息，将条形码打出后贴在产品上面，这样就可以通过产品上面的条形码，直接在电脑上查看其相关信息了。

2. 进一步追溯难　大部分屠宰企业对进场后的生猪用屠宰编号进行标识，每个屠宰编号不一定与耳标对应，往往是在同一批次或同一养殖场的生猪胴体上打有相同的号码，其副产品也编有相同的号码，可以根据这一号码追溯到饲养场，如果是再分割加工的，则装箱时只贴有一个批次的标签，出场后的猪肉及其副产品只能追溯到屠宰场的哪个车间、哪个批次，不能进一步追溯到具体来源于哪个饲养场。

3. 追溯到哪一头猪难　各屠宰场对屠宰过程中的几个关键控制点都有详细记录，可用于对生产信息进行追溯。出场后的猪肉及其产品只能追溯到屠宰场或进一步追溯到哪个批次，不能追溯到哪一头猪。

4. 小型屠宰场不具有可追溯性　小型的屠宰场没有相关记

录，进场的生猪无法追溯到养殖场，而且屠宰过程中猪肉的卫生质量得不到保障，出场后的猪肉及其产品也没有任何标识，不具有可追溯性。

5. 胴体标识不能与生猪的标识联系起来 大部分进入屠宰场的生猪，其编号与生猪原来的耳标号没有统一的相对应的记录，也就是说，胴体标识不能与生猪的标识联系起来，使得生猪在这一环节的可追溯链条被断开。

6. 大、中、小型屠宰场的追溯 大型屠宰场售出的猪肉及其产品都有屠宰场或企业的标识，能够追溯到该屠宰场，中小型的屠宰场售出的肉一般没有屠宰场的标识，无法追溯。

7. 不能有效利用信息 大型的屠宰场已将屠宰胴体的相关信息进行数据化管理，但是没有相关的数据库收集这些信息，消费者也不能够有效地利用这些信息。

8. 大中型屠宰场内可追溯制度的雏形基本形成，但屠宰后胴体和猪肉产品的标识没有统一的标准 屠宰环节具有较全面完整的记录档案，胴体标识可以追溯到养殖场但不能与生猪个体标识对应，必要时只能一步步查询相关档案进行个体或群体追溯，而不能利用有效的标识，通过网络获取所需的个体或群体信息，实现对相关环节或信息的追溯。

（三）其他环节

猪产品供应链实现可追溯管理，还要对运输环节、贮藏环节和销售环节的信息进行标识记录，才能构成一个完整的可追溯链条。运输环节的追溯，主要是对运输过程中相关证明材料及运输过程中的有关信息进行详细记录备案，包括生猪从饲养场到屠宰场的运输以及猪产品从屠宰加工厂到贮存场所或销售点的运输。由于运输过程中很可能有感染或传播疫病，或使产品遭受污染的风险，影响产品的卫生质量。因此，一旦发生疫情或食品安全问题，运输环节的相关信息也是追溯的重要内容。

现行的追溯系统中，运输环节的相关信息，在出饲养场时由饲养场记录运输商、目的地、运输工具、运输动物的数量、耳标号等相关信息，在到达另一饲养场或屠宰加工厂时，目的地将收回检疫证明、健康档案等运输环节的信息进行记录备案，屠宰场的猪产品运出厂时都有详细的销售记录，记录批发商、承运商、运输方式、工具、运输货物的批次等相关信息，可以对运输过程中产生的问题进行追溯。在一些试点地区检疫证明实行电子出证，运输动物的信息录入相关的数据库，输入检疫证号可以方便查询运输动物的相关信息。

贮藏环节的追溯性，主要是针对储备的猪肉及其产品，在这一环节中，贮藏场所的环境条件、贮藏的方式、温度、进出库时间等都是追溯的重要内容，而现行的产品标识并不添加贮藏环节的信息，因此，可追溯链条并不完整，存在很多漏洞。

销售环节直接面对消费者，目前市场上的生鲜肉类产品可以根据纸质档案追溯到屠宰场，部分企业的品牌分割肉或冷冻产品已开通产品信息数据库网络平台，可以通过条形码查询其从饲养到屠宰到销售过程中的相关信息。但是大部分的生鲜肉还无法通过现有标识直接追溯到其饲养场。

第七章　生猪生态养殖新技术

第一节　发酵床养猪技术

发酵床养猪是指综合利用微生物学、生态学、发酵工程学原理，将活性强大的有益功能微生物复合菌群搅拌于猪舍垫料中，通过发酵作用持续不断地将猪粪尿等废弃物转化为有用的物质与能量，从而最终实现猪场无污染和零排放的全新技术。发酵床养猪技术是一种全新的环保型养殖模式，是工厂规模化养猪发展到一定阶段而形成的又一亮点，实现了养猪无排放、无污染、无臭气，彻底解决了规模养猪场的环境污染问题。而且，发酵床养猪对猪群保健也具有重要作用，在发酵床的垫料层中，有益功能微生物占绝对优势，在将粪便发酵分解为菌体蛋白和微量元素的同时，也释放着大量的热量，使中心发酵层温度基本维持在50℃左右，这种温度和菌群结构使一些病原根本无法生存，从而有效改善了猪舍内环境，有利于猪免疫水平保持在最佳状态。目前我国不同地区和不同规模的养猪场都有一定的应用，但是对发酵床养猪技术的认识仍然存在巨大的分歧，应用还需谨慎选择。

一、发酵床养猪技术的优点

（1）解决了粪便处理难题，实现了“零排放”。猪舍里没有臭气和苍蝇等病原生物滋生，不仅改善了猪场本身的环境，也有利于新农村建设。

（2）减少应激，改善猪的生长环境和猪的健康状况。发酵床养猪是一种自由散养的模式，充分满足了猪的拱掘和自由运动的天性，减少了打斗和应激，这种具有一定动物福利化的养猪模式，能够增强机体抗病、抗逆及抗应激能力。

（3）节能、节水和省工。发酵床发酵产生的热量，可部分解决冬季猪舍的取暖问题，而且避免了目前养猪场水冲洗圈舍的大量用水需求，加上省却了清粪工作，这样一定程度上节约了劳动力，降低了猪场的生产成本。

二、发酵床养猪技术存在的问题

发酵床养猪的优点有很多，但是它的缺点却不容忽视，日本、韩国等国家地处亚寒带，在实践过程中确实效果明显，但在我国不少地区，许多养猪人经过试验后却发现发酵床养猪法也存在不少不足之处，主要体现在以下三个方面。

（1）垫料需求大。作为主要垫料的锯末会随着该技术的推广和木材限伐的约束变得越来越供不应求，而锯末价格的上涨会提高发酵床养猪的成本，从而降低该技术的成本优势。

（2）疾控措施实施不便。发酵床垫料多次使用后，其发酵作用杀灭病原体的能力降低，对猪的健康形成威胁，而且圈舍消毒不易实施，加之时有发生的垫料霉变问题，这些都严重威胁到猪的健康状态。

（3）主要适合于中小规模猪场，大型猪场应用困难。垫料来源和更换对大型猪场来说困难不小，对大型猪场的消毒和防疫也有诸多不便，而且一旦发酵床发酵失败，猪场的废污问题会更加突出。

三、常见的发酵床设计模式

（一）地上槽模式

将垫料槽建在地面上，垫料槽底部与猪舍外地面持平或略高，硬地平台及操作通道需垫高50~100厘米，保育猪50~80厘米、育成猪100厘米左右，利用硬地平台的一侧及猪舍外墙构成一个与猪舍等长的长槽，并视养殖需要中间由铁栅栏分隔成若干圈栏，以防止串栏。这种模式的优点是保持猪舍干燥，特别是能防止高地下水位地区雨季返潮，缺点是冬季保温效果差。该模式适应南方大部分地区和江、河、湖、海等地下水位较高的地区，常规养猪场经改造也可适用。

（二）地下槽模式

将垫料槽构建在地表面以下，槽深60~100厘米，保育猪60厘米左右、育成猪100厘米左右，新猪场建设时可仿地上槽模式，一次性开挖一地下长槽，再由铁栅栏分隔成若干单元，原猪舍改造时，适宜原圈栏开挖坑槽。这种模式的优点是冬季发酵床保温性能好，造价较地上槽低。但缺点是透气性稍差，无法留通气孔，发酵床日常养护频繁。该模式适合于北方干燥或地下水位较低的地区。

（三）半地下槽模式

这种也称半地上槽模式，就是将垫料槽一半建在地下，一半建在地上，硬地平台及操作通道取用开挖的地下部分的土回填，槽深60~100厘米，保育猪60厘米左右、育成猪100厘米左右，长槽的建设与分隔模式同地上槽。这种模式的优点是造价较上两种模式都低，发酵床养护便利。但缺点是透气性较地上槽差，不适应高地下水位的地区。该模式适合于北方大部分地区、南方坡地或高台地区。

四、发酵床垫料制作方法

发酵床养猪技术的核心技术环节就是垫料的制作，主要包括垫料材料选择、配比和微生物菌液的选择、混合等方面，具体技术细节不同的模式略有不同，但基本环节基本相同，大致可分为以下三步。

（一）稀释发酵床专用菌粉

按商品说明计算好菌剂用量，按要求比例（一般是 5 ~ 10 倍）与米糠或玉米粉、麸皮混合稀释。稀释后的发酵床专用菌粉再分成五等份。

（二）播撒发酵床专用菌粉

可将垫料均匀分五层铺填，每铺一层垫料直接撒一层发酵床专用菌粉，每层用菌总量的 1/5。也可将垫料原料与菌剂混匀后再铺。将水分调整为含水量 40% ~ 60%，垫料厚度达到 60 ~ 80 厘米。刚铺设的垫料比较虚，进猪饲养几天后会由于猪的踩踏和发酵热的作用使垫料基本压实，厚度会下降 15% ~ 20%。以后再添加不影响使用效果。

（三）进猪饲养

垫料铺设完毕当即就能进猪饲养。

五、发酵床日常养护

发酵床养护的目的主要是两方面，一是保持发酵床正常微生态平衡，使有益微生物菌群始终处于优势地位，抑制病原微生物的繁殖和病害的发生，为猪生长发育提供健康的生态环境；二是确保发酵床对猪粪尿的消化分解能力始终维持在较高水平、菌种活跃，同时为生猪的生长提供一个舒适的环境。发酵床养护主要涉及垫料的通透性管理、水分调节、垫料补充、疏粪管理、垫料更新等几个环节。

（一）垫料通透性管理

长期保持垫料适当的通透性，即垫料中的含氧量始终维持在正常水平，是发酵床保持较高粪尿分解能力的关键因素之一，同时也是抑制病原微生物繁殖、减少疾病发生的重要手段。通常比较简便的方式就是将垫料经常翻动，翻动的深度，保育猪为15~20厘米、育成猪25~35厘米。

（二）水分调节

由于发酵床中垫料水分的自然挥发，垫料水分含量会逐渐降低，但垫料水分降到一定水平后，微生物的繁殖就会受阻或者停止，定期或视垫料水分状况适时地补充水分，能保持垫料微生物正常繁殖。垫料合适的水分含量通常为38%~45%，因季节或空气湿度的不同而略有差异，常规补水用加湿喷雾即可。

（三）疏粪管理

由于生猪具有集中定点排泄粪尿的特性，所以发酵床上会出现粪尿分布不匀，粪尿集中的地方湿度大，消化分解速度慢，只有将粪尿分散地洒在垫料上，并与垫料混合均匀，才能保持发酵床水分的均匀一致，并能在较短的时间内将粪尿消化分解干净。通常保育猪可2~3天进行一次疏粪管理，中大猪应每1~2天进行一次疏粪管理。

（四）垫料补充与更新

发酵床在消化分解粪尿的同时，垫料也会逐步损耗，及时补充垫料是保持发酵床性能稳定的重要措施。通常垫料减少量达到10%后就要及时补充，补充的新料要与发酵床上的垫料混合均匀，并调节好水分。

第二节　福利养猪

一、动物福利的概念及发展

所谓动物福利，就是让动物在康乐的状态下生存，国际上公认的基本原则包括：让动物享有不受饥渴的自由、生活舒适的自由、不受痛苦伤害的自由、生活无恐惧感和悲伤感的自由以及表达天性的自由。

18 世纪初，欧洲一些学者提出：动物和人一样有感情、有痛苦，只是它们无法用人类的语言表达见解，这可以说是动物福利思想的起源。英国是最早实践这一思想的国家，1809 年，有人在英国国会提出一项禁止虐待动物的提案。世界上第一部与动物福利有关的法律出台于 1822 年，由爱尔兰政治家马丁说服英国议院通过了禁止残酷对待家畜的《马丁法案》，《马丁法案》虽然只适用于大型家畜，但它是动物保护运动史上的一座里程碑。1850 年，法国通过了反对虐待动物的《格拉蒙法案》。1866 年，在享利·贝弗的努力下美国通过了《禁止残酷对待动物法》。1876 年，英国通过了《禁止残酷对待动物法》。1999 年，英国禁止将妊娠母猪单个限定在保定栏内，后来还专门颁发了《猪福利法规》，对养殖户饲养猪的猪圈环境、喂养方式作了细致的规定。2004 年 2 月 14 日，英国把依据欧盟这项指导条例制定的《农畜动物福利规定》正式付诸实施，且新的规定还配合欧盟条例，增加了给猪“玩具”的条文，以避免猪觉得生活枯燥。

目前，动物福利制度已在世界范围内迅速发展起来，100 多个国家已有了动物福利法，WTO 的规则中也写入了动物福利条款。

二、我国现代养猪的主要饲养工艺

合适的饲养工艺是决定猪场生产效益好坏的关键环节，从国内外规模化养猪饲养工艺发展来看，目前主要有5种饲养工艺，即定位栏饲养、圈栏饲养、户外饲养、厚垫草饲养及舍饲散养体系。经过几十年的研究，我国在引进吸收美国三德公司饲养设备基础上，形成了定位和圈栏饲养的主流工艺。华中农业大学针对华中地区气候特征，发展了适合于华中地区的“五段式”饲养工艺，其中妊娠母猪依然采用定位饲养。中国农业大学经过十几年舍饲散养工艺模式的探索，已初步形成了以暖床为主体的舍饲散养工艺模式和配套技术设施。山西省农科院畜牧兽医研究所的科研成果《规模化猪场母猪精确饲喂舍饲散养工艺及其配套设备》目前在一部分规模化猪场已开始应用。此外，户外饲养和厚垫草饲养只在我国农村的家庭饲养中存在，规模化猪场很少采用。

三、我国现代养猪饲养模式存在的弊端

近年来，我国养猪业有了长足的发展，养猪业逐渐由传统的小规模生产方式向集约化、工厂化生产方式转变，极大地提高了我国养猪生产水平，实现了养猪生产的高产出、高效率，不断满足了消费者对畜产品的需求，但与此同时，这种养殖方式的弊端也日益暴露出来，高密度饲养条件导致动物的生存环境恶化，从而引发疫病流行，造成了极大的经济损失，同时也给人类的健康带来了威胁，在母猪养殖工艺上目前存在的主要问题如下：

（1）圈栏小群饲养将4~5头母猪组成小群，饲养在10平方米左右的圈栏中，根据小群情况人为定量、饲喂和管理。这种方式，只能根据小群情况人为进行粗略的控制，不可能顾及每头母猪的自身状态而精确饲喂，必然造成母猪个体的过肥或过瘦，影

响母猪生产潜力的发挥；不能避免小群中个体间的排序、强弱、争斗等自然群居等不利行为，影响母猪的身心健康；虽然给母猪提供了一定的自由活动空间，但空间有限，活动量不足，不能彻底解决母猪的运动问题。

（2）单体限位栏饲养将每头母猪分别定位在长 2.1 米、宽 0.6 米的限位栏内，根据个体情况人为定量、饲喂和管理。这种方式，虽然能够做到每头母猪的分别控制，但人为管理不可能做到精确饲喂，更主要的是每头母猪的相对饲养面积较小，不符合母猪的生物学特点和生命活动所需环境要求，母猪活动量小，容易造成母猪的肢蹄病等，使母猪淘汰率增加，影响母猪的使用年限。

（3）定位饲养、圈栏小群饲养不能为母猪提供群居环境，母猪不能按自己的喜恶选择生活的空间、组建和谐的小群体，母猪之间没有行为、社交与心理的交流，母猪没有学习与社交的能力，从而产生了神经官能症、刻板和规癖等行为，影响母猪的心理健康，造成母猪生产力低下。

目前，“动物福利”已在欧美等养殖发达国家得到高度重视，欧盟制定的《妊娠母猪限位栏禁令》已于 2013 年 1 月 1 日生效，预示着限位栏在欧盟国家将全面被禁用，也必将形成一道隐藏的贸易壁垒。实践证明，母猪舍饲群养工艺模式及其配套设备，不仅能够满足母猪的“福利”需求，而且解决了母猪运动不足和采食不均等问题，繁殖生产性能显著提高。

四、猪的福利化饲养

近 10 年来，国外养猪业在进一步提高集约化、自动化的同时，越来越关注猪的生存环境，重视动物本身的行为福利和生理需求，积极推行绿色养殖。如英国家畜福利法规定，家畜在饲养过程中，必须做到无营养不良，饲料的数量都应充分保证，无生理上的不适，饲养管理体系应无伤害和疾病，物理和群体环境应无限制地表现大多数动物正常的行为，无惧怕和应激。又如，由于全漏粪地板会导致比较严重的猪蹄受伤，荷兰已禁止使用这种饲养方式。重视动物福利，对家畜的健康和性能表现有密不可分的关系，因为在缺乏适当的环境和饲养时，无论家畜有如何优秀的基因型，也难有好的表现，由此我们提出了环境福利和饲养福利。

（一）环境福利

“环境福利”指的是猪舍的环境条件，主要针对不同生理阶段的猪只，给予不同的温度、湿度、风量和风速等小范围的气候条件。猪舍应该根据猪只的大小、猪群的多少、气候的变化，设计必要的通风换气量，强制通风。通风换气，保持舍内空气新鲜，不仅能控制猪的呼吸道感染，疾病的传播，而且空气中的氧，也是动物体必需的营养素，对猪的饲料利用率起着至关重要的作用。另外，猪舍内的污染源如粪尿的臭气、氨气；饲料和灰尘的可吸入颗粒物；猪群密度过大导致的二氧化碳气体等都会影响猪群的健康，所以生产中要注意根治。

（二）饲养福利

中国加入 WTO 后，针对国内外对动物福利的关注，如何提高我国猪肉在国际市场上的竞争力，适应世界的发展趋势，探索良好的养猪生产工艺，保证猪舍内部及周围的环境，都将是今后关注的焦点。为了提高我国养猪业的整体实力，促进我国猪肉的出口量，增强我国养猪业的创汇能力，需按照猪本身的行为习性，研究开发良好的饲养环境，并以此作为绿色贸易壁垒。我们要先建立一套融猪的生理、生态、行为、习性于一体的全新的养猪工程工艺，既要符合猪的生物学特点和生命活动所需环境要求，又要符合动物福利要求。山西省农科院畜牧兽医研究所的科研成果《规模化猪场母猪舍饲散养工艺及其配套设备》符合猪的生物学特点和生命活动所需环境要求，也符合动物福利要求，能为母猪提供自然的环境，实现养殖回归大自然，实现动物福利和绿色养殖。

动物福利，对于我国养殖业尤其是养猪业来说是一个新概念，然而国际上尤其是欧盟，已经将动物福利提到了相当高的重视程度，随着动物福利意识的不断增强，越来越多的国家开始关注动物的养殖条件及在生产过程中所受的待遇，提倡合理、人道地利用动物，尽量保证那些服务于人类的动物享受到所应享有的最基本的权利。福利养猪是世界养猪业的潮流，我们从业者应积极参与和推动。

第三节 母猪舍饲群养工艺及智能化饲喂管理系统

“舍饲群养”是规模化猪场母猪的新型饲养模式，这种新型养殖模式基于“动物福利”养殖理念，依据母猪生物学特性和生理需求特点，为规模化猪场母猪创造和谐的群居生活及良好的生产环境，使母猪长期处在良好的心情、心态下主动地、最大限度地奉献本身的生产潜力。母猪智能化管理系统是利用射频识别、自动化控制及计算机管理等现代电子信息技术研究开发的精确管理设备装置，是母猪舍饲散养工艺的配套系统设备。

一、母猪舍饲群养工艺

母猪舍饲群养工艺最早是由德国农业部官员 Helmut Bugl 提出的，与其他生产工艺相比，该工艺融猪的生理、生态、行为、习性于一体，符合猪的生物学特点和生命活动所需环境要求，也符合动物福利要求，是一种与国际先进水平接轨的生产工艺模式，符合国际市场对生产过程和产品质量要求。尽管这种福利养猪生产工艺已在欧美国家得到广泛的推崇和认同，但由于中国的国情与之有很大差别，该工艺中所涉及的设备昂贵，生产运行费用高，所采用的清粪方式用水量大等诸多问题，因此直接照搬在国内养猪生产中应用是不可行的。

规模化猪场母猪精确饲喂舍饲散养工艺是运用计算机管理系统、射频识别技术、自动饲喂系统、门禁系统和母猪发情检测系统对生产母猪进行识别控制管理，做到母猪在大群饲养的环境中单独、精确、安全、无应激饲喂，能够根据母猪个体的体重、胎次、妊娠阶段来确定饲喂量，能够准确识别发情、生病或需要接种疫苗、需上产床的母猪，将它们通过分离器分群，隔离控制在各个功能区中，并能将数据自动传输到管理者的管理系统上，以便及时处置。

舍饲群养这种养殖模式，是根据母猪群体大小（50~300 头），按 2.0~2.5 米^2/头的利用空间设计建造母猪舍，并将猪舍内部设计划分为躺卧休息区、自由活动区、采食分离区、饮水溺尿区、特殊处理区、试情公猪饲养区、舍外活动区（根据情况决定是否需要）等不同的功能区域，为母猪群创造“猪性化”的大群养殖环境，使母猪群在和谐的养殖环境下自由自在地生活，改善母猪的身心状态，减少应激，提高体质，自觉自愿地发挥潜在的生产性能。舍饲散养母猪舍功能区划分布局示意图见图 7-1。

二、母猪舍饲群养工艺的特点

规模化猪场母猪精确饲喂舍饲散养工艺主要有以下特点：

（一）大群饲喂

大群饲喂是指群体规模 30~300 头，做到母猪在大群饲养的环境中单独、精确、安全、无应激，并能根据个体喜好分成若干小群体，个体之间有社会交往活动和学习行为，减少不良行为和规癖。

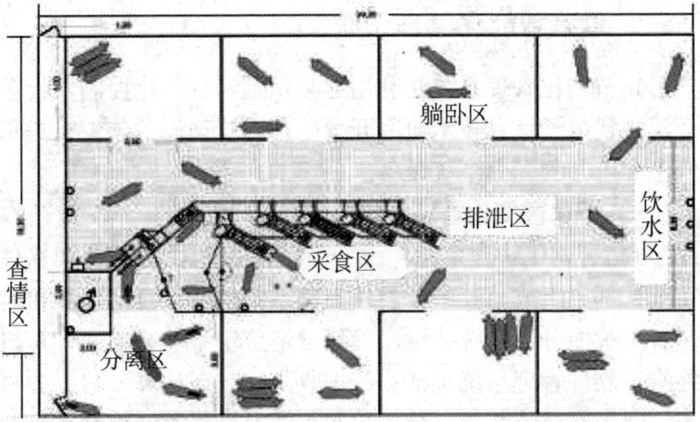

图 7-1　舍饲散养母猪舍功能区划分布局示意图

（二）精确饲喂

精确饲喂是指能够根据个体的体重、胎次、妊娠阶段来确定饲喂量，自动准确给料，避免过度采食或采食不足，饲料无浪费。根据需要给饲，极大提高了母猪的生产性能。

（三）自由运动

自由运动增加了母猪的运动量，为母猪提供了自然的环境，实现养殖回归大自然，实现动物福利和绿色养殖，母猪肢蹄病，繁殖性疾病及其他病显著减少。

母猪舍饲散养、大群饲养工艺，能为母猪提供群居环境和自由活动的空间，母猪能按自己的喜恶组建和谐的小群体，自由组群、自由活动，母猪间有了行为、社交与心理的交流，避免了刻板和神经质等不良行为，增强学习与社交的能力，解决母猪单体限位栏饲养的运动不足问题，大幅度降低母猪肢蹄病和繁殖性疾病发病率，健全了母猪心理，保证母猪福利。

三、母猪智能化管理系统

母猪智能化管理系统是利用射频识别、自动化控制及计算机管理等现代电子信息技术研究开发的精确管理设备装置，是母猪舍饲散养工艺的配套系统设备。

（一）母猪智能化管理系统组成

“母猪智能化管理系统”设备由硬件控制设备系统和软件管理系统两部分组成。其中，硬件控制系统包括：自动饲喂控制系统装置、智能分离系统装置、母猪发情鉴定系统装置和计算机管理终端；软件管理系统包括：数据收集、数据计算、数据分析处理与饲喂控制系统装置、分离控制系统及母猪发情检测系统装置的通信、实时监控等模块，具体见图 7-2。

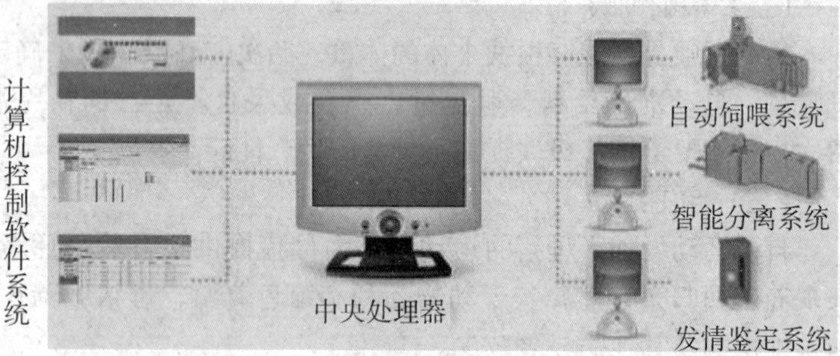

图 7-2　母猪智能化管理系统组成

（二）母猪智能化管理系统功能与工作原理

母猪智能化管理系统作为母猪大群饲养工艺的配套设备装置，借助射频识别、自动化控制及计算机管理等现代电子信息技术，实现母猪大群饲养状态下个体的精确管理，最大程度地提高母猪的生产性能。系统运用电子射频识别技术原理，由数据读取设备读取母猪佩戴的电子耳标，判断猪只的身份，读取猪只信息，传送给计算机，系统根据终端获取身份和信息，指令饲喂设备实现个体精确饲喂；指令分离设备实现及时、准确的智能化分离，最终实现群养状态下的个体精确管理，同时系统对信息数据进行统计，能为管理者提供精确的猪群信息数据。

1. 自动饲喂控制系统功能与工作原理　自动饲喂控制系统的功能是精确控制每头母猪的饲喂量，使每头母猪保持理想的体况。其工作原理是通过射频识别器对母猪的无线射频耳标进行识别，当母猪信息传到电脑后，精确饲喂系统可迅速调用相应初始化档案信息（耳牌号、背膘厚、胎次、妊娠期、环境温度、日粮营养水平等)，计算当日的投料量，并指令自动饲喂控制系统装置投料，实现母猪的精确饲喂，保证每头母猪的理想体况。

2. 母猪发情鉴定系统功能与工作原理　母猪发情鉴定系统的功能是对母猪进行发情鉴定，并与智能化分离系统协同实现母猪的适时配种。当母猪探访试情公猪时，通过射频识别器对母猪的无线射频耳标进行识别，并及时、准确地记录其探访信息，探访信息传到电脑后，将母猪当天探访试情公猪的频率及持续时间等与软件系统中设定的发情判定标准进行比对来鉴定是否发情，确定最适宜的配种时间，并适时指令智能分离系统控制装置，在母猪采食后及时进行分离，进入特殊处理区进行配种。

3. 母猪智能分离系统功能与工作原理　智能分离系统的功能是对猪群中需要特殊处理的个体进行分离。计算机软件管理系统中设置的分离状态包括：健康体检、免疫注射、发情配种及产仔转舍等。当母猪吃完料后，进入分离巷道，通过射频识别器对母猪的无线射频耳标进行识别，传到计算机，软件管理系统根据当日采食量、妊娠日龄及发情鉴定系统的检测结果等信息进行判断后，指令智能化分离系统控制装置，将怀疑生病、免疫接种、鉴定发情、临产转舍及丢失耳标的母猪个体自动喷色记忆并自动分离到特殊处理区，根据需要进行特殊处理，不需要处理的母猪返回大群。

四、母猪智能化管理系统的优点

母猪智能化管理系统的主要作用是实现集约化猪场母猪舍饲大群散养条件下的精确管理，最大限度地提高母猪的生产性能。该系统具有以下优点：

（一）实现妊娠母猪生产全过程的高度自动化

1. 自动精确供料 整个系统采用“储料塔+自动下料+自动识别”的自动饲喂装置，通过母猪的信息识别，实现每个个体的自动精确供料。

2. 自动精确管理 通过中心控制计算机系统的设定，通过智能分离系统控制，实现发情鉴定、健康体检、免疫接种、产仔转舍的智能化分离和每个个体的精确管理。

3. 自动数据记录与传输 妊娠母猪的所有生产数据，通过系统实时进行记录，并传输显示在计算机上。

4. 自动报警 系统配置配有自动报警系统，当系统运行过程中出现故障，电脑都会自动报警。

（二）提高生产管理效率

母猪智能化管理系统的应用，不但可以节省劳力，而且能够提高生产管理工作效率。比如，年出栏 10 000 头商品肥猪的妊娠母猪群，只需要 2 人就可以实现全面的精确管理。

（三）提高猪场经济效益

应用母猪智能化管理系统，能大大提高母猪的生产性能和养殖经济效益，与传统的单体限位栏相比，每头母猪年可多提供断奶仔猪 3 头以上；母猪淘汰率可降低 10%；利用年限可延长 1～1.5 年。

第四节　种草养猪

猪是单胃杂食动物，具有一定的采食和利用牧草的能力，在我国传统的农家散户养殖中，牧草喂猪是一种非常普遍的养猪模式，不但可以降低饲料成本，而且可以提高猪肉的瘦肉率，大大提高养猪的经济效益，收到“以青补精，降本增效”的作用，是一种天然的生态养殖方式。

一、种草养猪的优势

（一）营养优势

种植的牧草中维生素和微量元素种类多样且含量丰富，蛋白质含量较高，利于畜禽吸收利用。

（二）产量优势

高产牧草一年每亩鲜草产量可达 1 万～1.5 万千克，按 14% 折干算，年产干物质量可达 1 400～2 000 千克，产量高于农作物。

（三）适口性优势

喂母猪时加喂牧草，可在日粮中使用一些适口性差但价格低的饲料原料，既可降低饲料成本，又不影响母猪采食；母猪在怀孕期喂饲适量的青饲料，可提高产活仔数和断奶成活数。

（四）助消化和排泄优势

牧草中的粗纤维可减少猪只的怪癖行为，有效防止猪胃溃疡、水肿病和腹泻的发生，提高消化道和内脏器官重量，保护猪的健康。搭配牧草喂猪，能促进猪胃肠道蠕动，对粪便的排泄起着清洗剂的作用。

（五）生态优势

种草养猪，既能缓解粪污处理难题，又能为养猪提供优质的青绿饲料。

（六）降温防暑优势

夏季饲喂牧草可减轻猪对酷暑的应激；在猪场空地种植牧草，可降低高温对猪生长发育的影响，降低使用电扇等降温措施所增加的生产成本。

二、牧草的选择与利用

牧草作为一种青饲料用于养猪虽然优势明显，但不能盲目种植牧草，因为不是所有的牧草都能喂猪。种草养猪除了要选好适宜的牧草品种外，还需要注意如下一些问题。

（一）科学选用青饲料品种

不同的畜禽种类，对青饲料有特殊要求。适畜适草，才能发挥青饲料应有的作用。猪是单胃动物，只能在盲肠内消化青饲料的少量粗纤维，对青饲料的利用率较差，特别是含木质素高的青饲料利用率更差。因此，种草养猪一般宜选用紫花苜蓿、白三叶草、紫云英、美国籽粒苋、串叶松香草、鲁梅克斯 K－1 杂交酸模、菊苣、苦荬菜、聚合草、牛皮菜、萝卜菜、胡萝卜等作为猪的青饲料。苦荬菜鲜嫩多汁、适口性好，能促进食欲，有助于消化。苦荬菜饲养小猪，能预防下痢；饲养大猪，能防止便秘，且上膘快；饲养母猪，能提高泌乳量及仔猪增重。籽粒苋生喂熟喂均可，多喂也不会拉肚子；其籽粒可作为猪的精饲料。串叶松香草喂猪能驱蛔虫。

（二）适时刈割

青刈饲料作物的利用应掌握好青刈时间，因其在不同生长阶段的养分含量及消化率功能差异很大。幼嫩的植物含水多，矿物质少，粗纤维含量较低而蛋白质含量高，所以生长早期的青饲料消化率功能较高，其营养价值也高，但产量低。猪能较好利用幼嫩的青饲料，因此，要解决青饲料纤维多和猪的消化能力低的矛盾，青饲料最适刈割期应掌握在抽茎或开花前后老嫩适中时采收。

（三）合理确定用量

研究表明，在育肥猪日粮中适量添加青刈籽粒苋，可使日粮氮的利用率由62.19%提高到76.13%。如果猪日粮缺乏青饲料，饲料的消化利用率都较低，猪生长很慢。日粮中如有足够的青饲料，猪很少发生因缺乏无机盐而引起疾病。青饲料喂猪虽有很多优点，但营养含量不全，不要长期单喂和过量饲喂。大量饲用青饲料，会造成日粮体积过大、水分含量过高，采食饲料中营养物质含量不能满足畜禽的营养需要，而影响日增重和饲料利用率。同时，还要注意不能过量饲喂，尤其是仔猪，在饲喂水分大的青绿饲料时，一定要限量，防止饲喂过量造成拉稀粪或其他肠胃病。

青饲料应与精、粗饲料搭配适当，才能获得较好的饲养效果。一般青饲料应占猪日粮的60%~80%，对幼猪、催肥猪、怀孕猪和哺乳期母猪，可少用些；对架子猪、空怀和怀孕中期的母猪，可多用一些；饲喂肥猪，青饲料与精料的比例为1∶1。

（四）宜切碎鲜喂

青饲料切碎鲜喂，能解决青饲料体积大与猪胃容积小的矛盾。猪是单胃动物，它的胃容积和每次采食量都相对较小，而青饲料一般体积较大，用它喂猪往往易饱不耐饿，难以满足对营养的需要。所以青饲料必须经过切碎或打浆，缩小体积，增加饲喂次数。据试验测定，体重100千克左右的猪，每次只能吃切碎煮熟的甘薯藤8.5千克，而打浆以后便可吃12千克，并能提高消化率3%左右。

（五）不要煮熟喂

许多饲养户将青饲料煮熟了喂猪，但高温加热使大部分维生素、蛋白质遭到破坏，加热后还会加速亚硝酸盐的形成，从而降低原有营养含量，还容易引起变质和中毒。如用半生不熟的青饲料喂猪，进食后不一会儿猪就会狂躁不安，走路摇晃，呼吸困难，痉挛死亡。其主要原因：一是将青饲料放在锅内长时间慢火温煮，又没搅动，最易生成一种叫氢氰酸的有毒物质，猪食后极易中毒。二是饲料没有煮熟煮透，久置变质。猪食在 40～70℃时，长时间焖在锅内过夜，饲料中的硝酸盐会转变成一种叫亚硝酸的有毒物质。据研究，青饲料在锅中焖 24～48 小时，亚硝酸盐含量达到 200～400 毫克/千克。正确方法是：青绿饲料采回后，先洗净切碎或打浆，然后掺入混合饲料直接喂猪，这样既能保持维生素不被破坏，又不会使猪中毒。但对适口性差或粗纤维多的青饲料最好发酵处理后再喂。

（六）防发霉变质

采割青饲料后要保持鲜嫩和清洁，喂前可用清水洗 1 遍（沥净水分后）再喂猪，但无污染的，最好不要洗。因为鲜嫩的青饲料洗得越净，水溶性维生素损失越多。夏秋季饲喂青饲料，最好是现采现用，不要堆放。青饲料鲜嫩可口，猪爱吃，如堆放太久，很容易发热变黄或变腐，不仅破坏了部分维生素，降低了适口性，而且也会使硝酸盐还原为亚硝酸盐有毒物质，猪吃了轻则易患肠胃病，重者还会因中毒导致死亡。采集后一时喂不完的，可阴干后放在阴凉通风处贮存，经粉碎加工后饲喂，这种饲料可保持香味和营养成分受损失少，还能增强适口性。

（七）防止农药污染青饲料

种植牧草的蔬菜园、棉花园、果园，要尽量使用高效低毒的农药，并注意喷洒间隔期，保证不受农药污染。采割野草时，要远离果园和庄稼地，如需要到这些地块采割时，一定要详细了解本块地的喷药时间、所用农药。刚刚喷过农药或喷农药后不到安全期内，不能采割青鲜饲料，等下过雨后或隔 1 个月后再割草利用，谨防引起农药中毒。

（八）防止采割有毒青饲料

采割青饲料时要注意区分有毒的野生青草、野菜、树叶（夹竹桃、嫩栎树芽）等。已经发芽的马铃薯及其茎叶，因胚芽中含有大量龙葵素，会导致中毒性麻痹。鲜嫩的高粱嫩苗和玉米苗，常因含氢氰酸配糖体较多而易导致氢氰酸中毒。猪误食高粱、玉米苗中毒后立即进行急救。其方法是：首先用1%的高锰酸钾洗胃，然后用防风200克、甘草200克、绿豆250克、白糖200克，熬水（灌）饮服。采取上述急救方法24小时后，即可解毒康复。如因中毒过深，可在用药4小时后再重复数次，直至治愈。

三、牧草的利用方式

夏秋季节，种草养猪以鲜草直接饲喂为主要的牧草利用方式；冬春季节，以优质草粉或打浆青贮的牧草作为混合饲料成分喂饲。

（一）牧草鲜饲方式

牧草种植时间选在春夏季节，种植籽粒苋、聚合草、菊苣等多汁牧草，鲜草添加量占日粮的15%~30%，每10头猪配套1亩牧草。

（二）牧草制成草粉添加到精饲料中饲喂的利用方式

种植品种为苜蓿、墨西哥玉米、高丹草等，夏秋季节可以利用鲜草，冬春季节以草粉形式添加到日粮中，牧草粉的量占日粮的8%~15%，每10头猪配套种植苜蓿0.5亩。

（三）牧草打浆或切断制作青贮饲料与精饲料搭配饲喂的利用方式

只要牧草当季直接利用还有剩余，就可以打浆或切断制作青贮饲料，在其他缺少青绿饲料的季节与精饲料搭配饲喂，具体的日粮添加数量可以根据猪的品种、生长阶段和生理状况来确定。

四、种草养猪要注意的问题

第一，作为一种传统的生态养猪模式，牧草的使用一定程度上降低了养猪对粮食的消耗，但是牧草并不能完全替代粮食，添加的种类和比例要结合当地的生产方式、规模、市场情况和经济效益综合考虑，不能一刀切。第二，牧草的种植要消耗部分土地资源，其他粮食和经济作物不能或不好利用的山坡、丘陵和洼地等可以充分利用，绝对不能占用优质土地资源。第三，部分地方品种，尤其是偏远山区素有牧草喂猪习惯的地方品种是进行种草养猪的首选，结合当地的养猪环境和习惯，综合经济效益显著，而生长速度较快的外来品种要限制使用。第四，种草养猪更适合农村散养户，可以形成“猪—肥—粮”“猪—肥—草”“猪—肥—果”“猪—肥—菜”等生态循环，是一种简便高效的养猪模式，具有较强的生命力，但对于大型规模化猪场的应用受到一定限制，可以作为一种补充，要通过经济效益的核算来决定使用的范围、方式和规模。

附　录

附录一　禁止在饲料和动物饮用水中使用的药物品种目录

一、肾上腺素受体激动剂

1. 盐酸克仑特罗：《中华人民共和国药典》（以下简称《药典》）2000 年二部 P605。β-肾上腺素受体激动药。

2. 沙丁胺醇：《药典》2000 年二部 P316。β-肾上腺素受体激动药。

3. 硫酸沙丁胺醇：《药典》2000 年二部 P870。β-肾上腺素受体激动药。

4. 莱克多巴胺：一种 β 兴奋剂，美国食品和药物管理局已批准，中国未批准。

5. 盐酸多巴胺：《药典》2000 年二部 P591。多巴胺受体激动药。

6. 西巴特罗：美国氰胺公司开发的产品，一种 β 兴奋剂，美国食品和药物管理局未批准。

7. 硫酸特布他林：《药典》2000 年二部 P890。β-肾上腺受体激动药。

二、性激素

8. 己烯雌酚：《药典》2000 年二部 P42。雌激素类药。

9. 雌二醇：《药典》2000 年二部 P1005。雌激素类药。

10. 戊酸雌二醇：《药典》2000年二部P124。雌激素类药。

11. 苯甲酸雌二醇：《药典》2000年二部P369。雌激素类药。《中华人民共和国兽药典》（以下简称《兽药典》）2000年版一部P109。雌激素类药。用于发情不明显动物的催情及胎衣滞留、死胎的排除。

12. 氯烯雌醚：《药典》2000年二部P919。

13. 炔诺醇：《药典》2000年二部P422。

14. 炔诺醚：《药典》2000年二部P424。

15. 醋酸氯地孕酮：《药典》2000年二部P1037。

16. 左炔诺孕酮：《药典》2000年二部P107。

17. 炔诺酮：《药典》2000年二部P420。

18. 绒毛膜促性腺激素（绒促性素）：《药典》2000年二部P534。促性腺激素药。《兽药典》2000年版一部P146。激素类药。用于性功能障碍、习惯性流产及卵巢囊肿等。

19. 促卵泡生长激素（尿促性素主要含卵泡刺激素FSHT和黄体生成素LH）：《药典》2000年二部P321。促性腺激素类药。

三、蛋白同化激素

20. 碘化酪蛋白：蛋白同化激素类，为甲状腺素的前驱物质，具有类似甲状腺素的生理作用。

21. 苯丙酸诺龙及苯丙酸诺龙注射液：《药典》2000年二部P365。

四、精神药品

22. （盐酸）氯丙嗪：《药典》2000年二部P676。抗精神病药。《兽药典》2000年版一部P177。镇静药。用于强化麻醉以及使动物安静等。

23. 盐酸异丙嗪：《药典》2000年二部P602。抗组胺药。《兽药典》2000年版一部P164。抗组胺药。用于变态反应性疾病，如荨麻疹、血清病等。

24. 安定（地西泮）:《药典》2000 年二部 P214。抗焦虑药、抗惊厥药。《兽药典》2000 年版一部 P61。镇静药、抗惊厥药。

25. 苯巴比妥:《药典》2000 年二部 P362。镇静催眠药、抗惊厥药。《兽药典》2000 年版一部 P103。巴比妥类药。缓解脑炎、破伤风、士的宁中毒所致的惊厥。

26. 苯巴比妥钠:《兽药典》2000 年版一部 P105。巴比妥类药。缓解脑炎、破伤风、士的宁中毒所致的惊厥。

27. 巴比妥:《兽药典》2000 年版二部 P27。中枢抑制和增强解热镇痛。

28. 异戊巴比妥:《药典》2000 年二部 P252。催眠药、抗惊厥药。

29. 异戊巴比妥钠:《兽药典》2000 年版一部 P82。巴比妥类药。用于小动物的镇静、抗惊厥和麻醉。

30. 利血平:《药典》2000 年二部 P304。抗高血压药。

31. 艾司唑仑。

32. 甲丙氨脂。

33. 咪达唑仑。

34. 硝西泮。

35. 奥沙西泮。

36. 匹莫林。

37. 三唑仑。

38. 唑吡旦。

39. 其他国家管制的精神药品。

五、各种抗生素滤渣

40. 抗生素滤渣：该类物质是抗生素类产品生产过程中产生的工业三废，因含有微量抗生素成分，在饲料和饲养过程中使用后对动物有一定的促生长作用。但对养殖业的危害很大，一是容易引起耐药性，二是由于未做安全性试验，存在各种安全隐患。

附录二　食品动物禁用的兽药及其他化合物清单

1. β-兴奋剂类：包括沙丁胺醇，克伦特罗，马希特罗及其盐、酯类制剂。

2. 性激素类：包括己烯雌酚及其盐、酯类制剂。

3. 类雌激素物质：包括醋酸甲孕酮，米雌霉醇，去甲雄三烯醇酮及其制剂。

4. 氯霉素及其盐、酯类制剂：包括琥珀酰氯霉素。

5. 氨苯砜及其制剂。

6. 硝基呋喃类：包括呋喃唑酮，呋喃它酮，呋喃苯烯酸钠。

7. 硝基化合物：硝基酚钠，硝基烯腙及其制剂。

8. 镇静类：安眠酮及其制剂。

9. 林丹（丙体六六六）。

10. 毒杀芬（氯化烯）。

11. 呋喃丹（克百威）。

12. 杀虫脒（克死螨）。

13. 双甲脒。

14. 酒石酸锑钾。

15. 锥虫胂胺。

16. 孔雀石绿。

17. 五氯酚酰钠。

18. 汞制剂：包括硝酸亚汞，氯化亚汞（甘汞），醋酸汞，吡啶基醋酸汞。

19. 性激素类：甲基丸酮，丙酸酮，苯丙酸诺龙，苯甲酸雌二醇及其盐。

20. 镇静类：包括氯丙嗪，安定及其盐、酯类制剂。

21. 硝基咪唑：甲硝唑，地美硝唑及其盐、酯类制剂。

其中，1~8 类在所有用途上禁止使用，在所有食用动物上禁止使用。9~18 类作为杀虫剂禁止使用，在所有食用动物上禁止使用，其中 10 类作为清塘剂禁止使用，16 类作为抗菌用途也禁止使用，17 类作为杀螺剂禁止使用。19~21 类在促生长用途上禁止使用，在所有食用动物上禁止使用。

主要参考文献

[1] 陈瑶生. 专家与成功养殖者共谈：现代高效养猪实战方案. 北京：金盾出版社，2013.

[2] 闫益波. 轻松学养猪. 北京：中国农业科技出版社，2014.

[3] 季大平. 无公害猪肉安全生产技术. 北京：化学工业出版社，2014.

[4] 甘孟候. 中国猪病学. 北京：中国农业出版社，2005.

[5] 赵书广. 中国养猪大成. 北京：中国农业出版社，2013.

[6] 全国畜牧总站. 生猪标准化养殖技术图册. 北京：中国农业科技出版社，2012.